KB125213

과학에 더 가까이, 탐험

오지에서 미지의 세계까지 위대한 발견 실화 80

과학에 더 가까이, 탐험

제니 오스먼 지음 | 김지원 옮김

이케이북

이 놀라운 행성을 탐험하는 것을

나와 마찬가지로 사랑하는 맥스와 아빠를 위하여

◆

들어가는 말

호기심은 우리 모두 선천적으로 가진 것이다. 호기심이 없다면 우리는 오늘날처럼 기술적으로 진보한 종족으로 발전하지 못했을 것이다. 지식에 대한 우리의 끝없는 갈증은 우리가 미지를 탐사하며 과학적·기술적·지리적 경계를 더 넓히도록 만들었다. 전에 다른 사람이 가본 적 없는 곳에 간 공적을 한 사람이 가져가기는 하지만, 실제로는 그런 업적을 이룰 수 있도록 배후에서 수많은 사람이 작업한다. 예를 들어 닐 암스트롱이 처음 달에 발을 디뎠던 일은 그가 인류를 위한 위대한 도약을 할 수 있도록 도와준 수천 시간과 수많은 전문 지식이 모인 정점이었다. 자크 피카르와 돈 월시가 챌린저 해연에 들어갔을 때 11킬로미터 위쪽의 표면에서 전문가로 구성된 팀이 그들을 지원했다. 그리고 헨리 월터 베이츠의 10년에 걸친 아마존 탐사는 현지 안내원들과 그들의 지식 덕분에 가능한 일이었다.

과학적 발견도 마찬가지다. 아이작 뉴턴의 그 유명한 말처럼 "내가 더 멀리까지 볼 수 있었던 것은 거인들의 어깨 위에 서 있었기 때문이다". 과학적 돌파구가 아주 사소한 아이디어로부터 나올 수 있다고는 해도, 우리 지식의 패러다임이 전환되기 전에 수년에 걸친 관찰과 실험이 있게 마련이다. 예를 들어 찰스 다윈의 비글호 항해가 생물종이 어떻게 진화했는지에 관한 아이디어의 씨앗을 뿌렸지만, 모든 증거를 다 합쳐서 자연선택에 의한 진화론을 출간하기까지는 수년이 걸렸다. 또한 실제로 과학적 돌파구가 종종 실험실에서 나온다고는 해도 가끔은 최후의 변경까지 나아가 물리적으로 미지의 세계를 탐험해야만 획기적인 발견을 하거나 입증을 할 수 있다.

이 책은 과학에 대한 우리의 지식을 바꿔놓은 탐험에 관해 이야기한다. 즉 마르코 폴로, 거트루드 벨, 에드먼드 힐러리 같은 사람들이 위대한 탐험가들이긴 하지만, 그들의 탐험은 우리의 과학 지식에 근본적으로 공헌하지 않았기 때문에 여기에 실리지 않았다.

우리는 미지의 세계로의 진출에 좀 심드렁한 경향이 있다. 예를 들어 매일 새로운 우주 탐사 임무가 시작되는 것 같지만, 요즘은 거의 광고조차 하지 않는다. 대기를 가르고 우주를 수백만 킬로미터나 가로질러 가서 낯선 세상의 궤도를 뚫고 들어가 착륙한 다음 버티기 어려운 환경을 탐사하고 우주에서 우리 이웃과 그 너머에 관한 지식을 계속해서 넓힐 만한 데이터를 보내는 기계를 만드는 게 얼마나 어려운 일인지 우리는 쉽게 잊는다. 하지만 종종 우리가 여기 지구상의 대양보다 우주에 관해 더 많은 걸 안다는 말을 한다. 지난 수십 년 동안 우리는 우리 태양계에 있는 수많은 놀라운 세계들을 탐험했지만, 우리 바다의 가장 깊은 곳에 들어간 사람은 몇 명 안 된다. 전문가들은 전세계 지표의 83퍼센트가 인간에 의해 어떤 식으로든 변화했다고 추정하지만, 파푸아뉴기니 일부나 파나마와 콜롬비아 사이에 있는 험난한 오지인 다리엔 갭처럼 사람들이 별로 탐험하지 못해서 과학적 발견에 적합한 지역이 아직도 남아 있다.

동굴부터 산맥, 바다 깊은 곳부터 우주 외곽에 이르기까지 수많은 지역이 인간의 손이 닿지 않는 편이 더 나을 때도 있다. 하지만 여기에는 섬세한 균형이 필요하다. 과학 탐색을 통해서만, 인간과 다른 종은 현재 이 지구에 분풀이를 하고 있는 환경의 공격에서 살아남을 수 있기 때문이다.

역사적으로 탐험가들은 대체로 부유한 집안 출신이었다. 오늘날에도 대규모 탐사에는 여전히 자금과 지원이 필요하지만, 우리 다수가 이 놀라운 세상을 직접 탐험하고 과학적 발견에 기여할 수 있다. 우리가 살고 있는 세상에 대한 생각을 바꿔놓은 위대한 모험에 대해 읽음으로써 이 책은 당신이 당신만의 발견 여행을 떠나도록 힘을 불어넣어줄 것이다. 언젠가는 과학의 전면을 바꿀 수도 있는 그런 여행을 하도록 말이다.

Contents

Part 1
미지의 땅으로의 모험

Part 2
지도 없는 바다

Part 3
바다의 깊이

Part 4
우주 탐사 임무

Part 5
미래의 모험

Part 1
미지의 땅으로의 모험

인류의 초기 조상은 아마도 거의 200만 년 전쯤부터 아프리카에서 이주하기 시작했을 것이다. 육상으로 아라비아 반도를 거쳐 유라시아의 넓은 육괴(陸塊)로 들어서서 그들은 전세계로 퍼졌다. 혹독한 빙하기조차 더 나은 삶과 정착할 새로운 땅을 찾는 이 호기심 많은 이주자들을 막지 못했다. 수천 년이 지난 지금도 여전히 용감무쌍한 탐험가들은 우리 행성 구석구석에 관해 더 많은 것을 배우고 싶어서 사방으로 발견 여행을 다니고 있다.

생명체의 분류

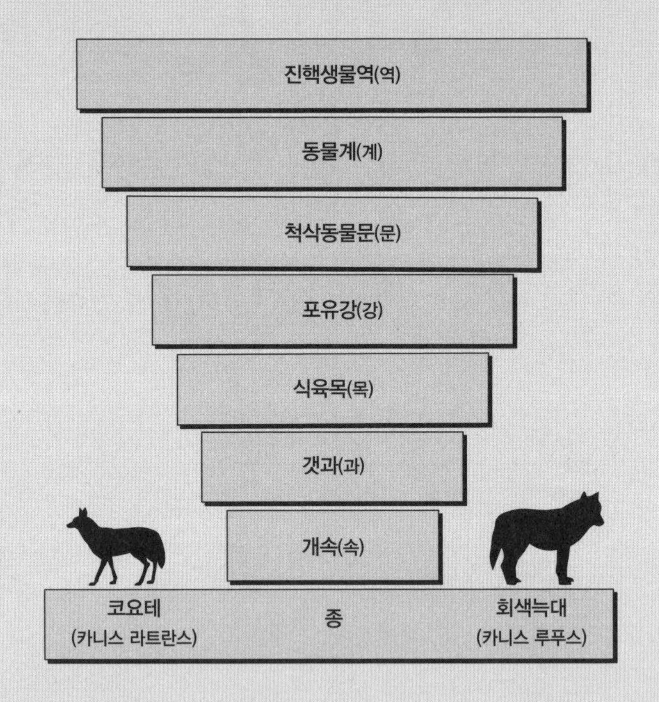

생물학적 분류 체계

◆

순록 한 무리가 꼭대기에 눈이 덮인 산맥 사이에 낀 험준한 툰드라 골짜기를 따라 걸어간다. 낮게 걸린 해가 눈이 녹아서 불어난 강물 위로 반짝인다. 라플란드가 가장 아름다울 때다. 손에 낚싯줄을 들고 남자들이 저녁거리를 낚는다. 식사는 대체로 소나무 껍질로 만든 훈제 곤들매기나 순록 고기에 약간의 빵, 그리고 베리 푸딩이다.

팀은 5개월짜리 여행의 절반 정도를 지나는 중이었다. 스톡홀름 바로 북쪽의 웁살라 시에서 시작해서 외딴 라플란드 지역까지 해안을 따라 쭉 올라왔다가 내륙으로 우회하는 경로였다. 이 집단을 이끄는 사람은 이후 당대 가장 유명한 과학자 중 한 명이 되고, 그의 작업으로 생물학의 기반을 닦게 되는 젊은 식물학자 카롤루스 린나이우스(Carolus Linnaeus, 1707~1778, 칼 폰 린네Carl von Linné는 후에 귀족 작위를 받은 후의 이름-역주)였다.

린나이우스는 1707년 스웨덴 남부의 로스훌트 마을에서 태어났다. 소년 시절 그는 스웨덴어보다 라틴어를 먼저 배웠다고 전해지는데, 이것이 그가 모든 생물과 식물에 그 속명과 종명으로 이루어진 이중의 라틴어 이름을 붙이는 이명(二名) 체계를 만든 이유를 설명해준다. 즉 예컨대 브라운송어는 살모 트루타(*Salmo trutta*)다. 그의 광대한 사전《시스테마 나투라이(Systema Naturae, 자연의 체계)》에서 그는 생물을 계로 나누고, 각각의 계를 문으로, 그다음에는 강, 목, 과, 속, 마지막으로 종으로 나누었다.

흥미롭게도 린나이우스는 자기 머릿속에서 생물종의 무리를 구분하기 위한 일종의 약칭으로 이 체계를 만든 것이었다. 그는 이것이 훗날 생물학의 확고한 기반이 될 거라고는 상상도 하지 못했을 것이다. 1778년 사망할 무렵에 그는 14,000여 종에게 이명을 부여했다. 오늘날에는 160만여 종이 라틴어 학명을 갖고 있다.

린나이우스는 평생 동안 여행을 아주 많이 했으며 겨우 스물다섯 살에 라플란드 원정대를 이끌었다. 여행은 그가 대학 강의를 하던 웁살라의 왕립과학원이 후원했다. 생물 표본을 모으는 것이 원정의 핵심 목표이긴 했지만, 후원자들은 낚시와 동물 덫 놓기, 순록 이동을 하며 살아가는 반유목 민족인 사미족(the Sami)에 관한 정보도 모아 오기를 바랐다. 치명적인 질병에 대한 치료제를 찾기 위해서 원주민 부족의 방식을 연구하는 현대의 생물자원 탐사자들과 비슷하게 린나이우스는 사미인들이 약성을 가진 식물들을 어떻게 사용하는지 연구할 임무를 맡았다. 당시의 끔찍한 질병 몇 가지를 치료할 수 있는 지식을 그가 알아 오기를 바란 것이었다.

원정은 꽤 성공적이었다. 린나이우스는 안젤리카(미나릿과 식물, 전염병을 치료해준다고 여겨지는 사미족 식사의 핵심 재료) 같은 식물군에 관해 알게 된 것처럼, 사미족에 관한 귀중한 지식을 얻었을 뿐만 아니라 자신이 본 수많은 생물종의 그림과 상세한 기록을 만들었으며 추가 분석을 위해서 압착한 식물 표본도 가져왔다.

하지만 린나이우스는 여정의 규모에 관해서 진실을 다소 각색하는 객기를 부렸다. 그는 킬로미터 단위로 돈을 받았기 때문에 여행단이 7,200킬로미터가 넘게 갔고 내륙으로 한 번 우회했었다고 주장했으나, 사실은 그 절반 정도밖에 가지 않았다. 그러나 그 사실이 그렇게 젊은 나이에 극지의 생물체에 관해 대단히 많은 목록을 만들어 온 그의 업적을 축소시키는 것은 아니다.

이것은 엄청나게 성공적인 경력의 시작에 불과하다. 1736년 그가 런던을 방문한 이후에 첼시 피직 가든은 그의 분류 체계에 따라 식물들을 재배치했다. 어떤 사람들은 린네 분류법이 없었다면 찰스 다윈의 생명의 나무도 나올 수 없었을 거라고까지 주장한다. 리나이우스의 영향력 있는 공적은 스웨덴 화폐에 남을 정도로 인정받았다. 그가 좋아했던 꽃(*Linnaea borealis*, 린네풀)이 20크로네 지폐에 있으며, 그의 얼굴은 100크로네 지폐에 있다. 그는 그의 고국 사람들의 심장에, 그리고 과학사에 자리를 차지할 자격이 충분하다.

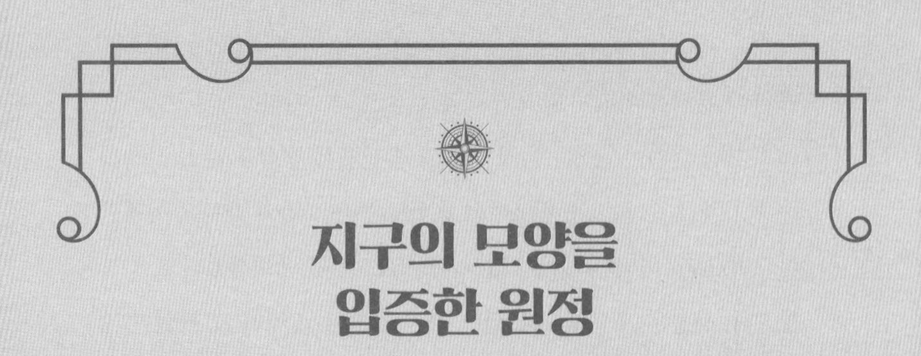

지구의 모양을 입증한 원정

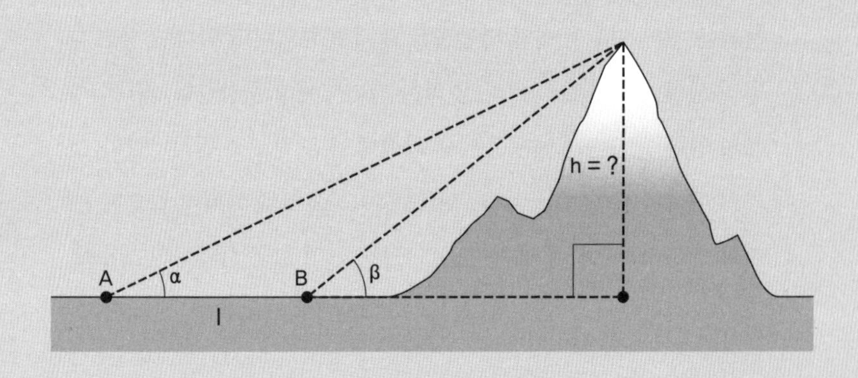

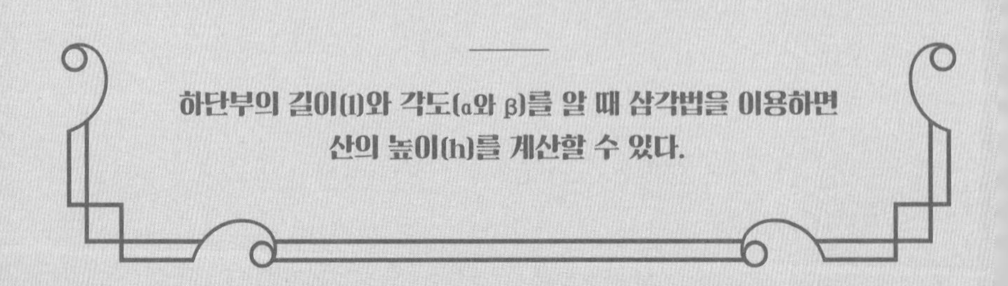

하단부의 길이(l)와 각도(α와 β)를 알 때 삼각법을 이용하면
산의 높이(h)를 계산할 수 있다.

◆

산들바람에 돛이 부풀어 오른다. 구름 뒤로 겨울 태양이 모습을 드러낸다. 시끄러운 스페인 항구 카디스의 소리가 멀리서 울린다. 앞쪽으로는 모험이 펼쳐져 있다. 배에는 선원과 프랑스 한림원의 많은 회원이 타고 있으며, 천문학자 루이 고댕(Louis Godin, 1704~1760)과 카디스에서 뽑은 두 명의 스페인 해군 중위가 통솔한다. 이 프랑스-스페인 협력단은 최초로 이루어진 진짜 국제 원정단이었다.

1735년 11월이었고, 최종 목적지는 페루의 키토, 목표는 영국의 물리학자이자 수학자인 아이작 뉴턴과 프랑스 수학자 르네 데카르트의 지지자들 사이에 오랫동안 이어진 논쟁을 끝내는 것이었다. 데카르트는 지구가 극 쪽에서 길어져서 레몬 같은 모양이라고 주장했고, 뉴턴은 지구의 자전으로 가해지는 힘 때문에 극 쪽에서 납작해져서 자몽 같은 모양이라고 주장했다.

원정은 이 논쟁을 끝내고 세계에 대한 우리의 관점을 바꾸어놓는다. 하지만 이것은 하룻밤 사이의 성공은 아니었다. 이 여행은 질병, 죽음을 불러온 결투, 형편없는 계획과 리더십, 관련된 계산의 복잡한 성격, 중간쯤 바닥난 자금 등 갖가지 이유로 수년 동안 이어졌다.

문제는 페루로 가는 여정에서 시작되었다. 고댕이 창녀와 사랑에 빠져서 엄청난 양의 현금을 여자에게 줄 값비싼 보석을 사는 데 써 버렸다. 그것은 고댕의 실책 중 시작에 불과했다. 그는 재정을 관리하는 데 완전히 무능했을 뿐만 아니라 형편없는 감독관임이 드러났고, 그 때문에 집단 내에서 격렬한 내분이 일어났다. 결국에 천문학자 피에르 부게르(Pierre Bouguer, 1698~1758)가 권한을 넘겨받았다.

남아메리카로 가는 항해는 그나마 쉬웠다. 거기 도착하자 사람들은 위험한 급류와 싸우고, 늪길을 헤치고, 빽빽한 숲을 가르고 길을 만들어야 했다. 키토에 도착할 무렵 그들은 지치고 쇠약해져 있었다. 그들은 컨디션을 회복하느라 몇 주를 보내고 나서야 과학 연구를 시작했다.

프로젝트는 그 복잡함과 규모 때문에 엄청나게 시간이 걸리는 일이었다. 목표는 위도 1도의 길이를 측정해서 프랑스에서 팀이 떠나기 전에 측정했던 수치와 비교하는 것이었다. 그렇게 하고 나면 위도를 결정하기 위한 별 관측 자료와 삼각측량이라는 측량 기술을 합쳐서 지구의 모양을 계산할 수 있을 것이었다.

그들이 이것을 하기 위해서 지구의 절반을 돌아간 이유는 지구가 휘어져 있어서 위도 1도의 길이가 지구의 각기 다른 지점에서 서로 다르기 때문이다. 그래서 적도에서 더 멀리 있는 지점일수록 위도 1도의 길이는 더 작아진다. 아주 멀리 떨어진 두 지점의 길이를 측정하면 지구의 모양을 더욱 정확하게 계산할 수 있다.

팀은 키토에서 그리 멀지 않은 비교적 평평한 땅에서 수치를 측정하기 시작했다. 수백 킬로미터에 이르는 삼각형 사슬을 단 기다란 나무 막대를 이용해서 신중하게 그 지역을 측량한 후에 그들은 사분의(四分儀)라는 무거운 무쇠 도구를 산 위아래로 나르며 삼각형의 각도를 계산했다. 이 수치를 얻은 다음 별을 관측해서 정확한 위도를 알아내고, 이것으로 적도에서 위도 1도의 길이를 정확하게 계산할 수 있었다. 마지막으로 적도에서의 지구 곡률과 프랑스에서의 곡률을 비교해서 지구의 모양을 알아낼 수 있었다.

전체적으로 이 원정은 10년이 걸렸다. 힘든 문제들에 둘러싸인 길고 고된 여정이었다. 한번은 팀원 한 명이 부정확한 별 관측 방법 때문에 2년이나 걸린 측정 수치가 완전 헛것이었고 다시 해야 한다는 것을 발견하기도 했다. 하지만 이런 차질에도 팀이(혹은 남은 팀원들이) 유럽으로 돌아왔을 때 원정은 성공이라고 평가받았다. 그들은 자몽형 지구라고 주장한 뉴턴이 옳았다는 것을 입증했을 뿐만 아니라(이는 해군 항법을 바꾸었다) 이전까지 유럽에 알려지지 않았던 새로운 약용 식물을 찾아내는 것부터 부게르가 연직선(鉛直線)에 산괴(山塊)가 미치는 영향을 처음으로 밝힌 것 같은 지리적 혁신에 이르기까지 온갖 다른 종류의 발견도 했다. (연직선은 줄에 매달린 추로 지표면까지의 수직선을 결정하는 데 사용된다. 부게르는 산 같은 커다란 덩어리가 근처에 있을 경우에 그 인력으로 연직선이 살짝 어긋나게 된다는 것을 입증했다.)

실제로 이 원정 이후로 유럽 사람들은 남아메리카를 다른 시각으로 보기 시작했다. 당시의 그 모든 문화적·과학적 발견 덕분에 이 시대가 계몽주의 시대라고 알려지게 된 것도 놀랄 일이 아니다.

호기심의 방

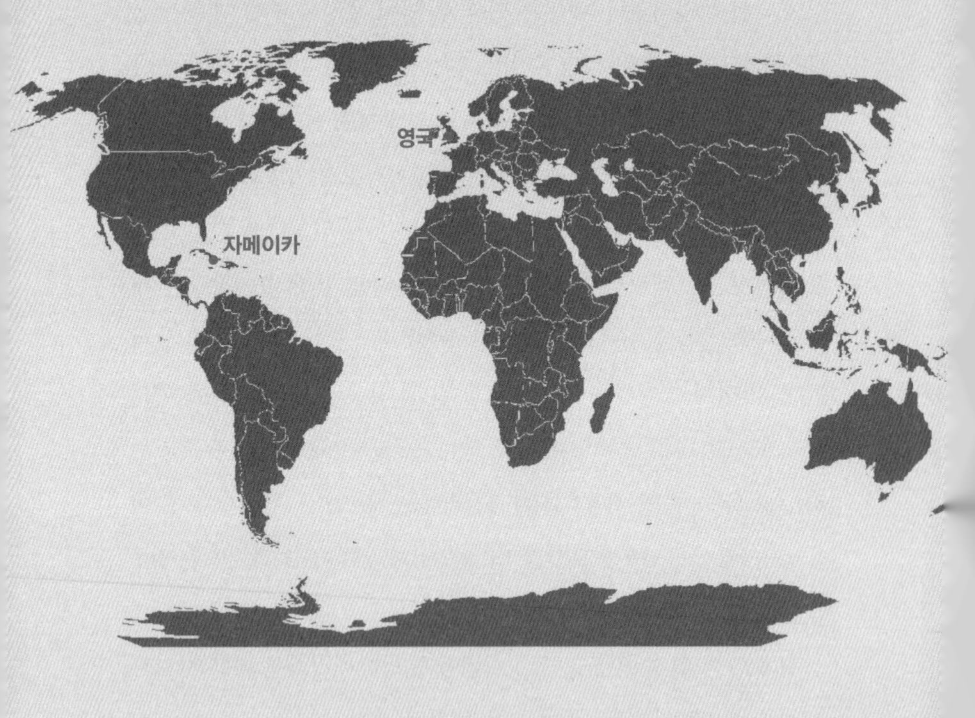

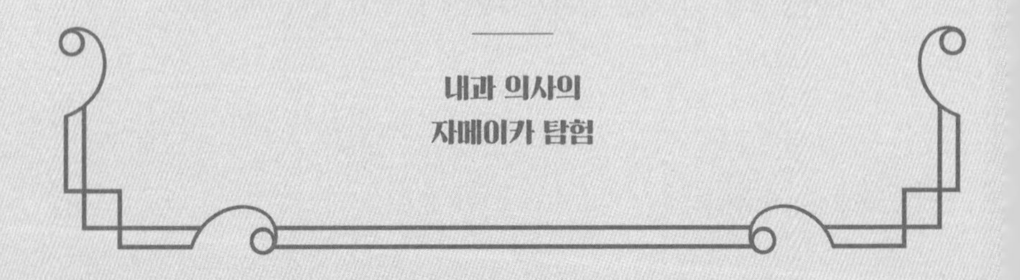

**내과 의사의
자메이카 탐험**

◆

총소리에 이어 비명이 바다 위로 울려 퍼진다. 선원들은 왜 이런 소란이 벌어졌는지 보기 위해 달려온다. 2미터 길이의 뱀이 갑판 위에 죽어 있다. 뱀은 들어가 있던 거대한 병에서 빠져나왔다가 그 즉시 겁에 질린 공작부인의 하인에게 희생되고 말았다.

이 뱀은 내과 의사이자 수집가이며 식물학자인 한스 슬로언(Hans Sloane, 1660~1753)의 귀중한 수집품 중 하나였다. 그는 자메이카의 햇살 아래서 앨버말 공작의 내과 의사로 일하며 15개월을 보내고 돌아오는 길이었다. 공작은 꽤 젊은 나이에 사망해서 현재 배에 실린 관 속에 누워 있었다.

1687년, 공작은 자메이카 총독으로 임명되었다. 그는 슬로언에게 자신과 부인의 내과 의사로 함께 섬에 가서 일하지 않겠느냐고 제안했다. 슬로언은 모험의 유혹을 거부할 수가 없었다. 하지만 그는 아마 자신이 들어가게 될 세계에 대한 설명은 듣지 못했을 것이다.

자메이카는 영국 왕실 소유의 식민지였고 앨버말 공작은 왕실의 지배력을 확고하게 만드는 것을 돕기 위해 섬으로 파견되었다. 이때는 대서양 횡단 노예무역의 전성기였다. 1450년부터 1850년 사이에 최소한 1,200만 명의 아프리카인들이 바다를 건너 아메리카와

서인도 제도의 식민지로 수송되었다. 배 위의 환경은 끔찍했다. 노예들은 선창에 빼곡하게 실린 채 사슬로 묶였다. 이 중 약 20퍼센트가 항해 도중 죽은 것으로 추정된다. 살아남은 사람들의 운명도 그다지 낫지는 않았다. 식민지 전역의 대농장에서 허리가 부러지도록 강제 노동을 해야 했기 때문이다.

자메이카에서 슬로언의 주된 임무는 앨버말 공작과 수행원들의 건강을 돌보는 것이었으나, 그는 이 이국적인 섬을 탐험할 기회를 놓치지 않았고 자유시간이 생기면 식물과 동물 표본 수백 종을 채취하고 식물군과 동물군, 그 지방 관습에 관해 메모했다.

슬로언은 노예무역을 보고서도 그것에는 그리 신경을 쓰지 않았던 것 같다. 그는 표본 채취하는 것을 도와줄 노예를 여러 명 요청했고, 노예들의 삶과 주인들의 삶에 관해서 일지에 적어놓았다. 심지어 노예 상인들이 아프리카에서 식민지로 가져간 식물들에 대해서도 상세하게 기록했다.

그의 일지는 또한 섬의 지형, 날씨, 지진과 같은 자연현상에 관한 정보, 그리고 그가 마주치고 모은 이국적인 생물종들의 상세 그림으로 가득했다. 그의 삽화 중 특징적인 것은 코코아나무와 섬사람들이 그것을 어떻게 약으로 만드는지에 관한 첨부 설명이다. 하지만 슬로언은 그들의 제조법이 소화하기 어렵다는 것을 깨닫고 우유와 섞기 시작했는데, 이것이 훨씬 더 맛이 좋았다. 영국으로 돌아와서 그는 '마시는 초콜릿'의 약효를 광고해서 상당한 돈을 벌었다. 수년 후에 캐드베리라는 이름의 두 형제가 그 가능성을 알아챘다. 나머지는 모두가 잘 알 것이다.

런던으로 돌아와서 슬로언은 병원을 열었으나 자신의 늘어나는 수집품도 계속해서 모았다. 그중 많은 물품이 노예선을 통해서 수입된 것들이었다. 그의 집은 박제된 동물들, 식물들, 보석과 인간의 피부로 만든 신발과 중국에서 가져온 '귀 간지럼 도구' 같은 물건들로 넘쳐나는 진짜 '호기심의 방'이 되었다. 유력한 사람들이 그의 수집품을 보러 방문했고, 그중 한 명이 카를 린나이우스('생명체의 분류' 장을 볼 것)였다. 그의 유명한 저서 《식물의 종(Species Plantarum)》이 슬로언의 메모와 그림에서 영향을 받은 것이다.

1753년 슬로언이 사망하면서 그 어마어마한 수집품들이 함께 남기를 바란 그의 유언을 받아들여, 그것을 보관하기 위해 대영박물관이 설립되었다. 이것은 세계 최초의 공립 박물관이었다.

그러니까 슬로언은 자선가였지만 또한 노예무역을 통해서 부자가 된 인물이기도 하다. 그의 이런 삶의 방식은 자메이카로의 원정에서부터 시작된 것이었다.

몽블랑: 최초의 등정

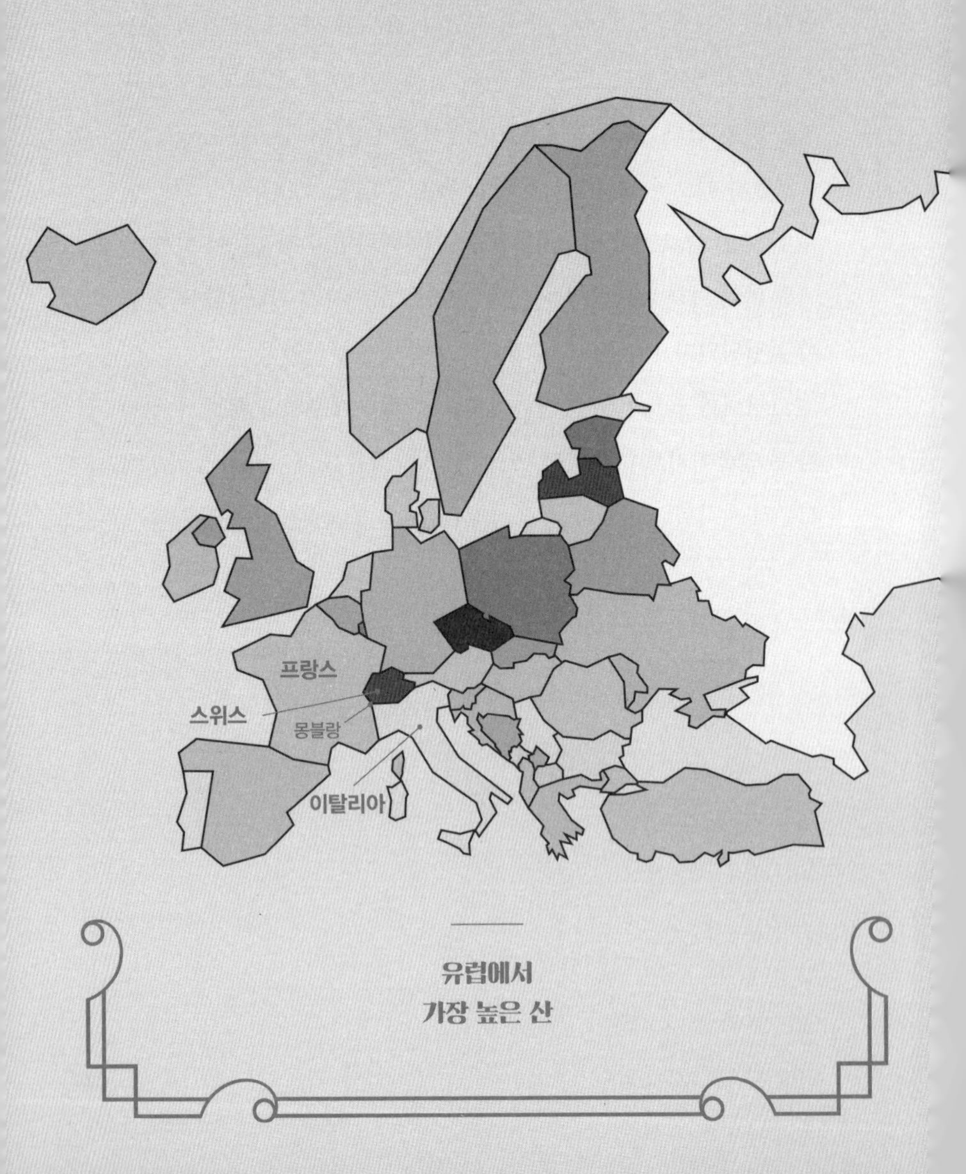

유럽에서
가장 높은 산

◆

브랜디와 용기, 두 가지 모두가 유럽에서 가장 높은 산을 정복하는 데에 일익을 담당했다. 스물여섯 살의 자크 발마(Jacques Balmat, 1762~1834)는 몽블랑 아래쪽 샤모니 골짜기에서 아내와 함께 살았다. 그는 크리스털을 수집가들에게 팔고 영양류인 샤무아를 사냥해서 적은 돈을 벌었다. 그래서 1786년에 제네바에 사는 과학자가 몽블랑 정상에 오르면 상금을 준다고 하는 이야기를 듣자마자 그 기회를 덥석 잡았다.

아내에게 크리스털을 팔러 간다고 말하고서 그는 음료 주머니에 브랜디를 가득 채우고 험준한 정상을 향해 출발했다. 하지만 그 시절에는 꼭대기까지 가는 알려진 경로가 없었기 때문에 이 등반 도전은 육체적인 일일 뿐만 아니라 길을 찾는 일이기도 했다.

다가갈 수 없는 노두(露頭, 광맥·암석 등의 노출부-역주)들과 깊은 크레바스들을 지나가는 길을 찾기 위해 수 시간을 허비한 후 발마는 결국 악천후로 내려오는 수밖에 없었다. 그는 산에서 하룻밤을 보낸 후에야 안전하게 집으로 돌아왔다.

18세기에는 샤무아나 크리스털을 찾는 사람들만이 빙하를 지나거나 산길을 올라가는 위험을 감수했다. 산맥은 절대로 하룻밤을 잡혀 지낼 만한 곳이 아니라 무시무시하고 신비로운 곳으로 여겨졌다. 하지만 발마는 단념하지 않고 몇 주 후에 다시 시도했고, 가는 길에 동행을 구했다. 샤모니의 의사인 미셸-가브리엘 파카르(Michel-Gabriel Paccard, 1757~1827)였다. 그리고 브랜디도 좀 더 준비했다. 브랜디 덕분인지, 그들의 끈기 덕분인지, 아니면 순전히 날씨 운이 좋은 덕분인지 모르지만, 1786년 8월 8일에 두 사람은 정상에 올랐다.

"나는 그때까지 아무도, 심지어 독수리나 샤무아도 도달하지 못했던 목표에 도달했습니다." 발마는 후에 이렇게 말했다.

몽블랑 꼭대기에 독수리조차 내려앉은 적이 없다는 말이 사실인지 어떤지는 아무도 모른다. 하지만 이 두 사람이 정상에 도달했다는 사실은 확실하게 입증되었다. 관심을 가진 구경꾼 한 무리가 망원경으로 그들의 등반을 계속 관찰했기 때문이다.

파카르는 원정 내내 수치를 측정할 나침반과 온도계, 기압계를 챙겨 왔다. 또한 바위 견본을 모으고 이런 높은 고도에서 이전까지 목격된 적 없는 나비, 파리, 흰멧새라고 알려진 종류의 새 등 여러 종의 생물들에 관해 기록했다.

이 업적에 대한 소식이 이틀 후 상금을 걸었던 오라스-베네딕트 드 소쉬르(Horace-Bénédict de Saussure, 1740~1799)에게 전해졌다. 파카르와 발마는 상금을 받았지만 발마에게는 비극이 기다리고 있었다. 집으로 돌아갔다가 그는 정상에 도착했던 날에 딸이 죽었다는 사실을 알게 되었다. 모험과 용기에 대한 이야기치고는 슬픈 결말이다. 하지만 정복할 수 없는 산을 정복했다. 그리고 그러면서 등산이라는 스포츠가 탄생하는 새로운 시대가 열리게 되었다.

과학자 후원자

오라스-베네딕트 드 소쉬르는 1740년 제네바 부근에서 태어났고 스무 살 나이에 샤모니 근처 빙하로 첫 번째 여행을 했다. 이후 수십 년 동안 그는 알프스 전 지역에서 현장 연구를 계속했다. 배낭에 항상 온도계와 기압계를 챙겨 넣고 온도와 기압 그리고 전자기에 관한 온갖 종류의 실험을 했다. 드 소쉬르는 전하를 측정하는 최초의 전위계를 발명했고, 대기 중의 습도를 측정하는 습도계를 개량했다. 그는 고도에 따라 태양 방사선의 양이 증가한다는 것을 보여준 최초의 인물이었고, 몽블랑의 높이를 현재에 알려진 수치인 4,810미터와 오차 범위 50미터 이내로 정확하게 계산했다.

몽블랑 정상에 오르려다 실패한 후에 그는 상금을 걸고 다른 사람들에게 시도해보라고 격려했다. 피카르와 발마가 등반에 성공한 다음 해에, 발마는 드 소쉬르를 정상까지 안내했다. 그가 거기서 측정한 수치들은 몽블랑이 실제로 유럽에서 가장 높은 산이라는 결론을 내리게 만들어주었다.

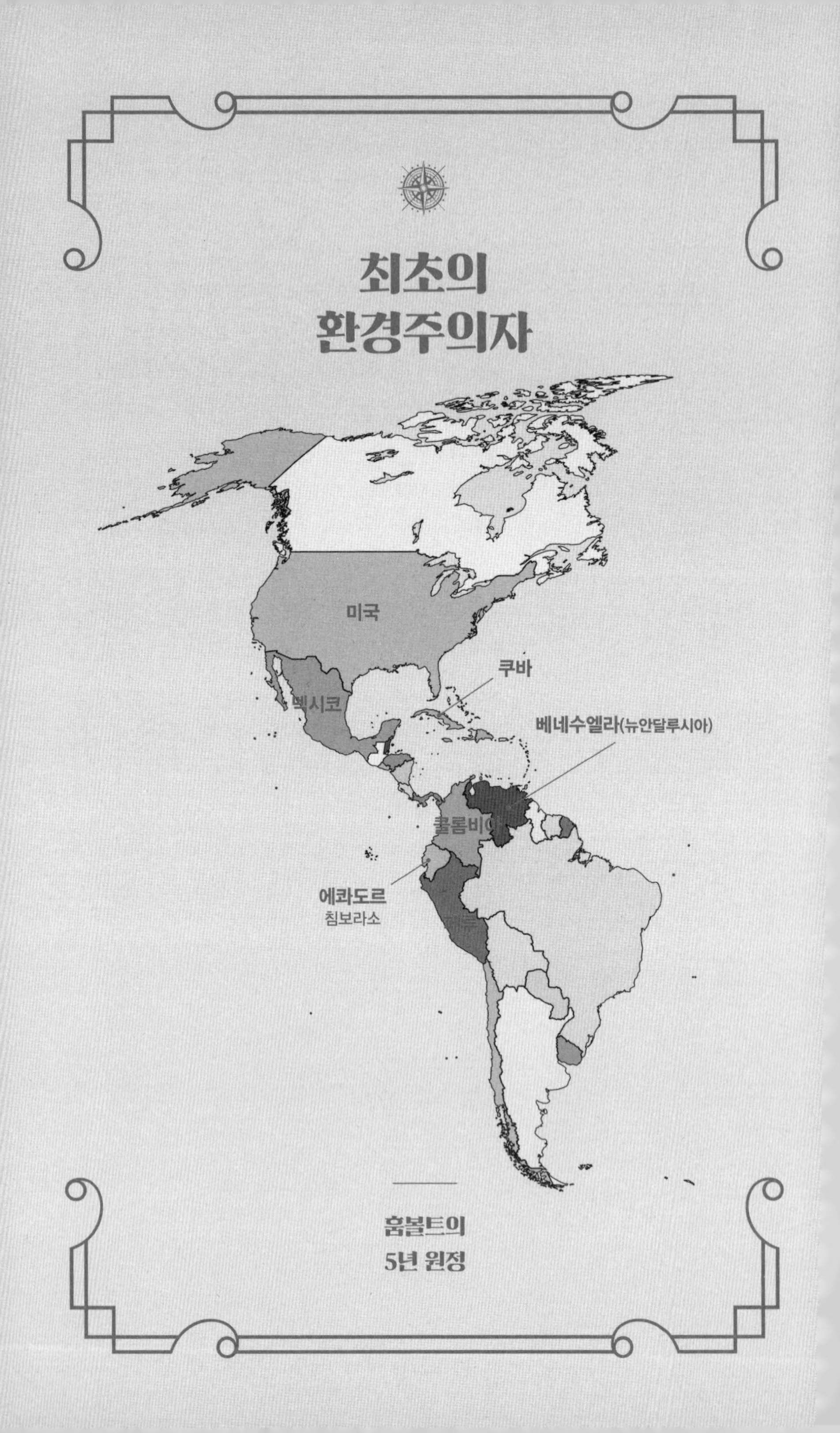

최초의
환경주의자
미국
쿠바
멕시코
베네수엘라(뉴안달루시아)
에콰도르
침보라소
훔볼트의
5년 원정

◆

남자 넷이 손과 무릎을 대고 기면서 좁은 산등성이를 따라 앞으로 천천히 나아간다. 굴러다니는 돌과 눈이 가장자리에서 떨어져서 300미터 아래로 굴러간다. 그들의 얇은 재킷과 신발은 격렬하게 휘몰아치는 바람을 상대할 만한 물건이 못 된다. 짐꾼들은 설선(雪線) 쪽으로 돌아갔지만, 남자들은 희박한 공기 속에서 숨을 헐떡이며 정상을 향해 계속해서 전진한다. 주변이 뾰족뾰족한 바위 지형으로 변하며 신발을 찢고 상처를 낸다. 날씨는 더욱 나빠진다. 폭풍우와 눈보라가 이어진다. 네 명은 정상에 도달하지 못했다. 1802년의 일이었다.

에콰도르에 있는 6,000미터가 넘는 높이의 침보라소(Chimborazo) 화산은 당시에 세계에서 가장 높은 산이라고 여겨졌다(에베레스트는 50년이 더 지나야 1위 자리를 차지하게 된다). 정상까지 가지 못했음에도 이것은 그때까지 사람이 도달한 가장 높은 높이였다.

원정을 이끈 사람은 선구적인 모험가이자 박물학자였던 독일인 알렉산더 폰 훔볼트(Alexander von Humboldt, 1769~1859)였다. 훔볼트는 기압계와 온도계처럼 여러 가지 도구를 사용했다. 그는 이것들을 산으로 갖고 올라가서 기온, 기압, 습도를 확인했다.

실제로 지식에 대한 갈증 때문에 그는 뛰어난 과학자가 되었다.

이것은 그의 이름을 과학사에 확고하게 남게 만든 이력의 시작에 불과했다. 하지만 살아생전 이렇게 큰 영향을 미치고 죽음은 이렇게까지 잊힌 사람은 아무도 없을 것이다.

홈볼트는 1769년 베를린에서 태어났는데, 그의 귀족 집안은 그가 광산 사업을 운영하기를 바랐다. 하지만 그는 돈보다 광물 분석에 더 관심이 있었다. 저녁에 자연과학을 공부하면서 세계의 먼 지역을 여행하는 것을 꿈꾸었다. 그의 꿈은 1799년 친구인 프랑스인 박물학자 에메 봉플랑(Aimé Bonpland, 1773~1858)과 함께 신세계로 항해를 떠나면서 이루어졌다. 대서양을 건너는 6주의 항해 끝에 그들은 현재의 베네수엘라인 뉴안달루시아에 도착했다. 이것이 콜롬비아와 에콰도르, 페루, 멕시코, 쿠바, 미국을 거치는 5년에 이르는 원정의 시작이었다.

침보라소의 눈보라를 용감히 헤치고 나아간 것은 그들의 수많은 모험 중 겨우 한 가지였을 뿐이다. 그들은 악어가 가득한 물에서 헤엄을 치고, 재규어를 피하고, 알려지지 않았지만 치명적일 가능성이 높은 병에 걸려 고생했음에도 살아남아 이야기를 전할 수 있었다.

홈볼트는 탐험하고 싶은 갈망을 '1만 마리의 돼지들'에게 계속해서 쫓기는 기분이라고 표현했다. 원주민 부족과 고대 문명에 대한 그의 관찰은 이국적인 세상에 대한 안목을 제시했을 뿐만 아니라 과학에도 엄청난 공헌을 했다. 그는 발밑의 암석층부터 머리 위의 별들까지 모든 것을 관찰했고 농경부터 식물학, 기상학, 동물학까지 수많은 분야를 개혁했다. 홈볼트는 진정한 박식가였다. 항상 주장을 입증할 증거를 직접 모았다. 그는 자기 몸의 이를 현미경으로 연구하고 전기뱀장어를 맨손으로 해부하는 실험을 하다가 전기 충격을 받기도 했다.

하지만 그의 가장 큰 공적은 환경보호 분야에 관한 것이다. 그의 시대에는 그런 것이 존재하지 않았다. 당시에 인간은 신 다음가는 존재로 여겨졌다. 인간은 자연계에서 동물과 식물의 위에 앉아 있으며 자연은 인류의 이득을 위해서 착취당하는 존재였다.

원정에서 훔볼트는 세상의 다른 모습을 보게 되었다. 인간은 이 아슬아슬하게 균형 잡힌 행성이라는 바퀴를 이루는 바큇살 하나일 뿐이고, 너무 많은 바큇살이 없어지면 바퀴가 위험하게 통제 불가능해지거나 심지어는 완전히 멈출 수도 있다는 사실을 알게 되었다.

멕시코에서 그는 집약농업을 위해 과도하게 물을 대서 지역의 강물과 호수가 마르는 것을 보았다. 베네수엘라에서는 진주에 대한 욕심으로 진주조개가 모두 사라지고, 광산업으로 넓은 삼림이 벌채되는 것도 보았다. 결정적으로 그는 생태계가 연결되어 있다는 것을 깨달았다. 한 종을 멸종시키면 연쇄반응으로 다른 종들이 줄어들어 결국에 없어진다. 자연의 섬세한 균형을 망가뜨리면 야생동물만 해를 입는 것이 아니라 궁극적으로 인간까지 해를 입는다.

훔볼트는 또한 지역의 기후가 생물과 땅, 바다 사이의 복잡한 관계의 산물이라는 것을 최초로 알아차렸다. 예를 들어 숲이 이산화탄소를 빨아들여 지구를 차갑게 유지하는 데에 핵심적이라는 사실 등이다. 또 식물을 분류학이 아니라 기후대에 따라 나누어야 한다는 것

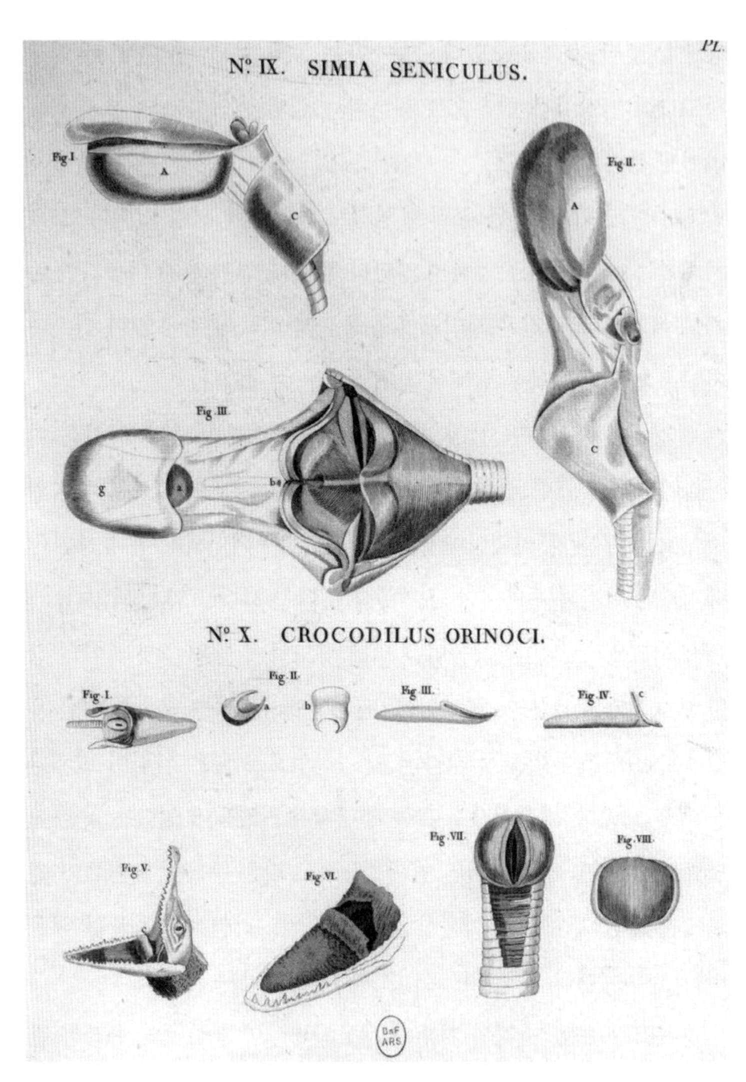

1801년 훔볼트의 그림 중 일부

을 깨달았다. 그는 지도에서 같은 온도를 연결하는 선인 등온선(等溫線)이라는 아이디어를 생각해냈다. 또한 대륙이 서로 어떻게 결합되는지('지구를 움직인 남자' 장을 볼 것) 다른 사람들이 깨닫기 한 세기 전에 판구조론(板構造論)을 어렴풋하게 알아챘다.

당시 훔볼트의 환경 악화에 대한 예측은 극단적으로 여겨졌다. 하지만 그래도 그는 과학계와 일반 세계 양쪽 모두에서 무척 사랑받았다. 그의 동료들은 그를 '과학계의 셰익스피어'라고 불렀다. 그는 작가인 쥘 베른(Jules Verne, 1828~1905)과 과학자 찰스 다윈 같은 사람들에게 영감을 주었다. 실제로 다윈은 훔볼트의 《여행기(Personal Narrative)》가 "먼 나라들을 여행하고 싶은 영감을 주어 영국 군함 비글호의 동식물 연구가로 자원하게 만들었다"고 주장했다. 다윈은 그 책을 비글호에 가지고 탔다.

1859년 사망할 당시 훔볼트는 세계에서 가장 유명한 과학자였다. 실제로 독일인 과학자이자 작가인 요한 볼프강 폰 괴테는 "8일 동안 책을 공부하는 것보다 그와 한 시간 이야기를 나누는 편이 더 많은 것을 배울 수 있다"고 말하기도 했다. 훔볼트의 사망 백 주기 때는 이 위대한 사람의 삶을 유럽부터 아프리카, 오스트레일리아, 미국에서 기념했다. 하지만 현재 그는 학계 바깥에서는 거의 잊힌 것 같다. 어느 정도는 제1차 세계대전 이후 반독일인 정서 때문일 수 있고, 혹은 그저 시간이 흘렀기 때문일 수도 있다. 어쨌든 이 최초의 환경보호주의자의 이름은 해류와 대왕오징어, 소행성 같은 데에 남아 있다. 그의 이름은 그 어떤 사람보다도 많은 것에 붙었다.

대륙 분수령 건너기

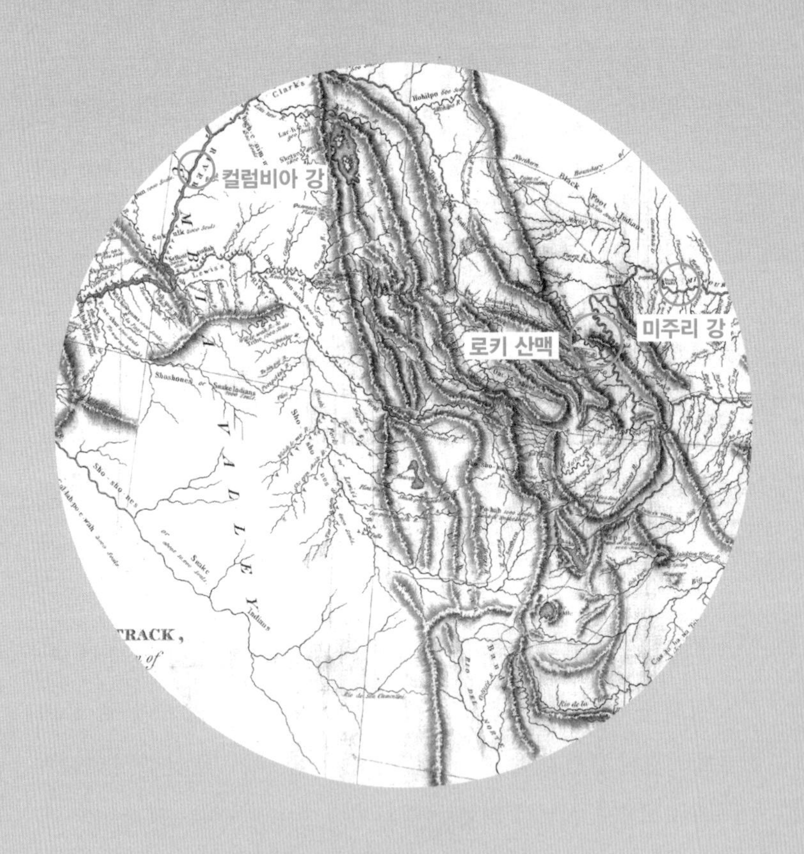

컬럼비아 강, 미주리 강, 로키 산맥을
처음으로 정확히 묘사한 루이스와 클라크 탐험대의 지도

◆

1800년대 초반에는 미시시피 강 너머 서쪽으로 뭐가 있는지 거의 알려지지 않았었다. 소수의 모피 사냥꾼이 강을 건너갔다 와서는 수 킬로미터에 이르는 넓은 평원에 대해 이야기했다. 토머스 제퍼슨 대통령은 정치적·경제적 이득을 위해서 이 땅을 열렬하게 탐사하고 싶어 했다. 무역의 기회를 늘리고 북서쪽 멀리까지 미국의 소유권을 공고히 하기 위해서였다. 그래서 그는 개인비서였던 메리웨더 루이스(Meriwether Lewis, 1774~1809)에게 물길을 따라 태평양 연안까지 가는 길을 찾아 미지의 땅을 탐험하라는 임무를 내렸다.

하지만 제퍼슨은 권력과 돈을 위해서만 이 탐사에 관심이 있는 게 아니었다. 그는 또한 이것을 이 땅을 탐험하고 신비한 동물들에 대한 이야기가 정말로 사실인지 알아볼 기회로 여겼다. 수년 동안 그는 동쪽에서 발굴된 화석들에 푹 빠져 있었다. 뉴저지와 버지니아에서 발견된 매머드의 잔해와 소위 메갈로닉스(Megalonyx) 같은 것들이었다(이것은 후에 땅나무늘보로 밝혀졌다).

루이스는 오랜 군 동료였던 윌리엄 클라크(William Clark, 1770~1838)를 탐사의 공동 대장으로 끌어들여서 그에게 여행의 실질적 계획을 세울 임무를 맡기고, 루이스 자신은 종과 화석 분석 및 수집 같은 과

메리웨더 루이스(1807년경)
© Connormah

윌리엄 클라크(1810년)
© Connormah

학 연구를 담당하기로 했다.

1804년 봄, 루이스와 클라크, 33명의 대원이 세인트루이스의 미시시피 강둑에서 16미터 길이의 평저선과 두 대의 좀 더 작은 나무배를 타고 출발했다. 서쪽으로 방향을 잡고 그들은 미주리로 향했다. 1,600킬로미터를 가는 동안 그들은 강을 따라 천천히 전진했고, 가끔 배를 강둑에서 끌어내거나 얕은 급류 너머로 끌고 가야 할 때도 있었다.

마침내 풍경이 넓고 평평한 평원으로 바뀌었다. 수 킬로미터에 이르도록 끝없이 풀밭이 펼쳐져 있었다. 여기는 버펄로와 엘크, 영양 무리들과 티피(원뿔형 천막-역주) 천막에서 살며 말을 타고 버펄로를 사냥하는 유목민 수족(the Sioux)의 땅이었다.

루이스는 가지뿔영양이나 프레리도그처럼 그들이 만난 새로운 종을 열심히 기록했다. 당시에는 아무도 매머드가 여전히 존재하는지 어떤지 알지 못했다. 루이스는 눈을 크게 뜨고 살폈으나 당연하게도 한 마리도 발견하지 못했다. 찾은 건 화석뿐이었다.

탐사대가 서쪽으로 나아갈수록 평원이 사라지고 대륙 분수령의 언덕들이 나타나기 시작했다. 루이스는 산양과 무시무시한 회색곰처럼 이전까지 알려지지 않았던 생물을 더 많이 발견했다. 하지만 여전히 살아 있는 매머드는 없었다.

그러나 그들은 로키 산맥 동쪽과 서쪽 모두에 살며 스네이크 국가라고도 하는 쇼쇼니족과 마주쳤다. 루이스와 그의 부대는 그들이 본 최초의 백인들이었다. 쇼쇼니족은 동쪽에서 온 이 낯선 사람들을 보고 처음에는 긴장했으나 곧 이들이 즉각적 위협의 대상은 아니라는

미국 우표: 루이스와 클라크 탐험대(1954년 발행)

것을 깨닫고 조심스럽게 음식을 나눠주고 티피에서 잠을 자게 해주었다.

멀리 솟아 있는 거대한 산맥을 바라보며 루이스는 그곳을 넘어가기 위해서는 더 많은 준비가 필요하다는 것을 깨달았다. 정확히 말해서 더 많은 말이 필요했다. 그래서 쇼쇼니족에게서 말을 사기 위한 협상이 시작되었다. 하지만 그들은 강경하게 버텼다. 쇼쇼니족 족장 카메아화이트('걷지 않는 자')와 이야기를 하던 중에 믿기 힘든 우연한 사건이 벌어졌다. 루이스의 일행 중 한 명인 사카가위아는 어릴 때 쇼쇼니족과 함께 살다가 습격해온 히다차족 전사들에게 납치되었다. 현재 프랑스계 캐나다인 모피 상인과 결혼해 살고 있던 사카가위아는 카메아화이트가 오래전에 잃은 자신의 남동생이라는 걸 갑자기 깨달았다. 그 후로 협상은 좋은 방향으로 흘러갔고, 루이스는 꼭 필요로 하던 말을 얻었다. 하지만 힘든 시기가 아직 끝난 것은 아니었다.

대원 몇 명은 평저선으로 돌아가서 동물학적·식물학적 보물로 가득한 배를 타고 세인트루이스로 되돌아갔다. 쇼쇼니족의 안내를 받아 나머지 대원들은 계속해서 서쪽으로 향했다. 언덕은 점점 가파른 산길로 변했다. 석 달 동안 그들은 눈 덮인 언덕을 오르고 눈보라와 싸우며 동상을 간신히 피했다.

하지만 결국에 반짝이는 바다 모습이 눈에 들어오기 시작했고, 마침내 1805년 11월에 태평양에 도착했다. 루이스는 지나가는 무역선을 얻어 타고 문명 세계로 돌아갈 수 있기를 바랐다. 하지만 그들은 해안가에 너무 늦게 도착했다. 어떤 배도 지나가지 않았다. 그들은 굶주리고 병에 걸린 채 비참한 긴 겨울을 그곳에서 웅크리고 보내야만 했다. 겨울이 차츰 봄으로 변했고 눈이 녹기 시작했다. 마침내 대원들은 해안을 떠나서 산맥을 넘어 귀환하기 시작했다.

돌아오는 길도 갈 때만큼이나 사건 사고가 많았다. 루이스와 클라크는 각기 다른 지역을 탐사하고 옐로스톤과 미주리 강이 만나는 곳에서 다시 합류하기로 하고 헤어졌다. 하지만 현대의 몬태나 주의 매리아스 강에서 루이스와 그의 팀은 블랙풋 부족의 전사들에게 습격을 당했다. 그들은 무기와 말을 훔쳐가려는 생각이었다. 두 명의 전사가 사망했다. 탐사 전체에서 아메리카 원주민 부족과 유일하게 폭력적으로 맞선 사건이었다. 그 직후에 사냥을 하다가 루이스가 사고로 하체에 총을 맞았다. 다행히 그는 부상에서 회복해 무사히 클라크와 다시 만났다.

1806년 가을, 대원들은 2년 동안의 장대한 여행으로 지쳤으나, 놀라운 풍경과 전에 과학계에 알려지지 않았던 흥미로운 사람들과 동물들에 관한 이야기를 가득 담은 채 세인트루이스로 힘겹게 돌아왔다. 이것은 우정과 끈기, 발견에 관한 이야기였다. 루이스와 그의 대원들은 물길을 통해 태평양까지 가는 길을 찾지는 못했으나 이것은 미국 대륙 분수령을 가로지른 최초의 탐사였다.

아마존으로
베네수엘라
가이아나
수리남
콜롬비아
에콰도르
페루
브라질
볼리비아
아마존 삼림을 낀
8개국

◆

"숙련된 성인 인디언이 사용하면 바람총에서 날아간 화살은 45~55미터 거리에 있는 짐승을 죽일 수 있다. 숲에서는 총보다 훨씬 더 유용한 무기다. 화기 소리가 나무에서 먹이를 먹는 새나 원숭이 떼에 경고를 해주는 반면에, 조용한 독화살은 동물을 하나하나 쓰러뜨리기 때문이다. 빠르게 동물을 죽이는 독은 북쪽에서 흘러내리는 강의 폭포 너머에 사는 인디언들만 구할 수 있다. 주재료는 스트리크노스 톡시페라(*Strychnos toxifera*) 나무다." 이것은 박물학자 헨리 월터 베이츠(Henry Walter Bates, 1825~1892)의 말이다. 그는 아마존에서 11년을 지냈고 그의 연구는 찰스 다윈의 자연선택론에 큰 영향을 미쳤다.

베이츠는 1825년 레스터에서 스타킹 제조자의 아들로 태어났다. 그는 가족 사업을 물려받기 위한 교육을 받다가 그의 인생을 영원히 바꿔놓을 우연한 만남을 갖게 되었다. 지역 도서관에서 그는 선생님을 만났다. 거의 동시기에 독자적으

헨리 월터 베이츠(1892~1893년경)

로 자연선택론을 생각해낸 다윈의 적수 앨프리드 러셀 월리스(Alfred Russel Wallace, 1823~1913, '다윈의 적수' 장을 볼 것)였다. 두 사람은 온갖 벌레에 대한 사랑이라는 공통점을 발견하고 새로운 종을 찾기 위해 해외로 여행하는 꿈을 꾸기 시작했다. 4년 후 그들은 남아메리카행 배에 올라탔다. 베이츠는 겨우 스물세 살이었고 당시 '아마존'이라고 불리던, 그가 책에서만 본 넓은 열대우림에서의 모험이라는 유혹에 끌렸다.

파라와 토칸틴스 강을 따라 올라간 후에 두 사람은 헤어졌다. 베이츠는 열대우림 더 깊은 곳으로 들어갔다. 이후 10년 동안 그곳은 그의 집이 되었다.

아마존의 깊고 외진 곳은 아주 위험했다. 현지 안내원들과 함께 베이츠는 엄청난 홍수와 격렬한 급류, 뱀, 피라냐, 악어 등 날씨와 야생동물들과 싸웠다.

"그물을 원형으로 설치하고 사람이 그 안으로 뛰어들면 사로잡힌 악어가 발견되곤 했다." 베이츠는 후에 자신의 책《아마존 숲의 한가운데서(In the Heart of the Amazon Forest)》에서 그렇게 회고했다.

> 첫 번째 사람이 소리쳤다. "방금 녀석의 머리를 만졌어." 그러면 다른 사람이 외쳤다. "내 다리를 할퀴었어." 사람들 중 한 명이 균형을 잃고 넘어지면서 웃음과 고함이 그치지 않았다. 마침내 열네 살 정도 되는 아이가 악어 꼬리를 잡고 약간의 저항이 멎을 때까지 꼭 달라붙어 있다가 해변으로 끌어낼 수 있었다. 나는 나무에서 튼튼한 막대를 잘라냈고, 악어가

단단한 땅 위로 끌려 올라오자마자 그걸로 정수리를 홱 쳐서 즉시 녀석을 죽였다. 꽤 큰 크기의 악어였다. 턱은 30센티미터가 훨씬 넘었고 남자의 다리를 두 조각 낼 힘이 충분해 보였다.

하지만 그중에서 가장 위험한 것은 가장 작은 포식자, 바로 모기였다. 여행 도중 여러 차례 베이츠는 질병을 옮기는 해충의 희생양이 되어 황열병과 말라리아에 걸렸다. 하지만 그래도 그는 멈추지 않았다. 회복된 다음 그는 상류로 올라가서 강둑을 가로질러 기묘하고 근사한 생물들을 찾기 위해서 빽빽한 덤불을 헤치고 나아갔다. 탐험 기간 동안 그는 14,000종 이상의 새와 동물, 곤충을 수집했다. 그중 절반 이상이 과학계에서 새로운 종이었다.

베이츠의 일기와 편지는 흥미진진한 세계를 생생하게 묘사했는데, 용감무쌍한 박물학자가 여러 가지 생물을 모으고 잡은 다음 야영지 여기저기 있는 우리에 넣어두고서 체계적으로 목록화하는 모습을 그려냈다.

영국으로 돌아온 베이츠는 3년 동안 자신의 모험담을 써서 그의 인기작 《아마존 강의 박물학자(The Naturalist on the River Amazons)》를 출간했다. 아마존 탐험을 하는 동안에 생각해낸 그의 의태 이론 덕분에 그는 존경받는 과학자가 되었다. 즉 그는 위대한 모험가였을 뿐만 아니라 자신의 책을 통해서 대담한 과학적 모험을 생생하게 드러낸 위대한 박물학자이자 작가였다.

아마존의 헨리 월터 베이츠(《아마존 강의 박물학자》에서, 조시아 우드 윔퍼 그림, 1863년경)

의태 이론

아마존에서 지내는 동안 베이츠는 생물체가 종종 포식자로부터 자신을 보호하기 위해서 다른 물체나 생물과 비슷한 모양으로 진화하는 현상을 설명하기 위한 의태 이론(mimicry)을 생각해냈다. 처음에 그는 헬리코니우스나비가 그렇게 천천히 날면서도 새에 잡아먹히지 않는 것에 깜짝 놀랐다. 결국에 그는 나비들이 유독하고, 새들이 피해야 한다는 걸 잘 아는 독특한 냄새를 풍긴다는 사실을 알아냈다. 이로부터 그는 완벽하게 먹을 만한 종이 육체적으로 이 나비들과 비슷해 보이게 진화한다면, 포식자로부터 자신을 보호할 수 있을 것이며 이런 육체적 특성들이 자손에게 전달될 것이라는 아이디어를 떠올렸다. 베이츠는 고향으로 돌아와서 의태에 관한 자신의 아이디어를 출간했고, 찰스 다윈은 자신의 자연선택론에 관한 설득력 있는 증거로 이것을 사용했다.

다윈의 적수

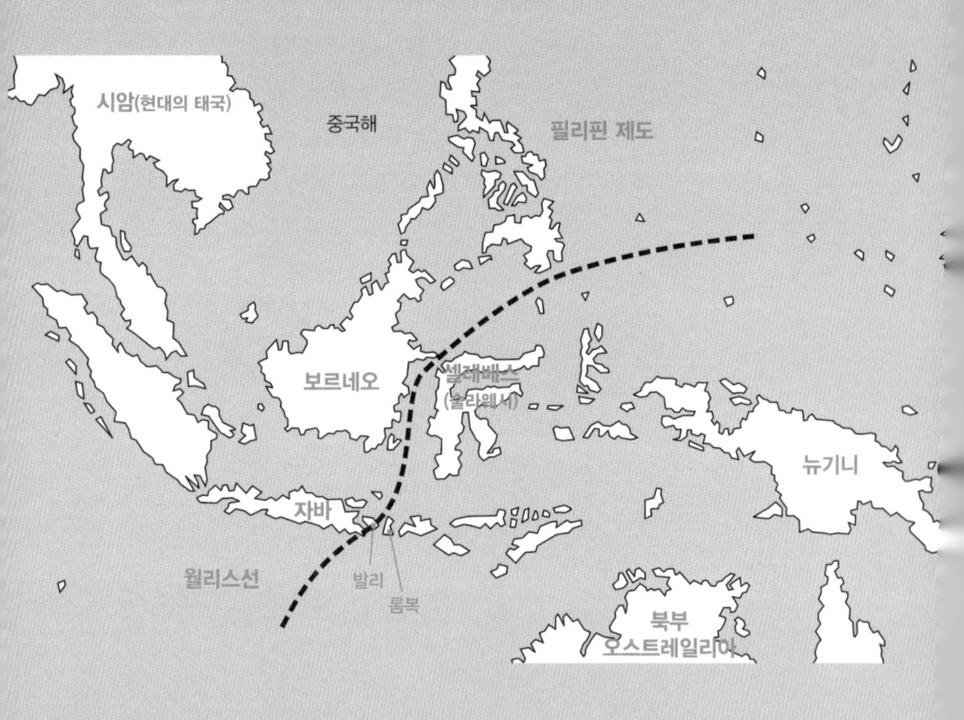

월리스선(Wallace Line)은 오스트레일리아 지역과
아시아 사이의 야생동물 경계를 표시한다.

◆

마을 전체에 외치는 소리가 울렸다. "타나 고양! 타나 고양! 지진이다! 지진이다!" 손에 책을 들고 박물학자 겸 탐험가인 앨프리드 러셀 월리스(Alfred Russel Wallace, 1823~1913)는 약한 흔들림이 점점 격렬해지는 동안 자신의 의자에 가만히 앉아 있었다. 창문으로 그는 마을 사람들이 겁에 질린 어린아이들을 껴안고 집에서 달려 나오는 모습을 볼 수 있었다. 집의 대들보가 삐걱거렸다. 여기가 벽돌로 집을 짓는 유럽 마을이었다면 집은 지금쯤 무너졌을 것이다. 하지만 나무로 된 골조는 단단히 서서 밤새도록, 그리고 그다음 주까지 계속해서 진동을 일으키는 여진에도 잘 버텼다.

월리스는 현재 술라웨시라고 하는 인도네시아의 섬 셀레베스에 있었다. 이번이 그의 두 번째 탐사 여행이었고 그가 자란 웨일스의 어스크 근처 작은 마을에서 꽤 멀리까지 온 셈이었다.

1823년에 태어난 월리스는 1844년 레스터에서 선생으로 일하다가 유명한 박물학자가 되는 헨리 월터 베이츠('아마존으로' 장을 볼 것)를 만나면서 곤충과 벌, 다른 동물들에 대한 흥미를 더욱 발전시키게 되었다. 그들의 우정은 야생동물에 대한 공통의 사랑을 통해서 깊어졌고, 4년 후 그들은 아마존으로 향했다.

처음에 원정은 엄청난 성공을 거두었다. 그들은 전에는 유럽의 박물학자들이 탐험한 적 없는 지역으로 들어가서 수천 종의 생물들을 수집했다. 그들은 여행 경비를 대기 위해서 나중에 그것들을 팔 계획이었다. 하지만 그들은 집으로 돌아오지 못할 뻔했다. 대서양을 건너는 귀국 항해 중 배에 불이 나서 배가 침몰했고, 수집한 모든 생물과 상세한 현장 기록 대부분이 깊은 바닷속으로 가라앉았다. 남은 것은 식물과 물고기 그림 몇 장뿐이었다. 승객과 선원은 기적적으로 살아남아 지나가던 배에 구출되었다.

돌아와서 월리스는 상황을 최선으로 만들어보려고 노력했다. 생물 표본을 잃어서 수입도 잃은 탓에 그는 자신의 항해에 관한 책을 썼다. 하지만 상세한 기록들이 전부 바다 밑바닥에 있어서 자신이 기억하는 것에 의존해야 했다. 그것은 과학계 인사들에게 감명을 주기에는 부족했고, 책은 형편없는 평가를 받았다.

하지만 이런 차질에도 모험을 향한 월리스의 갈망은 줄어들지 않았다. 1853년 그는 다시 항해를 떠났다. 이번에는 동인도로 가는 여행이었다. 동인도는 현대의 인도네시아와 말레이시아다. 그가 술라웨시 섬에서 겪은 지진은 그가 이 탐험에서 겪은 수많은 독특한 경험 중 하나일 뿐이었다. 그는 1854년에 싱가포르를 떠나 22,000킬로미터 이상을 움직이며 8년 동안 동쪽으로는 수마트라로부터 서쪽으로는 뉴기니까지 항해를 하며 새 가죽을 팔아 생활비를 벌었다. 그는 아루에서 아름다운 극락조를 보았고, 술라웨시에서는 온갖 종류의 딱정벌레를 모았으며, 보르네오에서는 오랑우탄을 사냥했다.

하지만 바로 이 여행에서 월리스는 과학계에서 아마도 그의 가장 큰 공적일 만한 일을 해냈다. 발리와 롬복 섬 사이의 해협을 지나는 짧은 여행 도중에 그는 해변을 따라 걷다가 딱따구리와 개똥지빠귀 같은 아시아 새들의 울음소리가 더 이상 들리지 않고 대신에 오스트레일리아 새인 앵무새와 꿀빨이새(*Philemon buceroides*)의 요란한 꽥꽥 소리가 들린다는 것을 깨달았다. 하지만 해협 바로 건너편으로 아시아 새들의 서식지가 여전히 보였다.

월리스는 같은 새들이 한때 양쪽 섬에 모두 존재했을 테지만, 해협이라는 자연적인 장애물 때문에 각기 다른 종으로 진화되었을 거라는 사실을 깨달았다. 그는 이것이 지리학적 역사상 아주 오래전에 지구 표면에 일어난 변화 때문일 수도 있다고 추론했다(당시에는 아무도 대륙이동설에 관해 몰랐지만 말이다. '지구를 움직인 남자' 장을 볼 것).

월리스는 해협이나 산악 지대처럼 지리적 장벽 양옆에 사는 생물들은 점차적으로 다르게 진화했을 것이라고 추측했다. 장벽의 한쪽에서는 한 종의 생물들이 이웃들보다 경쟁 우위에 서기 위해서 새로운 유리한 특성을 갖도록 진화했을 수 있다. 시간이 흐르며 그 특성을 가진 종이 새끼를 낳고 그 특성을 자손들에게 물려주었을 것이다. 그래서 장벽 한쪽에서는 새로운 종이 진화한 반면에 새로운 특성을 갖지 않은 원래의 종이 그 반대편에서 계속 살게 되었을 것이다.

자일롤로 섬(현대의 할마헤라)에 있으면서 월리스는 이 혁신적인 아이디어를 담은 편지를 썼고, 이것은 과학계에서 가장 유명한 이론 중 하나인 자연선택(이 장의 마지막 설명을 볼 것)의 골조를 만드는 데에 도움이 되었다.

편지는 말루쿠 제도의 이 외딴 섬에서 싱가포르, 홍콩, 알렉산드리아, 파리와 로테르담을 거쳐서 켄트 주 브롬리의 다운하우스 우체통에 도착했다. 바로 찰스 다윈('비글호에 타다' 장을 볼 것)의 집이었다.

편지에서 월리스는 각기 다른 종들이 어떻게 진화하는지에 대한 자신의 아이디어를 설명했다. 다윈 역시 수년 동안 이 아이디어에 관해 고민하고 있었으나 아직까지 아무것도 출간하지 않았었다. 월리스의 편지는 다윈에게 충격을 주고 당장에 행동을 개시하게 만들었다. 꾸물거린 자신에게 화가 난 채 다윈은 자신이 수년 동안 발전시켜온 이론이 받을 칭찬 세례를 빼앗아갈지도 모르는 이 과학적 라이벌을 어떻게 해야 할지 친구들에게 연락해 물어보았다. 친구들은 다윈과 월리스가 자신들의 아이디어를 제시할 수 있도록 린네협회(Linnean Society)에서 만나보라고 제안했다.

이 만남은 대단히 우호적인 시간이 되었다. 월리스는 다윈의 엄청난 팬이었고, 그를 무척 존경했기 때문에 과학에서 이렇게 핵심 개념에 자신이 공헌했다는 사실만으로도 기뻐했다. 그래서 두 박물학자 모두 개별적으로 자연선택론을 떠올렸지만 과학사에서 이 이론으로 영원히 기억되는 사람은 그 유명한 책《종의 기원(On the Origin of Species)》을 쓴 다윈이 되었다. 월리스는 이 일로 그에게 전혀 악감정을 갖지 않았다. 실제로 월리스는 계속해서 매우 성공적인 경력을 이어갔다. 그가 생각하기로는 다윈과의 연줄에 도움을 받은 것 같았다. 그리고 그는 과학에 다른 큰 공헌을 여러 가지 했다. 예를 들어 1904년에

낸 책《우주에서 인간의 자리(Man's Place in the Universe)》는 생명이 화성을 포함해서 다른 행성에도 존재할 가능성에 대해 생물학자가 논의한 최초의 책이었다. 월리스는 유명세를 좇는 과학자가 아니라 그저 자기 주변의 세상을 절실히 이해하고 싶어 한 사람이었다.

자연선택

자연선택은 진화를 가속화하는 불길이다. 이것은 종에서 일부 생물체들이 같은 종의 다른 개체들에 비해 그 환경에서 살아남는 데 더욱 적합한 이로운 육체적 혹은 행동 특성을 갖게 되는 과정이다. 이로운 특성을 가진 개체의 자손이 더 많이 살아남기 때문에 이런 이로운 특성이 개체들 사이에서 더 흔해진다.

이 개념은 종종 '적자생존'이라고 불린다. 하지만 이것은 약간 오해의 소지가 있다. 첫째로 '적합하다'는 것은 더 강하다는 뜻이 아니라 특정한 환경에서 더 잘 살아남을 수 있고 그래서 번식할 수 있다는 뜻이다. 둘째로 자연이 같은 종의 생물들 사이에서 한쪽을 고르도록 강요하는 환경 압력(식량이나 짝을 얻기 위한 경쟁 등)이 최상의 무리보다 최악의 무리 쪽으로 가기도 한다. 그러니까 '적자생존'이라기보다 '가장 비적자의 제거'라고 말하는 게 더 잘 맞을 것이다. 다윈은 특성의 변화가 어떻게 일어나는지 그 메커니즘을 이해하지 못했다. 유전학에 대해서 전혀 몰랐기 때문이다. 1900년대 초반이 되어서야 과학자들은 유전학 메커니즘을 이해하게 되었고, 특성의 변화를 일으키는 것이 유전자의 돌연변이라는 것을 알게 되었다.

파스퇴르가 파스퇴르법을 개발하다

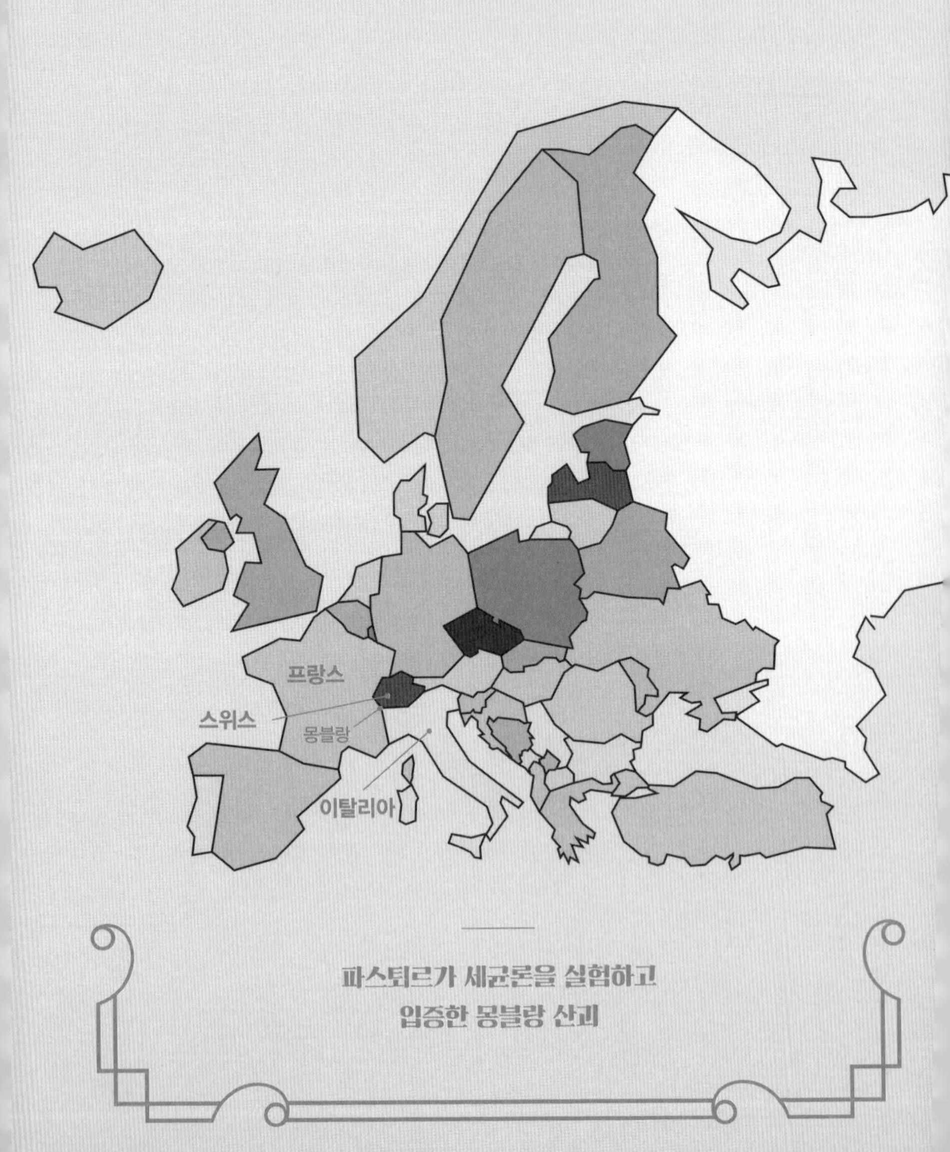

파스퇴르가 세균론을 실험하고 입증한 몽블랑 산괴

◆

얼음과 눈이 발아래서 으스러진다. 미생물학자이자 화학자인 루이 파스퇴르(Louis Pasteur, 1822~1895)는 길에서 미끄러질까 봐 어디를 밟을지 신중하게 고른다. 코에는 소나무 냄새가 느껴지고, 그의 노새는 그를 산자락으로 데려간다. 공기가 희박하다. 또 다른 굽이를 돌자 나무들이 사라지며 장관이 펼쳐진다. 골짜기까지 쭉 뻗은 거대한 얼음 들판이다. 메르 드 글라스(Mer de Glace, 몽블랑 산괴의 가장 큰 빙하-역주). 그는 신중하게 유리 플라스크들을 꺼낸다. 액체가 각각 들어 있는 플라스크는 총 20개다. 하나씩 그는 플라스크 뚜껑을 열고 잠깐 동안 내용물을 공기에 노출시킨다.

파스퇴르의 이론은 미생물이 훨씬 많은 낮은 고도에 비해 2,000미터 정도의 이런 높은 고도에서는 공기 속에 비교적 세균이 없을 거라는 것이었다. 올라오기 전에 그는 하나를 제외하고 모든 플라스크의 액체를 끓였다. 이 플라스크의 내용물을 50개의 다른 플라스크 내용물(마찬가지로 미리 끓인 후에 20개는 해수면 높이 공기에 노출시키고 20개는 850미터 고도의 공기에 노출시켰다)과 비교해서 파스퇴르는 액체를 미리 끓이면 그 안에 있는 미생물이 죽을 거라는 자신의 이론을 시험해보았다.

몽블랑 산괴의 가장 큰 빙하, 메르 드 글라스

그의 이론은 옳았다. 해수면 공기에 노출된 20개의 플라스크 중 8개에서 미생물이 자랐으나 850미터 고도에 노출된 플라스크는 겨우 5개에서 자랐다. 그리고 메르 드 글라스의 공기에 노출된 플라스크 중에는 겨우 하나만이 미생물로 오염되었다. 1860년대 초 파스퇴르의 실험은 그의 세균론을 입증했다.

하지만 처음에 이 이론은 반발에 부딪혔다. 수천 년 동안 사회는 살아 있는 유기체가 무생물에서 자라난다고 믿었다. 즉 먼지에서 이가 나오고 죽은 살에서 구더기가 생긴다는 식이었다. 파스퇴르의 세균론은 마침내 이 신념들을 무너뜨리고 많은 질병이 미생물로 인한 것임을 보여주어 건강관리에 대한 우리의 생각을 혁신했다.

세균론이라는 이 돌파구에 고무되어 나폴레옹 3세는 파스퇴르에게 프랑스 와인 업계가 겪는 문제를 들고 갔다.

와인이 수송하는 도중에 상하는 게 문제였다. 파스퇴르는 이것이 오염되었기 때문일 거라고 추측했다. 하지만 와인을 끓이면 맛이 변할 것이기 때문에 그건 선택지가 아니었다. 그래서 파스퇴르는 어떤 온도가 미생물을 죽이기에 적합한지 실험해보았다. 그는 섭씨 55도면 와인을 망가뜨리지 않으면서도 미생물을 죽이는 것으로 보인다는 사실을 알아냈다.

열을 가하는 과정은 파스퇴르법(저온살균법)이라고 알려졌다. 오늘날 대부분의 우유는 해로운 박테리아를 제거하기 위해서 저온살균을 한다. 실제로 1922년 우유 및 유제품 법 이전까지 소결핵증으로 수천 명이 사망했다. 우형(牛型) 결핵균은 살균되지 않은 우유에서 간혹 발견되는 치명적인 미생물이다.

그래서 파스퇴르는 프랑스 와인 업계만 구한 것이 아니라 수천 명의 목숨을 구한 것이다. 하지만 아직 그의 공적은 끝나지 않았다. 그는 또한 연구를 통해서 누에의 감염이 기생충으로 전달되는 것임을 밝히고 감염된 벌레들을 제거하고 없애라고 제안해서 무너져가던 프랑스 실크 업계도 구했다.

마지막으로 파스퇴르는 백신을 만드는 방법을 찾아냈다. 자신의 닭들에게 오래된 박테리아 배양액을 주입하자 닭들이 앓기는 해도 죽지는 않았다. 그리고 그 이후 콜레라에 면역이 생겼다. 파스퇴르는 동물들을 약한 질병 균주에 노출시키면 면역성을 키울 수 있다는 걸 금세 깨달았다. 한 세기 전에 에드워드 제너 박사가 우두가 천연두를 막아준다는 사실을 발견했으나(이 장의 마지막 설명을 볼 것) 파스퇴르는 실험실에서 백신을 개발한 최초의 인물이다.

파스퇴르는 탄저병과 광견병 등 다른 질병에 대한 백신을 계속해서 개발했다. 실제로 이 위대한 미생물학자보다 더 많은 생명을 구한 사람은 찾아보기가 힘들 것이다. 몽블랑 산자락에서 수행한 세균론 초기 연구로 그는 평생 발견할 기반을 갖게 되었다.

천연두와 싸우기

1796년 에드워드 제너 박사는 약한 우두를 앓은 우유 짜는 여자들은 절대로 천연두에 걸리는 법이 없다는 사실에서 직감을 얻었다. 그는 우유 짜는 사라 넬름스라는 여성이 우두를 앓는 소들과 접촉했지만 완벽한 피부에 흠 하나 없는 것을 발견했다. 흥미를 느낀 그는 소량의 우두균이 천연두로부터 보호해준다는 그의 이론을 시험해보기로 했다. 그는 여덟 살 난 제임스 핍스의 팔에 우두 물집에서 뺀 고름을 주사했다. 아이는 면역이 생겼다.
이 아이디어는 많은 사람에게 조롱을 받았지만 제너는 왕립협회에 논문을 제출했고, 협회는 더 많은 증거를 요구했다. 실망하지 않고 그는 자신의 11개월 된 아들을 포함해서 여러 명의 아이에게 접종했다. 제너는 라틴어로 소를 뜻하는 '바카(vacca)'로부터 '백신(vaccine)'이라는 단어를 만들었다. 병은 전세계적인 공동 백신 프로그램을 통해서 20세기에 마침내 박멸되었다. 마지막 자연 발생한 천연두 환자는 1977년 소말리아에서 있었고, 1978년에 누군가가 버밍엄의 실험실에서 사고로 병에 걸린 바 있다.

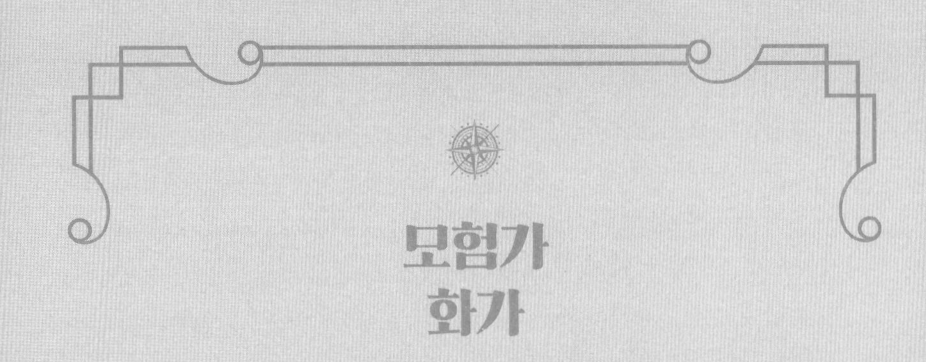

모험가 화가

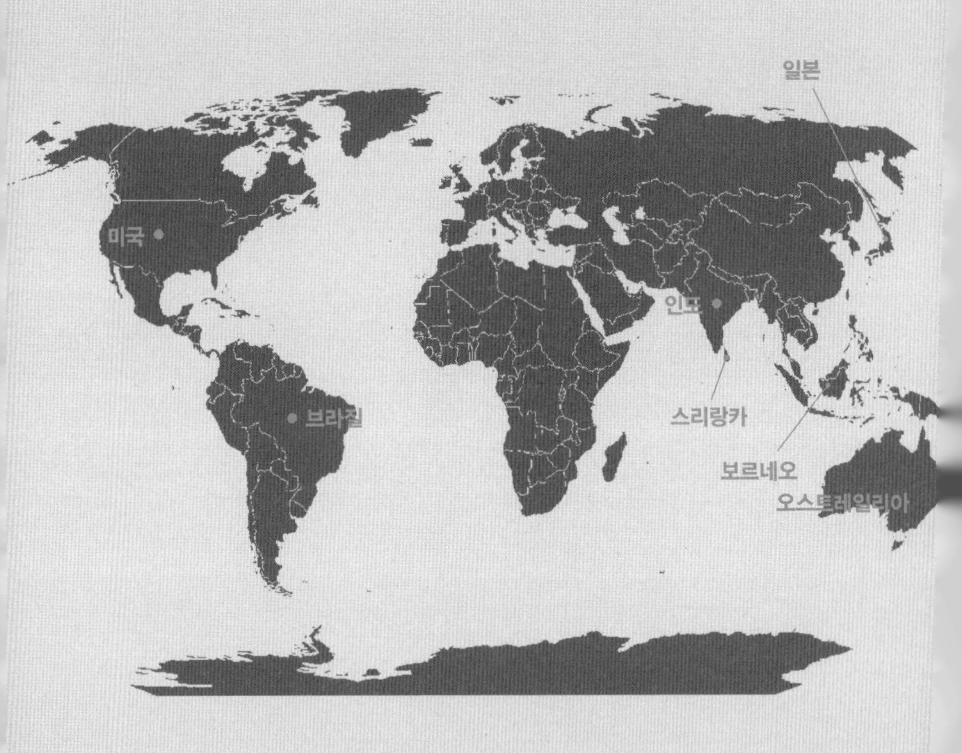

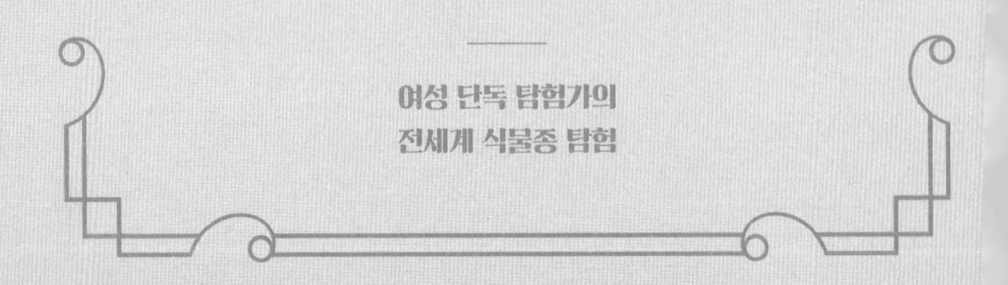

여성 단독 탐험가의
전세계 식물종 탐험

◆

메리앤 노스(Marianne North, 1830~1890)는 딱정벌레가 꼭대기 테두리 아래 있는 달콤한 수액에 끌려서 낭상엽(囊狀葉, 잎에 깔때기 모양이 분화하여 달린 식충식물의 잎-역주) 식물의 바깥쪽 사다리 모양 구조를 타고 천천히 올라가는 것을 바라본다. 수액을 먹는 중에 벌레는 균형을 잃고 식물의 '입'안으로 미끄러져서 소화효소가 가득한 웅덩이 속으로 떨어진다. 액체 속에서 몸부림을 치며 무력한 생물은 느리고 끔찍한 죽음을 맞는다.

붓을 손에 들고 종이를 펴놓은 채 노스는 보르네오의 말레이시아 사라왁 주의 언덕 중간쯤에 앉아 있다. 나무 팔레트 위에 유화 물감을 짜고서 그녀는 붓에 물감을 조금 묻혀서 낭상엽 식물과 그 주변의 풍부한 나무들에 대한 대강의 스케치를 색칠하기 시작한다.

당시 대부분의 식물 그림은 수채화로 그려졌던 반면 전통적인 과학 삽화는 상세한 해부학적 그림이었다. 하지만 노스는 유화로 그림으로써 과학과 예술의 경계를 흐리게 만들었다. 아직까지 세부적인 부분은 다듬는 중이었으나 생생한 색깔로 식물에 생명력을 불어넣었다.

실제로 노스는 다른 사람들을 따르는 타입이 절대 아니었다. 화가로서뿐만 아니라 박물학자로서도 그랬다. 생물을 총으로 쏘아 사로잡거나 땅에서 파내 집으로 가져오는 당시의 대부분의 박물학자와 달리 노스는 자신이 만난 동물과 식물의 정수를 그림으로 사로잡는 데에 주력했다. 게다가 그녀는 여자들이 전세계의 이국적이며 가끔은 위험하기도 한 지역에 혼자 가는 건 고사하고 혼자 여행도 거의 하지 않던 시절의 여성 단독 탐험가였다.

노스는 1830년 남쪽 해안가 마을 헤이스팅스에서 태어났다. 그녀의 아버지는 헤이스팅스 하원의원이었고 가족은 부유한 토지 소유주였다. 어머니가 돌아가시고 그녀는 식물을 그리기 시작했다. 그녀의 관심은 아마 아버지와 큐(Kew) 왕립식물원 원장과의 우정에서 촉발되었을 것이다. 그러다 아버지가 의원직을 잃자 두 사람은 함께 여행을 다니기 시작했다. 그들은 유럽, 중동, 북아프리카를 들렀다. 아버지가 돌아가시자 노스는 큰 슬픔에 사로잡혀 슬픔으로부터 도망치기 위해 그림에 몰두했다.

하지만 오래지 않아 멀리 있는 나라들이 다시금 그녀를 부르기 시작했다. "결혼? 끔찍한 실험이지"라는 그녀의 말처럼 그녀를 붙잡을 남편이 없고 마음대로 쓸 수 있는 돈이 충분했기 때문에 노스는 마음 가는 대로 자유롭게 세계를 탐험할 수 있었다. 그래서 짐가방에 다양한 '소개장'을 넣고서 1871년에 마흔 살의 나이로 대서양을 건넜다.

그 시절에 소개장은 오늘날의 소셜 네트워크 같은 기능을 해서 대

실론(현대의 스리랑카)에서 타밀 소년을 그리는 메리앤 노스(1877년경)

영제국 전역에서 상류층 사람들을 서로 연결시켜주었다. 찰스 다윈도 노스를 위해서 소개장을 하나 써줬을 정도다. 그리고 학계로부터 종종 무시되는 고향의 여자들과 달리 이런 연줄은 그녀가 전세계의 대사들부터 총독, 왕에 이르기까지 위대한 지성과 영향력 있는 사람들을 만날 수 있다는 뜻이었다. 그녀는 미국 대통령과 함께 식사하고 사라왁의 왕과 왕비와 함께 머물렀다. 하지만 전통적인 사회는 그녀를 지루하게 만들었다. 그녀의 관심을 정말로 불러일으키는 것은 외딴 지역에서의 탐험과 발견이었다.

미국에서 노스는 거대한 삼나무와 나이아가라 폭포에 경탄했다. 브라질에서는 아마존을 가로질렀다. 인도에서는 코끼리를 탔다. 일본에서는 예스러운 찻집에서 차를 마셨다. 오스트레일리아에서는 코알라를 안아보았다. 그녀는 자신의 삶을 "돌아다니고 경탄하고 그림을 그릴" 기회라고 묘사했다.

그 시절에 탐험은 쉽지 않았다. 많은 사람이 여행은 '더 약한 성별'에게는 어울리지 않는 활동이라고 여겼다. 누구에게든 바다에서의 항해는 길고, 그 생활 조건은 생명을 유지할 수 있는 기본적인 수준 정도였다. 땅 위에서도 외딴 지역까지 트레킹을 하는 것은 힘겹고 종종 위험했다. 하지만 노스는 도전을 즐겼고, 옷 몇 벌과 그녀의 소중한 유화 물감과 붓을 조그만 짐가방 하나에 전부 넣고 가볍게 여행을 다녔다.

1881년 그녀는 1년 동안 여행을 쉬기로 하고 영국으로 돌아와 자기 돈을 들여 오로지 자신의 작품을 위해서만 열리는 큐 왕립식물원 갤러리에서의 그림 전시를 준비했다. 사진이 여전히 흑백이던 시절에 야생동물과 그 주변 환경에 대한 그녀의 생생한 그림은 대중을 매료시켰고 사람들에게 이런 이국적인 세계를 조금이나마 엿보게 해주었다. 그녀의 그림이 전시된 갤러리는 오늘날에도 여전히 그 자리에 있다.

노스는 진정으로 빅토리아 시대의 선구자였다. 그녀의 모험 정신은 먼 나라의 식물종 수백 개를 기록하는 데 도움이 되었고, 그중 다수가 과학계에 새로운 것이었다. 실제로 하나의 속과 네 개의 식물종에 그녀의 이름이 붙었다. 그녀는 재능 있는 화가였고 용감한 탐험가였으며 존경받는 박물학자였고 자기 운명의 확고한 주인이었다.

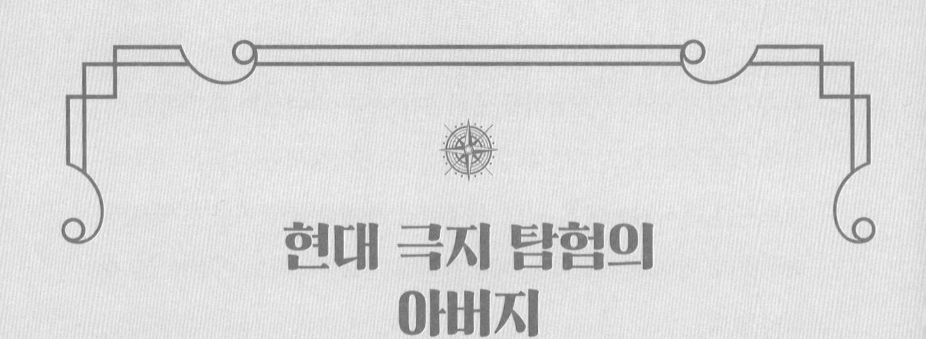

현대 극지 탐험의 아버지

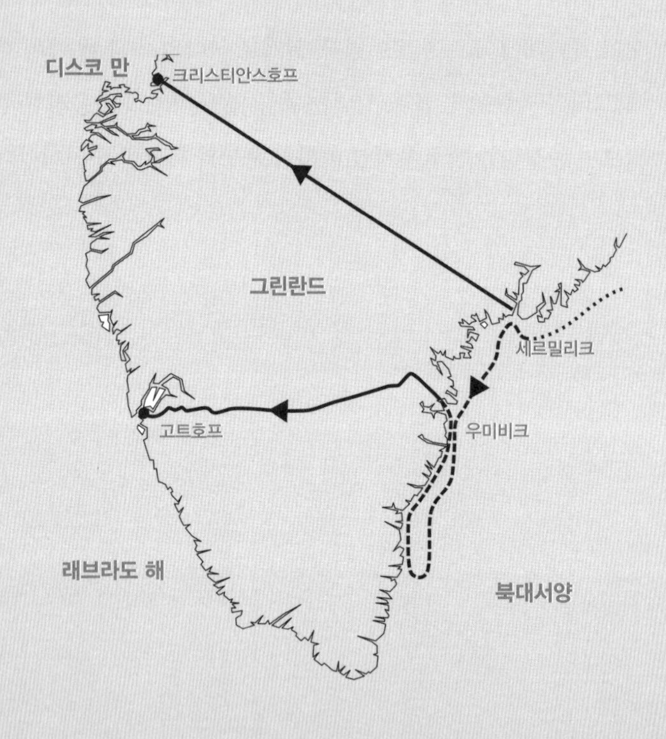

난센이 계획한 경로는 세르밀리크에서 크리스티안스호프로 가는 것이었으나 실제 경로에서는 고트호프에 도착했다.

◆

첫 번째 배가 출렁이는 바다로 밀고 나온다. 그리고 두 번째 배가 파도 위로 내려앉는다. 여섯 명의 남자가 차례차례 바다표범 사냥용 함선의 선장과 악수를 나누고 사다리를 내려간다. 그들이 배를 타고 떠나자 함선은 작별의 대포를 발사한 후 넓은 바다 쪽으로 기수를 돌리고 마침내 수평선 위로 사라진다. 출렁거리는 물살을 노로 가르며 배는 빙산 사이로 길을 찾기 시작한다. 하지만 육지는 찾기 어렵다.

약 2주 동안 그들은 강한 해류와 싸웠다. 결국에 지친 그들은 섬에 상륙하지만, 다시 2주가 더 지나서야 본토에 도착할 수 있었다. 거대한 황무지 그린란드였다.

그린란드를 횡단하려던 이전의 시도들은 전부 실패로 끝났다. 하지만 이 용감한 6인 팀을 이끄는 사람은 노르웨이인 프리드쇼프 난센(Fridtjof Nansen, 1861~1930)이었다. 그는 다른 사람들이 상황이 힘들어지면 돌아갈 수 있는 문명

프리드쇼프 난센의 초상(1888년경, 페더 발케 그림)

이 언제나 존재하는 마을이 있는 서해안에서 시작했기 때문에 실패했다고 믿었다. 그래서 사람이 살지 않는 동해안에 상륙함으로써 돌아갈 곳이 없게 만들었다.

이런 원정에 나선 노벨 평화상 수상자는 별로 없다. 하지만 프리드쇼프 난센은 평범한 사람이 아니었다. 동물학자, 탐험가, 외교관, 작가, 화가, 거기에 인도주의자인 그는 최소한 5개 국어를 하고, 여행을 통해 지도와 생물종의 근사한 삽화를 그렸으며 제1차 세계대전 이후에 전쟁 포로들이 본국으로 돌아가는 것을 도와 1922년에 상을 받았다.

그리고 특히 과학에 있어서 중요한 것은 그가 중추신경계의 특성부터 북극의 얼음을 실어가는 해류가 동쪽에서 서쪽으로 흐른다는 아이디어에 이르기까지 여러 가지 획기적인 이론을 내놓았다는 사실이다. 실제로 현미경만큼 피켈(pickel, 빙설로 뒤덮인 경사지를 오를 때 사용하는 도구-역주)도 능숙하게 다루는 사람은 그리 많지 않다. 그가 모든 걸 다 잘하는 건 아니었지만, 꽤나 많은 것에 뛰어났다.

그는 1861년 오슬로 근처 스토레 프륀 마을에서 태어났다. 변호사였던 그의 아버지는 신앙심이 대단히 깊은 사람이어서 어린 프리드쇼프에게 인도주의 정신을 심어주었다. 한편 그의 어머니는 그와 형제들에게 야외 탐험을 장려했다. 프리드쇼프는 실력 있는 스케이트 선수이자 수영 선수로 자라났고, 특히 스키에 뛰어났다. 이 기술이 그를 모험의 인생에 나서게 만들었다. 용감한 젊은 청년은 스키를 타고 개 한 마리만을 친구 삼아 80킬로미터를 갈 수 있었다.

난센은 전에도 여러 번 모험에 나섰지만 1888년에 한 것만 한 모험은 없었다. 얼어붙은 그린란드의 황무지를 그의 팀이 건너는 데에는 두 달이 걸렸다. 그들은 엄청난 고난을 견디고, 격렬한 폭풍우와 영하 45도의 혹독한 기온과 싸우고, 해발 2,700미터의 산을 올라갔다.

하지만 원정은 A에서 B까지 가는 것만 목표가 아니었다. 난센은 과학자로서 성실했다. 그 고된 나날 동안에도 그는 빙하기의 특성과 원인에 대해서 고민하고서 지난 빙하기 때 북부 유럽의 상태에 관해 귀중한 식견을 얻었다.

여행은 또한 극지 탐험에 사용되는 도구들의 현대화에 중요한 역할을 했다. 그는 몸을 더 따뜻하게 하기 위해 두껍고 큰 모피를 입는 대신에 옷을 여러 벌 겹쳐 입는 개념도 처음 고안했다.

언제나 기략 넘치는 난센은 또한 짧은 시간 동안 많은 거리를 가는 방법도 고안했다. 자신의 텐트를 돛으로 바꿔서 강한 바람을 이용해 수 킬로미터를 '스키 돛'으로 가기도 했다. 팀이 마침내 서해안에 도착했지만 문명까지는 아직도 산악지대를 80킬로미터 더 가야 하자 그는 산을 올라가지 않고 대신 그 지역 나무로 배를 만들어서 고트호프 마을까지 남은 거리를 노를 저어 갔다.

난센은 현대 극지 탐험의 아버지라고 알려져 있으며 그럴 만도 하다. 실제로 그의 아이디어는 미래의 많은 원정에 영향을 미쳤다.

세계에서 가장 튼튼한 배

1893년, 난센은 직감에 따라 시베리아 해안을 출발해 떠다니는 총빙(叢氷, 바다 위 얼음이 모여 언덕처럼 얼어붙은 것–역주) 속으로 배가 들어가게 만들었다. 많은 사람이 이 항해를 완전히 미친 짓이라고 여겼다. 하지만 난센은 해류가 극지 얼음을 동쪽에서 서쪽으로 실어간다는 자신의 이론을 입증하겠다고 단호하게 결심했다. 그래서 그는 공학적 경이로움을 입증하게 되는, 선체를 강화한 목제 스쿠너(schooner, 2~4개의 돛대에 세로돛을 단 범선–역

로알 아문센의 탐험 중 남극 대륙의 프람호(1911년경)

주)를 만들었다. 프람호는 북극 얼음의 강력한 압력을 3년 동안 견뎠다. 그리고 난센의 이론과 부합하여 1896년 8월 13일 노르웨이 본토와 북극 사이의 스피츠베르겐 제도 근처에서 얼음 밖으로 나왔다.

난센은 배에 타지 않았다. 그는 배가 북극을 지나지 않을 것임을 깨닫고서 대부분의 선원들은 배에 두고 동료 한 명과 함께 (28마리의 개와 100일치의 식량도 갖고서) 썰매를 타고 떠났다. 그는 북극에 도달하지는 못했지만, 이전까지의 그 누구보다도 북극에 가까이 갔다.

3년간의 항해 끝에 프람호는 책 6권 분량의 관찰 기록을 모았고 극지 과학을 혁신했으며, 난센에게 1908년 해양학 교수 자리를 얻게 해주었다.

페티코트를 입은 탐험가

킹즐리가 여행에서 목격한 물고기 중
몇 마리의 세밀화

◆

메리 헨리에타 킹즐리(Mary Henrietta Kingsley, 1862~1900)는 짐승을 잡기 위한 구덩이 가장자리에 위태롭게 앉아 있다. 두꺼운 치맛자락이 구덩이 바닥의 30센티미터 길이의 창촉으로부터 그녀의 다리를 보호해주는 유일한 물건이다. 그녀는 바지를 입지 않아서 다행이라고 생각한다. 천이 부족했다면 죽음을 맞았을지도 모르니까. 대신 그녀는 평소 의상인 길고 여러 겹으로 된 치마, 목이 높은 블라우스, 부츠 차림이다. 뒤로 넘긴 머리에 매단 색색의 꽃을 제외하면 그녀는 런던 길거리에 있어도 아마 잘 어울릴 것이다. 하지만 여기는 도심지가 아니다. 여기는 서아프리카 에푸아 마을 근처의 열대우림이다. 킹즐리가 너무 짧은 여행 기간 동안 탐험한 대륙의 수많은 이국적인 장소 중 하나다.

메리 헨리에타 킹즐리 초상화(1900년 이전)

킹즐리는 1862년 런던의 이즐링턴에서 태어났다. 그녀는 의사이자 여행가이며 작가인 조지 킹즐리와 그의 아내 메리의 딸이었다. 아버지가 귀족 환자들을 치료하거나 미국과 중국, 인도 같은 곳으로 가는 원정에 참가하는 등 흥미진진한 삶을 살 때 메리(딸)는 안락의자 여행가, 즉 과학과 탐험 관련 책으로 가득한 아버지의 넓은 서재에서 탐험하는 여행가로 만족해야만 했다. 그리고 남동생이 케임브리지 대학에 가는 동안 메리는 아무런 교육을 받지 못했다. 심지어 학교조차 가지 못했다.

스물여섯 살에 킹즐리는 처음으로 해외에 가게 되었다. 파리에 잠깐 방문한 것이었지만 말이다. 서른 살에 부모가 연이어 세상을 떠난 후에야 그녀는 날개를 펴고 세계를 탐험할 수 있게 되었다. 모험에 굶주린 그녀는 자신의 인류학적 관심사를 따르고 낯선 생물 표본을 모을 기회를 찾아 아프리카로 향했다.

당시 아프리카를 탐험한 몇 안 되는 여자들은 행정관이나 선교사의 아내들이었다. 킹즐리는 혼자서 여행했다. 시에라리온의 프리타운에서 내린 그녀는 상아와 고무와 바꾸기 위해서 가방 속에 럼, 진, 담배, 옷가지를 가득 넣어 왔다. 하지만 오래지 않아 그녀는 야생으로 향했다. 수많은 모험 중 첫 번째였다.

킹즐리와 야생동물의 만남은 우산으로 하마를 찔러야 했을 때라든지 노로 악어를 떼어내야 했을 때처럼 종종 파란만장했다. 후에 그녀가 자신의 책 《콩고와 카메룬(The Congo and the Cameroons)》에서 회고한 것처럼 이런 만남은 종종 불안할 정도로 지나치게 가까이서 일어났다. "한번은 강인한 실루리아 종족(〈데일리 텔레그래프〉에서 그렇게 불렀다)이 앞발을 내 카누 고물에 올리고 나와 좀 더 친해지려는 시도를 했다. 나는 배의 균형을 유지하기 위해서 이물로 물러난 다음

노로 녀석의 주둥이를 내리쳐야 했다."

킹즐리는 자신의 모험을 전부 기록했을 뿐만 아니라 이전까지 알려지지 않았던 종의 물고기, 뱀, 곤충 표본을 모았고, 이것을 런던의 대영박물관에 기부했다.

불행히 그녀는 남아프리카에서 벌어진 보어 전쟁에서 자원 간호사로 일하다가 장티푸스에 걸려서 모험을 짧게 끝내게 되었다. 그녀는 1900년 6월 3일에 사망했고, 바다에 묻혔다(결국에는 그렇게 되었다. 관이 가라앉지 않아서 끌어내리기 위해 여분의 닻을 매달아야만 했지만).

여행했던 짧은 기간 동안 킹즐리는 아프리카의 외딴 지역들을 탐험했고, 가장 무시무시한 동물들을 마주했으며, 카메룬 산(서아프리카에서 가장 높은 봉우리)에 오른 최초의 여성이 되었고, 두 권의 책을 썼다. 그중 한 권은 베스트셀러가 되었고 아직까지 팔리고 있다. 그녀의 현실적인 태도와 식민주의를 비판하는 태도는 원주민들 사이에서 그녀의 인기를 대단히 높였다. 한편 그녀의 책에 나타난 유머 감각 넘치는 어조와 아프리카 야생에서 사는 힘겨움을 대수롭지 않은 일처럼 말하는 능력은 고향에서도 그녀를 무척 존경하게 만들었다. 그리고 그녀는 위대한 탐험가일 뿐만 아니라 훌륭한 박물학자였다. 세 종의 물고기에 그녀의 이름이 붙었다.

지구를 움직인 남자

페름기 2억 5,000만 년 전

트라이아스기 2억 년 전

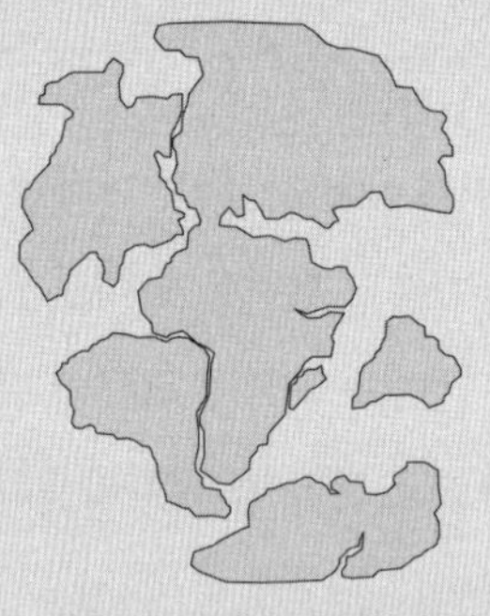

쥐라기 – 1억 4,500만 년 전

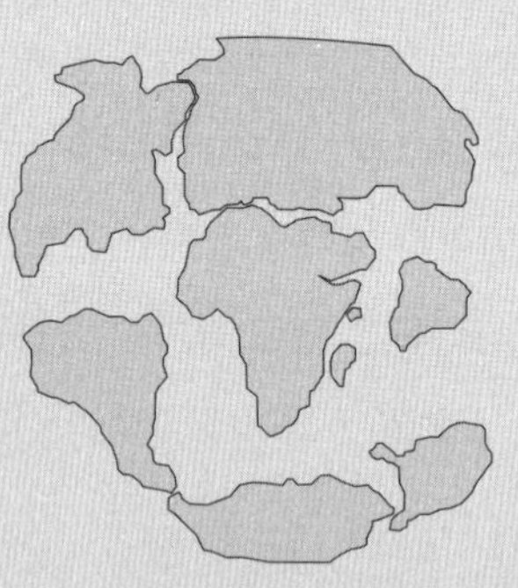

백악기 – 6,600만 년 전

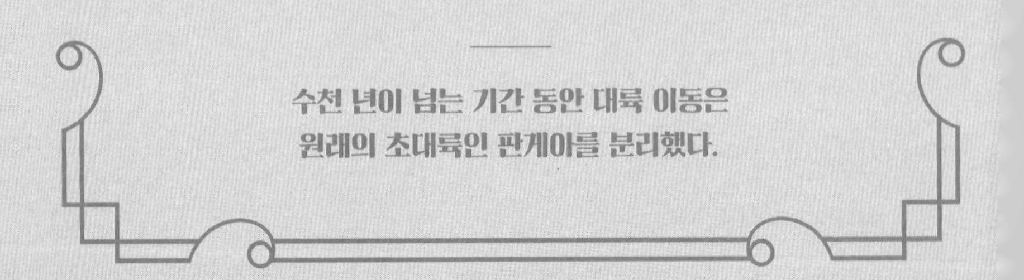

수천 년이 넘는 기간 동안 대륙 이동은 원래의 초대륙인 판게아를 분리했다.

◆

팀원 중 한 명의 동상에 걸린 발가락은 이미 작은 주머니칼로 잘라 버렸다. 프리츠 뢰베(Fritz Loewe)였다. 영하 60도의 기온에 굶주림과 엄청난 피로는 알프레트 베게너(Alfred Wegener, 1880~1930)와 그의 팀을 힘겹게 만들고 있었다. 그들이 오는 길에 아주 신중하게 박아놓은 문명으로 돌아가는 길 표지들은 이제 모두 새로 내린 눈 속에 깊이 묻혔다. 절망감에 사로잡힌 베게너와 또 다른 팀원인 라스무스 빌룸센(Rasmus Villumsen)은 다른 사람들과 갈라져서 다음 캠프를 향해서

1930년 베게너의 네 번째이자 마지막 원정 사진

베게너의 마지막 원정지, 그린란드

계속해서 나아간다. 하지만 그들의 살아 있는 모습은 다시 볼 수가 없었다.

베게너는 아마도 심장마비로 죽었을 것이다. 그의 시체를 묻고 스키로 무덤 표시를 한 후에 빌룸센은 계속해서 전진했다. 하지만 그는 캠프까지 가지 못했다. 베게너의 시체는 나중에 발견되었지만 빌룸센의 시체는 발견되지 않았다.

1930년 그린란드로의 이 원정은 당시만 해도 급진적이었던 대륙이동설을 증명하려고 애썼던 베게너의 탐험 인생의 슬픈 최후였다. 얄궂은 것은 그의 시체가 이제 대륙 이동으로 인해 묻혔던 당시보다 그의 고향인 독일에서 2미터쯤 더 멀어진 곳에 있다는 사실이다.

1880년에 태어난 베게너는 베를린 대학에서 천문학 박사 학위를 딴 다음 기후학과 기상학이라는 급성장하는 분야로 넘어갔다. 그는 풍선을 이용해서 공기의 순환을 추적하는 아이디어를 발전시켰고, 1906년 그린란드 원정에서 이것을 연구했다.

돌아와서 그는 마르부르크 대학에서 강사가 되었다. 그곳에 있는 동안 그는 대서양 맞은편에 똑같은 식물과 동물이 있다고 설명하는 논문을 도서관에서 발견하게 되었다. 흥미를 느낀 그는 바다를 사이에 두고 있는 비슷하게 생긴 동식물군의 더 많은 예를 찾아보았다.

당시의 가설은 육상 다리가 한때 대륙들을 연결하고 있었으나 지금은 파도 속으로 가라앉았다는 것이었다. 하지만 베게너는 이 아이디어를 받아들이지 않았다. 연구를 통해서 그는 남아프리카의 카루 암석층이 브라질의 산타카타리나 암석층과 똑같이 생겼고, 열대기후 지역에서 나오는 양치식물 화석이 북극의 스피츠베르겐에서 발견되는 것들과 똑같다는 사실을 알게 되었다. 베게너는 이 지역들이 한때 연결되어 있어서 동물들과 씨앗들이 거대한 대륙괴 위를 자유롭게 움직일 수 있었던 것이 아닐까 생각하기 시작했다. 그럴 수 있는 유일한 방법은 대륙이 움직이는 것뿐이었다.

1912년, 그는 유니버시티 칼리지 런던의 학부생 지리학 모임인 그리너 클럽에서 자신의 대륙이동설을 설명하는 강의를 했다. 1915년에 출간된 그의 이후 저서《대륙과 대양의 기원(The Origin of Continents and Oceans)》에서는 한때 커다란 하나의 대륙괴가 있었다고 이야기한다. 그는 이것을 '원시 대륙'이라는 뜻의 '우어콘티넨트(Urkontinent)'라고 불렀다. 시간이 흐르며 이 초대륙은 갈라지고 조각이 서로에게서 멀어져서 오늘날의 대륙을 형성하게 되었다.

이 개념은 완전히 새로운 것은 아니었다. 1596년으로 거슬러 올라가 플랑드르의 지리학자이자 지도 제작자인 아브라함 오르텔리우스(Abraham Ortelius, 1527~1598)는 그의 발밑의 땅이 움직인다는 급진적인 생각을 제시했다. 세계를 돌며 스페인 국왕 필리페 2세 같은 사람들을 위해 지도를 만들다가 그는 남아메리카와 아프리카의 해안선이 지그소 퍼즐처럼 꼭 맞는 것처럼 보인다는 사실을 깨달았다. 그리고 1889년에는 이탈리아의 지리학자 로베르토 만토바니(Roberto Mantovani, 1854~1933)가 한때 하나의 거대한 초대륙이 있었을 것이라고 주장했다. 그러나 처음으로 대륙이동설의 물리적 증거를 제시한 사람은 베게너였다. 하지만 베게너는 대륙이 정확히 어떻게 움직였는지는 알지 못했다.

만약에 바닷물을 전부 퍼내고 우주에서 지구를 본다면 아마 각기 다른 크기의 패널을 서로 이어 붙인 축구공과 비슷하게 보일 것이다. 그 패널이 전부 다 움직인다는 것만 제외하면 말이다. 이 '대륙판'은 '암류권(巖流圈)'이라고 하는 액체층 위에 떠 있고, 암류권은 맨틀 내부의 뜨거운 이류(移流)에 의해 움직인다.

대륙판이 부딪치는 곳을 '섭입대(攝入帶)'라고 한다. 해양판이 대륙판보다 대체로 밀도가 더 높기 때문에 상대의 아래쪽으로 들어가 깊은 곳에서 녹다가 마그마의 형태로 표면으로 솟아올라 용암으로 화산에서 뿜어져 나온다.

대륙판들이 부딪치는 곳에서는 대체로 섭입이 없고 판이 그저 구겨져서 육지 위로 올라간다. 히말라야 산맥이 바로 이런 사례다.

두 개의 판이 서로 멀어진다면 판이 갈라지고 아래 암류권에서 맨틀 암석이 녹아서 쏟아져 나와 틈새를 채운다. 이 과정은 바다 한가운데 해양 융기에서 일어나는 '대양저 확대'라는 과정이다.

처음에 베게너의 이론은 유사과학으로 여겨졌다. 1960년대가 되어서야 베게너의 대륙이동설을 주류로 만들어주는 대양저 확장에 대한 증거가 발견되었다('판구조의 발견' 장을 볼 것). 당연하겠지만 불행히 그는 살아서 그날을 보지 못했다.

초대륙

대륙판은 1년에 10센티미터 이동할 수 있다(자르지 않을 경우에 손톱이 자라는 속도와 같다). 딱히 대단하게 느껴지지 않을지도 모르지만, 100만 년이 지나면 대륙은 수천 킬로미터를 움직이게 된다.

약 2억 5000만 년 전에 대륙들은 하나의 초대륙을 이루고 있었다. 베게너의 우어콘티넨트이자 현재 우리가 그리스어로 '모든 땅'이라는 뜻의 판게아라고 하는 대륙이다.

점차 대륙 이동으로 대륙이 여러 조각으로 나뉘게 되었다. 약 2억 년 전쯤 판게아는 두 개로 나뉘었다. 로라시아(현대의 유럽, 아시아, 북아메리카로 이루어졌다)와 곤드와나(남극, 오스트레일리아, 아프리카, 남아메리카로 이루어졌다)이다. 전문가들은 2억 5000만 년 후쯤 또 다른 초대륙이 형성될 거라고 추측하고 있으며, 이것을 판게아 프록시마(Pangea Proxima)라고 부른다.

우주선의 발견

1912년 8월 7일 아침
기구 비행에서 돌아온 빅토르 헤스

◆

조종사가 레버를 당기자 불길이 머리 위에서 요란한 소리를 낸다. 풍선이 더 높이 올라간다. 빅토르 헤스(Victor Hess, 1883~1964)는 이제 어린애 장난감 크기만 하게 작아진 말이 끄는 마차를 힐끗 본다. 바구니가 끽끽 소리를 낸다. 그들은 높이, 더 높이 올라간다. 헤스는 심장이 쿵쿵 뛰는 것을 느낀다. 고도계를 보니 한 번도 이렇게까지 높이 올라와본 적이 없다. 3,500미터, 4,000미터, 5,000미터, 5,200미터, 5,300미터…. 조종사에게 신호를 보내고 헤스는 대기 방사선을 측정하기 위해서 자신의 검전기를 꺼낸다.

1912년 8월 7일 아침이었다. 당시 지배적인 이론은 이런 방사선이 지구의 암석에서 나온다는 것이었다. 헤스는 그것을 납득할 수 없었다. 그 이론을 논파하기 위해서 약 5개월 동안 그는 여섯 번 기구(氣球)를 타고서 밤과 낮에 모두 용감하게 높이, 더 높이 올라갔다.

이 비행에서 측정한 그의 수치들은 방사선이 고도에 따라 다르다는 것을 보여주었다. 500미터에서는 지상보다 약간 적지만 1,800미터 위에서 증가하기 시작해서 4,000미터 위에서는 상당히 증가했다. 5,300미터에서는 해발 높이의 거의 세 배였다. 이것은 딱 한 가지 의미였다. 방사선은 지구에서 나오는 게 아니라 우주에서 오는 것이었다.

헤스는 이미 태양은 그 원천에서 제외해두었다. 일부러 기구 비행 한 번을 거의 완전한 일식 때 해보았기 때문이다. 방사선이 일식 때 줄어들지 않아서 그는 방사선이 태양에서 온 게 아니라 외우주에서 온 게 분명하다고 생각했다. 헤스는 '우주선(cosmic rays, 宇宙線)'이라고 불리게 되는 것을 발견한 것이었다(이 장의 마지막 설명을 볼 것).

빅토르 헤스는 1883년 6월 24일, 오스트리아의 발트슈타인 성에서 성주의 삼림감독관의 아들로 태어났다. 하지만 나무를 자르는 삶은 그에게는 어울리지 않았다. 1905년 그라츠 대학을 졸업한 후 그는 박사 학위를 따고 빈의 물리학 연구소에서 일하다가 폰 슈바이들러(Egon von Schweidler) 교수가 그 근래 발견한 방사능에 영감을 받았다. 하지만 빈 과학한림원의 라듐조사연구소에서 연구원으로 일하는 동안에 대기 방사선의 출처를 확인하기 위해서 열기구를 타고 비행하는 아이디어를 떠올리게 되었다.

일곱 번의 비행 결과는 천문학과 우주에 대해 새로운 창을 열어주었다. 기구가 8월 7일 아침 독일의 피스코 마을 근처 들판에 내릴 무렵 헤스는 자신이 중요한 것을 발견했다는 것을 깨달았다. 한 농부가 그들을 말이 끄는 마차로 열차역까지 데려다주겠다고 제안했고, 거기서 그들은 베를린으로 갔다가 빈의 집으로 향했다.

헤스는《빈 과학한림원 회보(Proceedings of the Viennese Academy of Sciences)》에 서둘러 결과를 출간하며 이렇게 썼다. "내 관찰의 첫 번째 결과들은 아주 강력한 투과력을 가진 방사선이 위쪽에서 대기를 뚫고 들어와 가장 낮은 층까지 밀폐된 용기에서 관찰되는 부분적 이온화를 일으킨다고 가정하면 가장 쉽게 설명된다."

하지만 1926년이 되어서야 로버트 밀리컨(Robert Millikan, 1868~1953)이 헤스의 이론을 입증하고 '우주선'이라는 단어를 만들었다. 헤스는 그 후 1936년에 노벨 물리학상을 받았다.

우주선은 무엇인가?

외우주에서 어마어마한 속도로 날아오는 고에너지 입자가 지구 대기에 부딪혀 파이온과 뮤온 같은 더 작은 아원자 입자로 부서진다. 우주선은 우리 주위에 어디에나 있고 항상 우리 몸을 통과한다. 대략 초속 1뮤온 정도로 사람의 머리 정도 크기의 공간을 지나간다. 우주선이 어디서 오는 건지 정확히 알려진 바는 없다. 일부 과학자들은 멀리 있는 별들이 폭발하며 나오는 것일 수 있다고 생각한다.

세계 최악의 여행

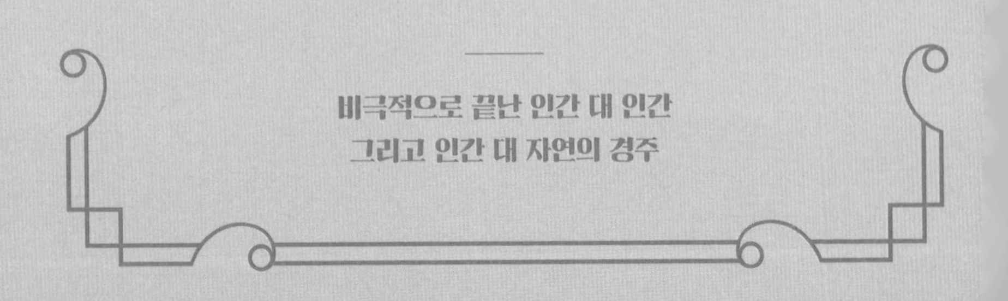

비극적으로 끝난 인간 대 인간
그리고 인간 대 자연의 경주

◆

자연사 박물관 뒷방의 서랍 안 갈색 상자 안에는 알 세 개가 있다. 각각이 망고 정도의 크기에 색깔은 우윳빛이다. 이것은 황제펭귄의 알이다. 이것이 남극 대륙의 얼어붙은 황무지에서 어떻게 런던까지 왔는지는 잘 알려져 있지 않다. 하지만 외딴 펭귄 서식지에서 이 알을 가져온 사람들은 역사상 최악의 원정 중 하나를 거쳤다.

던디에서 만든 포경선 테라노바호는 1910년 6월 15일 카디프를 출항했다. 키를 잡은 것은 로버트 팰컨 스콧(Robert Falcon Scott, 1868~1912) 선장이었다. 그의 임무는 지구상에서 가장 외딴 곳인 남극점에 제일 먼저 도착하는 것이었다.

스콧은 이미 남극 대륙에 가본 적이 있었다. 1901년에서 1904년 사이에 에드워드 윌슨(Edward Wilson, 1872~1912) 박사와 어니스트 섀클턴(Ernest Shackleton, 1874~1922)과 함께 그는 남극에서 겨우 660킬로미터 떨어진 곳까지 갔다가 현명하게 집으로 돌아오기로 결정했다.

몇 년 후, 그는 다시 한 번 남극으로 출발했다. 하지만 그 혼자가 아니었다. 노르웨이인인 로알 아문센(Roald Amundsen, 1872~1928)도 유명한 탐험가로서, 남극점에 최초로 도착한 사람이 되려는 열의로 가득했다. 하지만 스콧이 자신의 계획을 공개적으로 이야기한 반면 아문센은 침묵을 지키고 있다가 스콧이 오스트레일리아에 멈췄을 때야 전보로 자신의 의도를 드러냈다. "프람호가 남극으로 가고 있음을 알려드리는 바입니다. 아문센."

이 전보는 역사상 가장 위대한 경주 중 하나의 시작을 알리는 것이었다. 인간 대 인간뿐만 아니라 인간 대 자연의 경주였다. 스콧은 경주에 졌다고 잘 알려져 있다. 그는 아문센보다 33일 뒤인 1912년 1월 17일 극점에 도착했다. 거기서 그는 노르웨이 깃발이 이미 날리고 있는 것을 발견했고, 물자 텐트와 자신이 집으로 돌아가지 못할 경우에 대비해 노르웨이 국왕에게 전해달라고 스콧에게 남긴 메모를 보았다.

하지만 돌아가지 못한 쪽은 스콧과 그의 팀이었다. 굶주림과 저체온증, 괴혈병에 시달리며 다섯 명의 남자들은 간신히 캠프로 돌아왔다. 3월 17일, 자신이 다른 사람들의 발목을 잡고 있다는 걸 깨닫고 오츠 선장은 그 유명한 말을 남기고 텐트 밖으로 나갔다. "잠깐 밖에 나가서 있다가 오겠네…." 며칠 후 나머지 사람들도 눈보라로 텐트 속에 갇힌 채 추위에 사망하고 말았다.

하지만 이 비극적인 사건이 벌어지기 전 겨울에 스콧의 팀원 다수가 여러 가지 과학적 임무를 수행했다. 그중 하나는 조류와 파충류 사이의 연결고리를 입증하는 것이었다. 당시 조류학자들은 황제펭귄이 원시적 조류이고 태아로 발달하는 단계가 그 종의 진화를 반영한다고 (틀리게) 믿었다. 그래서 알 속에 있는 황제펭귄의 발달 과정을 연구하면 공룡과 새, 혹은 파충류 같은 비늘을 가진 새 사이의 빠져 있는 진화적 고리를 드러낼 수 있을 거라고 생각했다. 그것을 알아내는 유일한 방법은 남극의 서식지에서 알을 수집해서 조사를 위해 문명 세계로 가져오는 것이었다.

하지만 황제펭귄은 남극에서 한겨울에만 번식했다(북반구는 여름일 때). 이 말은 한 해 중 해가 전혀 뜨지 않고 날씨가 가장 혹독한 때에 서식지를 찾아가야 한다는 뜻이었다.

1911년 6월 27일, 스콧 팀에서 에드워드 윌슨, 헨리 바우어스, 앱슬리 체리-개러드(Apsley Cherry-Garrard, 1886~1959), 이 세 명이 100킬로미터 떨어진 케이프 크로지어의 이미 알려진 펭귄 서식지를

에드워드 윌슨, 헨리 바우어스, 앱슬리 체리-개러드(왼쪽부터, 1911년, 허버트 폰팅 사진)

목표로 케이프 에번스의 베이스에서 출발했다. 6주 동안 그들은 자연과 싸웠다. 촛불과 별빛으로 방향을 잡고, 영하 60도까지 떨어지는 기온을 상대해야 했다.

남자들은 엄청난 고난을 견뎠다. 윌슨은 캠프 스토브에서 튄 끓는 지방 덩어리에 한쪽 눈을 잃었다. 동상으로 발가락을 잘라냈다. 한번은 눈보라에 텐트가 날아가서 추위에 노출된 채 슬리핑백에서 이틀 동안 웅크리고 자야 했다. 마침내 바람이 잦아들고 나서야 그들은 다시 텐트를 찾을 수 있었다. 여행 도중 몇 번은 눈이 하도 두껍게 쌓여서 세 명 모두 썰매 하나를 끌고 간 다음 다른 썰매를 찾으러 돌아와야 했다. 이 말은 1킬로미터 갈 때마다 실은 3킬로미터를 움직여야 했다는 뜻이다.

결국에 남자들은 서식지에 도착했고, 펭귄들은 절벽을 면한 아래쪽에서 서로 옹송그리고 모여 있었다. 새카만 어둠 속에서 절벽을 내려갈 길을 찾는 건 원정에서 가장 힘든 순간 중 하나였다. 하지만 그들은 해냈고 알을 다섯 개 구했다. 불행히 돌아오는 길에 체리-개러드가 미끄러져서 알 두 개가 부서졌다. 다른 세 개는 남자들의 장갑 안에 싸여서 잘 도착했다.

8월 1일에 그들은 비틀비틀 베이스로 돌아왔다. 대단히 비참한 모습이었다. 얼어붙은 옷을 그들의 몸에서 잘라내야 했으며, 체리-개러드는 최악의 상태였다. 그래서 그는 나중에 남극점까지 가는 스콧의 팀에 합류하지 못했다. 이것이 그의 목숨을 구했다. 스콧과 나머지 팀원들은 아무도 돌아오지 못했다. 그들의 시체는 나중에 수색

1911년 케이프 크로지어에서 수집한 세 개의 황제펭귄 알(허버트 폰팅 사진)

팀이 찾았다.

이 사건으로 충격을 받아서 체리-개러드는 황제펭귄 알이 런던에 무사히 도착하도록 해야 한다는 엄청난 책임감을 느꼈다. 자연사 박물관은 알을 받은 후 세 개의 배아 중 둘을 박편으로 잘라 슬라이드에 올려놓았다. 과학은 후에 황제펭귄이 조류와 파충류 사이의 유용한 연결고리가 아님을 증명했다. 하지만 체리-개러드는 알을 찾는 원정을 자신의 책《세계 최악의 여행(The Worst Journey in the World)》에 영원히 남겨놓았고, 이것은 과학적 의문에 대답하기 위해 탐험가들이 어디까지 가는지를 보여주는 훌륭한 예다. 실제로 원정의 모든 과학적 연구는 남극 과학의 기반을 닦는 데 도움이 되었다.

아인슈타인이 옳음을 입증하다

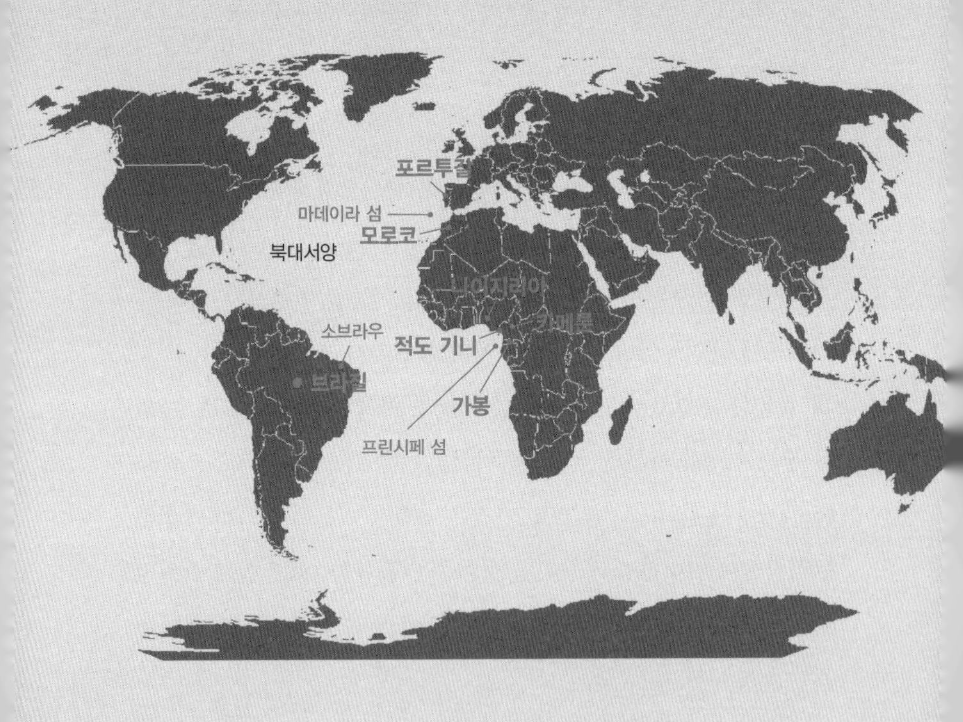

완전한 일식을 관측했던 최적의 장소,
소브라우와 프린시페 섬

◆

1919년 3월 7일 리버풀. 증기선에 상자가 계속해서 실린다. 상자가 하나씩 갑판에서 쿵쿵 소리를 내는 동안 네 명의 남자가 긴장해서 갑판에서 바라보며 각각의 상자 안에 신중하게 포장해서 넣은 귀중한 망원경 부품들이 부서지지 않기만을 바란다. 어쨌든 이건 긴 항해의 시작일 뿐이니까. 앞으로 바다에서 위험한 나날이 기다리고 있을 것이다.

다음 날 증기선은 마데이라 섬으로 출항한다. 배에 탄 것은 천문학자 아서 에딩턴(Arthur Eddington, 1882~1944), 앤드루 크로멜린, 찰스 데이비드슨, 그리고 시계 제작자인 에드윈 코팅엄이다. 하지만 마데이라에 도착해서 그들은 서로 헤어진다. 크로멜린과 데이비드슨은 안셀름호를 계속 타고 대서양을 건너 서쪽으로 브라질의 도시 소브라우로 향한다. 에딩턴과 코팅엄은 왕립군함 포르투갈호를 타고 남쪽으로 서아프리카 연안의 프린

아서 에딩턴

시페 섬으로 간다.

하지만 두 여행 모두 같은 목표를 갖고 있다. 오늘날 물리학에서 가장 근본적인 이론 중 하나를 입증하는 것이다. 비교적 무명이지만 뛰어난 물리학자를 과학계의 전설로 만들어줄 이론이다.

1915년, 알베르트 아인슈타인(Albert Einstein, 1879~1955)은 일반상대성 이론을 설명하는 논문을 출간한다. 아인슈타인은 공간과 시간이 우주라는 천, 즉 시공간에서 합쳐져 있고 이 구조는 움직이는 거대한 물체에 의해 휘거나 구부러지거나 비틀릴 수 있다고 주장했다. 당시에 아인슈타인의 이론은 일부 과학자들에게 비판을 불러왔다. 힘이 물체에 어떻게 작용하는지를 설명하는 뉴턴 물리학의 확립된 관점에 모순되기 때문이다. 하지만 어떤 사람들은 이 아이디어에 대단한 관심을 가졌고 이 시공간의 휘어짐을 직접 관찰해보기로 했다.

태양은 태양계에서 가장 큰 물체다. 아인슈타인의 이론에 따르면 뒤쪽의 별에서 나와서 태양을 스치고 지나가는 빛은 약간 구부러져야 한다. 하지만 태양이 몹시 밝기 때문에 이 현상을 시험해보는 유일한 방법은 달이 태양의 앞을 지나며 태양 모양을 가리고 주변의 별을 드러내는 일식 때뿐이었다.

왕립협회와 왕립천문학협회의 과학자들은 이런 완전한 일식을 관찰하는 최상의 기회는 1919년 5월 29일임을 깨달았다. 시간을 확정하고서 그들은 이것을 관측할 최적의 장소를 찾기 시작했고, 소브라우와 프린시페로 압축했다. 이곳은 하늘에 구름이 끼지만 않으면

빛이 "구부러진다"라는 아인슈타인의 이론을 확증한 에딩턴의 1919년 개기일식 사진 중 하나

태양이 밝은 히아데스성단을 지나가는 모습을 관측하는 데에 최적의 조건을 갖고 있었다.

1919년 1월과 2월에 에딩턴은 별의 실제 위치를 측정했다(이 장의 마지막 설명을 볼 것). 그런 다음 프린시페로 갈 준비를 시작했고, 마침내 그의 팀이 1919년 4월 섬에 도착했을 때 그들에게는 일식을 관측할 최적의 장소를 찾을 여유가 있었다. 그들은 일식을 가릴 위험이 있는 구름을 끌어들일 산악 지대에서 최대한 멀리 있는 코코아 농장으로 장소를 결정했다. 이 외딴 대농장으로 모든 조립품을 다 갖고 오는 것은 꽤 힘든 일이었다. 어느 정도까지는 트램을 타고 올 수 있었지만, 그다음 마지막 1킬로미터는 조립품을 들고 가야만 했다. 팀은 여유 시간을 충분히 갖고 도착했고, 이후 몇 주 동안 기구를 설치하고 장비를 전부 시험했다.

하지만 일식 전 며칠 동안 폭풍우가 불어왔다. 29일 아침에는 천둥 번개를 동반한 격렬한 폭풍으로 이 모든 여정이 망가질 위기였다. 일식은 오후 2시 직후였다. 모든 팀원은 그저 앉아서 희망을 품고 기다리는 수밖에 없었다. 정오가 되었고 폭풍우가 지나가기 시작했다. 하지만 여전히 구름이 머리 위에 남아 있었다. 그러나 마침내 아주 천천히 구름도 흩어지기 시작하고 틈새로 드러난 맑은 하늘이 여행이 완전히 허사는 아닐 수도 있다는 신호를 주었다. 그들은 운이 좋았다.

일식은 6분 51초 동안 지속되었다. 이것은 실제로 그 세기에 가장 긴 일식이었고 히아데스성단의 사진을 찍을 충분한 여유를 주었다.

원래 계획은 그 자리에서 결과를 분석하는 것이었다. 하지만 증기선 회사가 곧 파업을 한다는 소문에 그들은 그 후 몇 달 동안 섬에 갇히지 않기 위해서 집으로 돌아가는 제일 첫 배에 올라탔다. 리스본에서 배를 갈아탄 후 그들은 7월 14일에 리버풀로 돌아왔다.

여행은 성공으로 여겨졌다. 그리고 에딩턴은 감옥형에 대해 무죄를 선고받았다. 여행을 가기 전에 퀘이커 교도였던 그는 징병을 거부했는데, 이는 감옥에 들어갈 만한 일이었다. 하지만 왕실 천문학자 프랭크 다이슨(Frank Dyson, 1868~1939)이 개입해서 관계 당국에 이 나라에 대한 에딩턴의 의무는 이 원정을 간 것으로 충족되었다고 설득했다. 실제로 그랬다.

프린시페와 소브라우의 관측 결과를 분석한 후 에딩턴은 일반상대성 이론에 따른 예측이 맞았음을 입증했고, 이로 인해 아인슈타인은 주목받게 되었으며 과학사에 자신의 자리를 확고하게 다졌다.

빛이 어떻게 '구부러지는가'?

아인슈타인의 일반상대성 이론에 따르면 중력은 빛이 가는 길을 구부러지게 만든다. 그러니까 일식 때에는 별에서 나와 태양의 가장자리를 스치고 가는 빛이 실제 위치에서 약간 벗어난 것처럼 보여야 한다. 이것은 현재 중력렌즈 효과라고 알려져 있으며, 천체물리학에서 커다란 물체 뒤에 있는 별과 은하를 연구할 때 핵심적인 도구가 되었다.

사랑스러운 나비 수집가

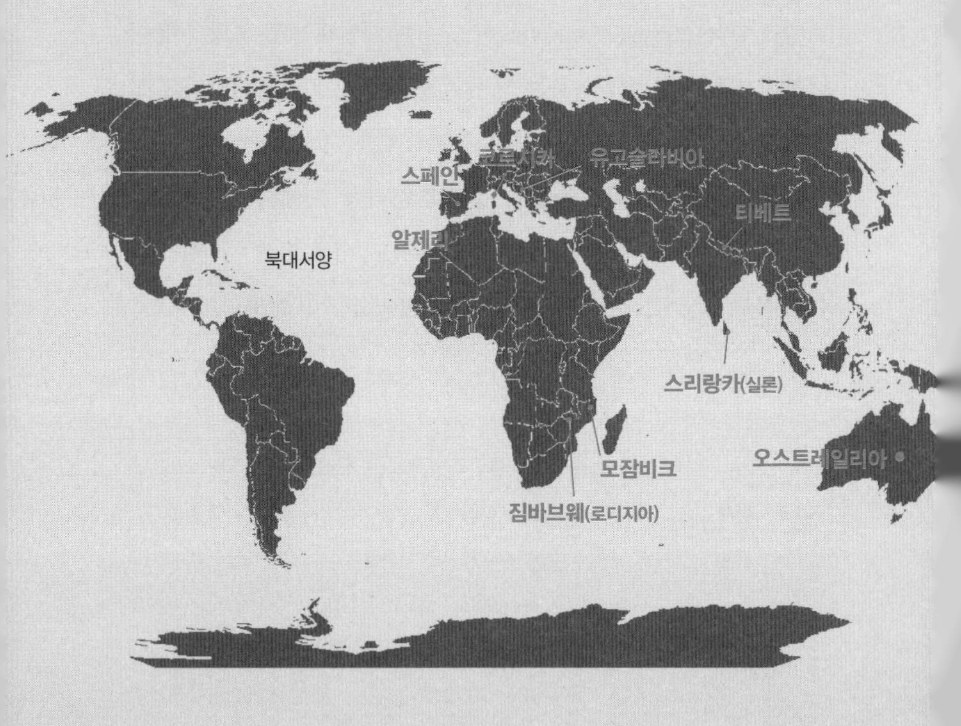

남자를 사랑하고, 자연을 사랑하고, 무엇보다도 모험을 사랑했던 마거릿 폰테인이 여행 동료이자 연인과 함께했던 여정

◆

손에 그물망을 들고 길가에 엎드려 있는 동안 마거릿 폰테인(Margaret Fountaine, 1862~1940)의 머릿속에 한 가지 생각이 떠오른다. 70대의 여자들은 대부분 그녀가 지금 트리니다드에서 묵고 있는 고급 호텔에서 본 것처럼 할머니일 것이다. 손주들 주변에서 호들갑을 떨고, 저녁식사를 위해 옷을 차려입는 그런 사람들 말이다. 먼지에 뒤덮인 채 꼼짝 않고 엎드려서 또 한 마리의 나비를 잡으려 하고 있지는 않겠지. 그녀가 평생토록 만난 수많은 추종자 중 한 명과 정착했다면 그녀의 삶이 얼마나 달라졌을까.

1862년 노리치에서 태어난 폰테인은 성직자인 존 폰테인과 그의 아내 메리 이저벨라의 일곱 명의 자녀 중 장녀였다. 폰테인의 나비 사랑은 어린 소녀 때부터 자라났지만 20대 후반이 되어서 부유한 삼촌 덕택에 경제적으로 독립하면서 자신의 날개를 펴고 해외로 모험을 떠날 수 있게 되었다. 우선 그녀는 자매들과 유럽으로 여행을 갔으나 얼마 지나지 않아서 혼자서 더 멀리까지 탐험해보고 싶은 마음을 갖게 되었다.

여권이나 그녀의 일기에 기록되어 있는 특정한 날짜들이 없어서 그녀가 정확히 언제 어디를 여행했는지 알아내기는 어렵다. 그래도 몇 가지 실마리를 따라가볼 수는 있다. 〈곤충학자〉 저널에 출간된 논문은 그녀가 중동에 있는 여러 나라를 언제 방문했는지 추측할 수 있게 해준다. 우리가 아는 것은 수십 년 동안 그녀가 7개 대륙 중 6개 대륙을 여행했고, 종종 안내원이나 통역가와 함께 외딴 지역들도 탐험했다는 것이다.

자서전 《Wild and Fearless》에 실린 마거릿 폰테인의 모습(1886년경)

특히 한 명의 안내원이 그녀의 장기적인 여행 동료이자 연인이 되었다. 그녀는 다마스쿠스에서 카릴 네이미를 만났다. 그녀는 서른아홉 살이었고, 그는 스물네 살이었다. 그들은 함께 알제리, 스페인, 코르시카, 유고슬라비아(1990년대에 들어 슬로베니아, 크로아티아, 마케도니아, 보스니아 헤르체고비나, 유고슬라비아 연방공화국으로 각각 분리·독립하여 유고슬라비아 사회주의공화국은 소멸하였다-역주), 로디지아(짐바브웨의 전 이름-역주), 모잠비크, 실론(스리랑카의 옛 이름), 티베트, 오스트레일리아를 여행했다. 그들이 오스트레일리아로 갔던 것은 네이미가 영국 시민이 되어 두 사람이 결혼하기 쉽게 만들기 위해서였다. 하지만 소문에 따르면 그가 가진 꿈 때문에 결혼은 중단되었고 두 사람은 헤어졌다. 최소한 한동안은 그랬던 것 같다. 이후 25년 동안 그들은 여러 번 다시 만났기 때문이다.

첫 번째로 헤어진 후에 폰테인은 혼자서 여행을 다녔다. 나비를 잡아서 목록화하려는 열정 때문에 그녀는 전세계를 돌아다니며 모험을 했다. 그녀의 작업은 과학적 지식을 확장시키고 아마추어와 프로 사이의 경계를 무너뜨렸을 뿐만 아니라 당시 성별에 대한 고정관념에 도전하는 것이었다.

1912년, 그녀는 린네협회의 모임에 초대받았다. 이곳은 자연사를 연구하는 클럽이지만 전통적으로 남자만 참석할 수 있는 곳이었다. 이 초청은 혁명적인 일이었다. 겨우 15년 전에 작가이자 박물학자였던 비어트릭스 포터(Beatrix Potter, 1866년~1943)는 린네협회에 참석해서 자기 논문을 읽는 것조차 여자라는 이유로 거부당했기 때문이다. 하지만 폰테인 역시 역사적으로는 나비 연구자가 아니라 그저 열렬한 나비 수집가로만 인정받았을 뿐이다.

폰테인은 1940년 4월 21일 트리니다드에서 사망했다. 그녀는 일흔일곱 살이었고, 세인트 베네딕트 산길을 따라 탐험하던 중에 심장마비를 일으켰다. 그녀를 발견한 베네딕트회 수사 브루노는 그녀가

그때까지 알려지지 않았거나 거의 알려지지 않았던 일부 남아공 나비의 유충과 번데기에 대한 마거릿 폰테인의 설명과 메모(1911년)

한 손에 나비 잡는 채를 쥐고 있었다고 전했다. 나비에 집착하던 모험가에게 꽤 어울리는 장면이긴 하다.

폰테인은 스페인 항구의 우드브룩 묘지에 아무 표기 없이 묻혔다. 죽으면서 그녀는 자신의 나비 수집품들을 노리치 성 박물관에 주석 상자 하나와 함께 기증해달라고 부탁했다. 그녀의 지시에 따라 상자는 이후 수십 년 동안 아무도 열지 않았다. 마침내 열었을 때 나온 12권의 두꺼운 일기는 그녀의 삶에 대해 흥미진진한 통찰력을 갖게 해주었다. 여기에는 애벌레와 번데기의 상세 스케치도 들어 있었고(현재 런던의 자연사 박물관에 보관되어 있다) 그녀의 여행에 대한 세세한 메모도 있어서 위대한 나비 연구자의 작업뿐만 아니라 그녀의 생각과 수많은 연애를 보는 창문이 되어주었다.

당시 〈선데이 타임스〉의 부편집자가 일기의 일부를 발췌해서 《나비 사이에서의 사랑(Love among the Butterflies)》이라는 책으로 엮었고, 덕택에 폰테인은 뛰어난 자연학자로서뿐만 아니라 수많은 연애로 유명해지기도 했다. 평생 그녀는 20,000종이 넘는 나비를 잡고 목록화했으며 50년이 넘도록 6개 대륙 60개국에서 나비들을 수집했다. 폰테인은 남자를 사랑하고, 자연을 사랑하고, 무엇보다도 모험을 사랑했던 혁명가였다.

다리엔 갭 건너기

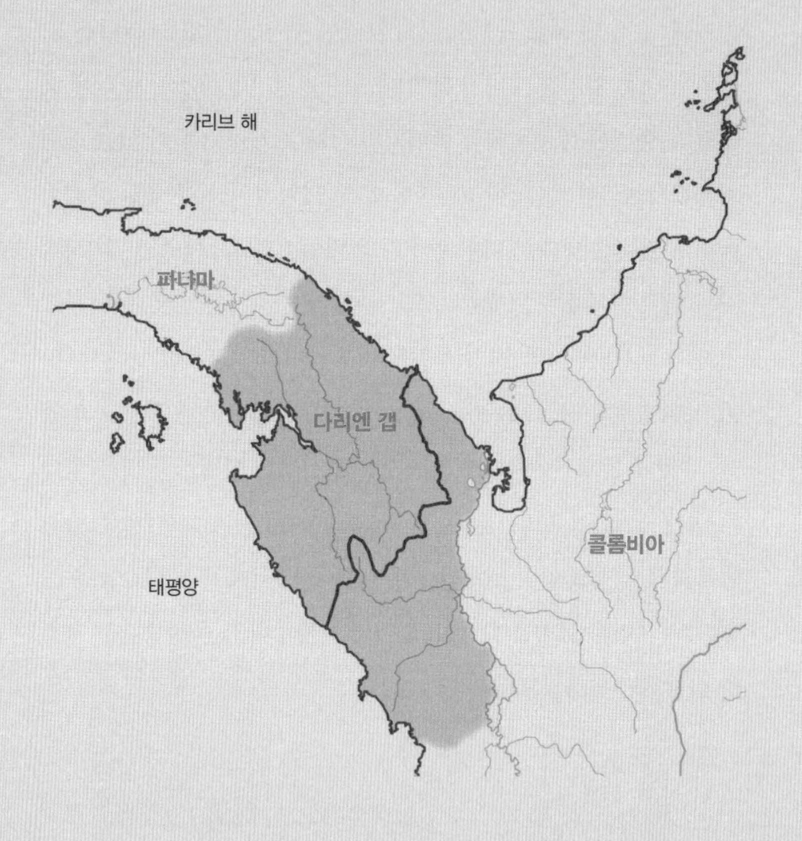

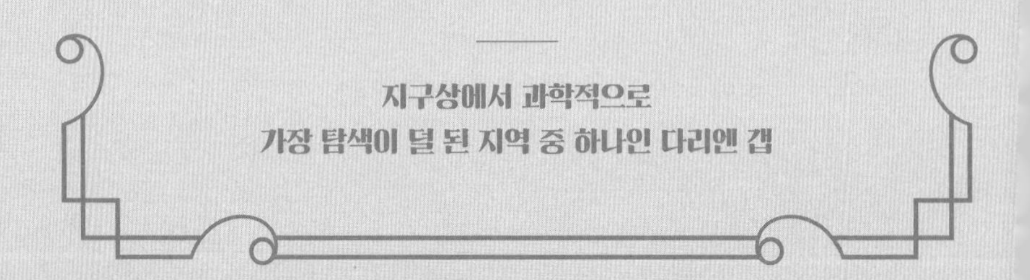

지구상에서 과학적으로
가장 탐색이 덜 된 지역 중 하나인 다리엔 갭

◆

가시거리는 20미터도 채 되지 않는다. 두꺼운 식물들이 사방에 벽을 두르고 있다. 그 위로는 가지와 이파리가 뚜껑처럼 덮여 있어서 태양을 가리는 우산 역할을 한다. 계속해서 들리는 똑, 똑, 똑 소리는 엄청난 습도를 상기시켜준다. 열대우림의 소리로 인해 대기가 짓누르는 듯한 느낌이 더 강해진다. 사람을 괴롭히는 모기가 윙윙거리는 소리, 짹짹대는 새들, 기묘한 소리를 지르는 원숭이, 개굴거리는 개구리, 이 모든 합창이 어둠이 내리며 더 강해지고 귀를 찌를 듯이 높아진다. 반딧불이가 나타난다.

지쳐버린 팀은 밤을 보낼 캠프를 세우기 위해서 멈춘다. 해먹을 매달고 땀에 젖은 옷을 벗은 후 진드기가 있는지 피부를 살핀다. 그리고 빵빵해진 놈들을 떼어낸다. 저녁은 보존식과 그날 잡은 것들을 합쳐서다. 대체로 이구아나 도마뱀(미끌미끌한 닭고기 같은 맛이다), 야생 칠면조, 맛이 고약한 원숭이 등이다. 대화는 당연하게도 괴로움 가득한 또 하루와 열대우림 속을 몇백 미터밖에 못 간 것에 대한 불평 섞인 이야기들이다. 팀은 17일 전에 빽빽한 정글에 처음 들어왔고, 그동안 겨우 50킬로미터밖에 오지 못했다. 아직도 320킬로미터를 더 가야 한다.

다리엔 갭을 건너는 도중에 레인지로버를 뗏목으로 실어 나르고 있다.

정글은 잔인한 적수였다. 매일같이 원정대는 끝없는 식물들을 폭파시키고 베며 길을 만들었다. 정찰대는 짐말과 차가 지나가게 길을 치울 수 있는 가장 쉬운 경로를 찾기 위해서 앞서서 갔다. 가장 안 잘리는 식물들을 없애기 위해서 폭발물을 사용한 다음 공병들이 마체테(열대지방에서 길을 내거나 식물을 자르는 데 쓰는 큰 칼-역주)와 전기톱을 들고 달려들었다. "정글은 우리를 정신적으로, 육체적으로 집어삼켰다. 우리는 빠르게 갭의 노예가 되어갔다." 원정대장이었던 존 블래시포드-스넬(John Blashford-Snell, 1936~) 대령은 이렇게 썼다.

1972년이었다. 블래시포드-스넬은 팬아메리칸하이웨이(Pan-American Highway)를 가장 먼저 끝까지 가기 위해서 영국군의 지원을 받은 대규모 원정단을 이끌고 있었다. 이 48,000킬로미터 길이의 길은 알래스카부터 남아메리카 끄트머리의 케이프 혼까지 이어지며, 차가 달릴 수 있는 세계에서 가장 긴 도로다. 북쪽부터 남쪽까지 하나의 긴 포장도로로 되어 있는데, 딱 한 군데가 끊겨 있었다. 바로 다리엔 갭이었다.

'엘 타폰(El Tapon, 마개)'이라고도 하는 이 100킬로미터×160킬로미터 넓이의 무자비한 정글은 사실상 출입금지 지역으로 남아 있다. 1500년대에 스페인인들이 그곳에 정착하려고 해보았으나 원주민 부족들이 불을 질렀고 정복자들을 몰아냈다. 그다음에 1690년대에 스코틀랜드인들이 식민지를 만들려고 했으나 역시 실패했다.

오늘날 기술혁신의 시대를 살고 있어도 여전히 이 열대의 벽 안쪽으로는 길도, 주요 정착촌도 없다. 유일한 주민이라고는 이 혹독한 지역을 걷거나 통나무배를 타고 강을 통해 지나다니는 2천여 명의 엠베라-워우난족과 쿠나족 원주민들뿐이다. 하지만 다리엔 갭은 위험한 마약 밀매업자들로 악명 높고, 매년 미국에서 새로운 삶을 찾으려 하는 용감무쌍한 이민자 무리가 이 무인 지대로 들어와 멕시코-미국 국경까지 기나긴 길을 간다. 일부 남아메리카 국가들은 해외에서 들어오기가 비교적 쉽기 때문에 이민자 일부는 아프리카나 중동처럼 먼 곳에서 오기도 한다. 이민자가 겪는 수많은 어려움 중에서 다리엔 갭은 여정에서 가장 힘든 부분 중 하나다.

이 정글 지옥을 지나가는 데 성공한 차량도 몇 없다. 1960년에 지프 한 대와 랜드로버 한 대가 가로지르는 길을 찾는 데 성공했다. 차에 탄 사람은 인류학자인 레이나 토레스 데 아라우스(Reina Torres de

Araúz, 1932~1982)와 그녀의 지도 제작자이자 남편인 아마도 아라우스(Amado Araúz)였다. 마체테를 휘두르지 않을 때면 그들은 상세한 메모를 했다. 부부의 연구는 현재 유네스코 세계문화유산인 다리엔 국립공원을 만드는 데 핵심 역할을 했다.

블래시포드-스넬의 원정대도 끝까지 갔다. 하지만 딱 그뿐이었다. 규칙적으로 나무 밑동이 차 타이어를 찢어놓았다. 여행 중간에 한번은 두꺼운 진흙이 차축을 망가뜨려서 여분의 부품을 영국에서 수송해서 정글의 공터에 낙하산으로 떨어뜨려야 했다. 또 한번은 차가 20미터 깊이의 골짜기 아래로 처박힐 뻔했다. 참호족염 같은 열대 질병이 팀원들을 괴롭혔다. 짐말들이 병에 걸려서 안락사를 시켜야 할 때도 있었다. 한 팀원은 치명적인 뱀에 물렸으나 운 좋게 그곳을 빠져나와서 헬기에 실려 떠났다.

이 모든 힘든 문제에도 원정의 한 가지 측면만은 엄청난 성공을 거뒀다. 자연사 박물관에서 후원을 받아 원정에 오른 과학자들은 사람의 손이 닿은 적 없는, 온갖 종의 고향인 이 지역 정글의 엄청난 생물 다양성에 관해 귀중한 통찰력을 얻었다. 커다란 잠자리, 조그만 개구리, 포악한 독사, 개미떼, 저녁식사 접시만 한 크기에 새를 잡아먹는 거미, 페커리라고 하는 야생 돼지, 거대하고 이가 날카로운 수달, 색색의 물총새, 우아한 왜가리, 재주 좋은 카이만, 그리고 굉장한 두려움을 불러오는 '호랑이', 이것은 이 지역에서 재규어를 부르는 이름이다.

하지만 다리엔 갭은 지구상에서 과학적으로 가장 탐색이 덜 된 지역 중 하나로 남아 있다. 발견되지 않은 동물과 식물이 가득한 식물학적 보물 금고이자 질병과 싸울 치료약을 갖고 있는 곳이다.

많은 사람이 여기가 이런 식으로 남기를 바란다. 팬아메리칸하이웨이와 도로가 연결되면 관광객과 상업이 들어와 원주민 문화를 위협하고 삼림 벌채를 가속화하고 질병을 퍼뜨릴 것이다. 지금까지는 자연의 벽이 북아메리카에 퍼진 구제역으로부터 가축을 보호해주었다.

경험 많은 탐험가였지만 블래시포드-스넬은 이 길들여지지 않은 야생을 헤치고 가로지른 것을 자신의 경력에서 가장 힘든 일로 꼽았다. "몇 번이나 우리는 해내지 못할 거라고 생각했다." 그는 그렇게 적었다. 하지만 이 초록의 벽 안으로 처음 들어가고 99일이 지난 후에 원정대는 밖으로 나왔다. "경고도 없이 정글이 끝나고 우리는 로마스 데 루미에로 이어지는 다져진 흙길 위로 나왔다." 근처에 있는 바란킬리토에 도착해서 팀은 정글의 공포에서 살아남은 것에 안도해서 새벽까지 파티를 벌였다. 거기서 그들은 남쪽으로 향해 남아메리카 끄트머리까지 쭉 내려왔다. 다리엔 갭을 정복하는 것이 확실히 가장 어려운 부분이었고, 영국군이 수행한 가장 야심 찬 프로젝트 중 하나로 여겨졌다. 그들이 정글을 가로질렀던 경로는 원주민들에게 카레테라 잉글레세(Carretera Inglese), 영국인의 고속도로라고 알려지게 되었다.

운석 사냥꾼

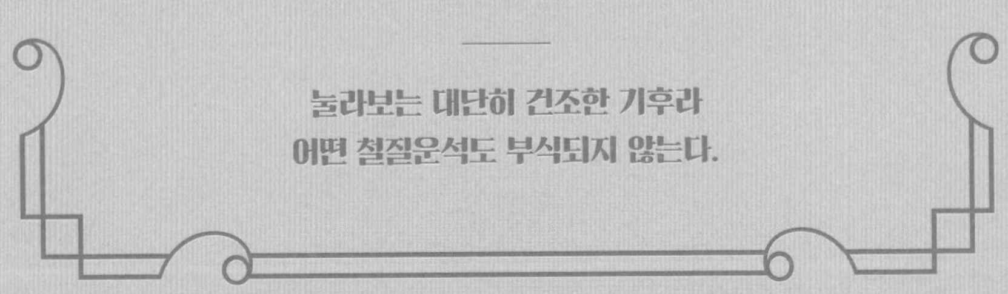

눌라보는 대단히 건조한 기후라 어떤 철질운석도 부식되지 않는다.

◆

오스트레일리아 오지에서 해가 지자 파리들이 계속해서 웅웅거리던 것을 멈추고 마침내 사위가 고요해진다. 모니카 그레이디(Monica Grady, 1958~)는 해충이 다가오지 못하게 그물로 뒤덮어놓은 챙이 넓은 모자를 벗고 사막에서의 길고 뜨거운 하루 끝에 기지개를 편다. "별 아래에서 자는 건 정말 근사했어. 내가 너무 근시라서 잠이 들면서도 그것을 보기 위해서 안경을 계속 쓰고 있어야 했다는 부분을 제외하면 말이지." 그레이디는 그렇게 농담을 했다.

1958년 리즈에서 여덟 자녀 중 첫째로 태어난 그레이디는 현재 오픈 대학의 행성 및 우주과학 교수이고, 비글 2호를 화성에 보내는 임무와 로제타를 혜성에 보내는 임무 같은 것들을 맡고 있었다.

2002년에 그레이디는 운석을 찾아 오스트레일리아 서부의 눌라보로 가는 탐사대의 일원이었다. 운석은 우주에서 날아와 지구 표면에서 발견되는 돌로 된 덩어리다(대기 중에서 타버리는 유성과 다르게).

운석은 크게 세 가지 종류가 있다. 대부분 규산염 광물로 이루어진 석질운석, 금속과 규산염 결정이 비슷한 양으로 된 석철운석, 대부분 금속으로 이루어진 철질운석이다.

지금 우리는 철질 핵에 대해서 더 알아내기 위해서 지구 중심부로 들어가지 못한다. 그래서 철질운석이 귀중하다. 우리 행성 안에 있는 것이 어떤 특성을 가졌고 초기 태양계에 행성이 몇 개나 있었는지에 관한 아이디어를 주기 때문이다.

눌라보는 대단히 건조한 기후라 어떤 철질운석도 부식되지 않기 때문에 좋은 사냥터다. 게다가 어떤 석질운석도 더 습한 기후에 떨어졌을 때처럼 부패하지 않는다. 또한 눌라보는 고대에 만들어진 사막이기 때문에 수백만 년 동안 퇴적되며 운석을 보존해왔다.

팀은 퍼스에 상륙해서 이틀 동안 차를 타고 눌라보를 가로질러 캠프를 세웠다. 두 달 동안 힘겹게 일한 끝에 (그리고 별도 좀 보고) 그들은 30개가량의 운석을 모았다. 놀랍게도 겨우 1제곱킬로미터 안에서 이틀 동안 그들은 각기 다른 종류의 운석 네 개를 발견했다. 눌라보가 운석을 잘 보존하긴 하지만, 지구상의 다른 지역보다 많이 떨어지지는 않는다. 이것은 지구에 운석이 얼마나 많이 떨어지는지를 보여준다. 물론 다수가 지구 표면의 3분의 2를 덮고 있는 바다에 떨어진다. 운석이 지구의 대기를 지날 때 공기로 인한 마찰열 때문에 엄청나게 뜨거워지고, 용융각(熔融殼)이라는 탄 것 같은 표면을 형성한다. 각기 다른 종류의 운석은 각기 다른 종류의 용융각을 만든다.

"윤이 나는 용융각을 가진 운석을 보고 나는 특히 흥분했습니다. 왜냐하면 이것은 훨씬 드물고 베스타 같은 소행성에서 온 것이기 때문이지요. 베스타는 다른 소행성들과 다르게 지구처럼 서로 분리된 핵과 지각을 갖고 있습니다." 그레이디는 이렇게 말했다.

탐사에서 모은 모든 운석을 목록으로 만든 후에 팀은 그것들을 분석을 위해 시드니의 오스트레일리아 박물관으로 보냈다. 거기서 운석의 무게를 단 다음 신중하게 쪼개서 그 비밀을 찾으려 했다.

운석은 다른 세계에서 온 우주선과 비슷하다. 그 조성을 통해서 그것이 만들어진 행성이나 혜성, 소행성에 대해 더 많은 것을 알 수 있기 때문이다. 눌라보로의 탐사 같은 것들은 그런 세계에 대해 더 많은 것을 이해할 수 있는 중요한 실마리를 제공해주고, 한때 그곳에 생명체가 존재했거나 지금 존재할 수 있는지를 가르쳐준다.

금속 탐지사

남극은 운석 노다지다. 대단히 추운 데다가 기후가 건조해서 석질운석들이 대체로 잘 보존된다. 그리고 찾기도 별로 어렵지 않다. 검은 암석질이 하얀 황무지에서 눈에 잘 띌 뿐만 아니라 운석이 얼음과 함께 움직이다가 산맥에 막혀 그 기단부에 퇴적되기 때문이다. 하지만 남극에서 철질운석을 찾는 것은 항상 까다롭다. 철이 환한 태양빛 아래서 달아오르기 때문에 얼음 표면에 있는 운석은 점차 그 안으로 녹아 들어가서 묻히기 때문이다.
맨체스터 대학의 캐서린 조이(Katherine Joy) 박사는 기발한 계획을 고안해냈다. 영국남극관측소(British Antarctic Survey, BAS)와 함께 그녀는 얼음 속에 숨겨진 철질운석을 찾아내는 금속 탐지기를 고안했다. 지금까지 이 장치는 노르웨이의 스발바르 제도에서 시험을 거친 상태다. 하지만 영국남극관측소는 2019년 남극에 있는 영국의 핼리 연구소에서 사용해볼 수 있기를 바란다.

지하의 잃어버린 세계

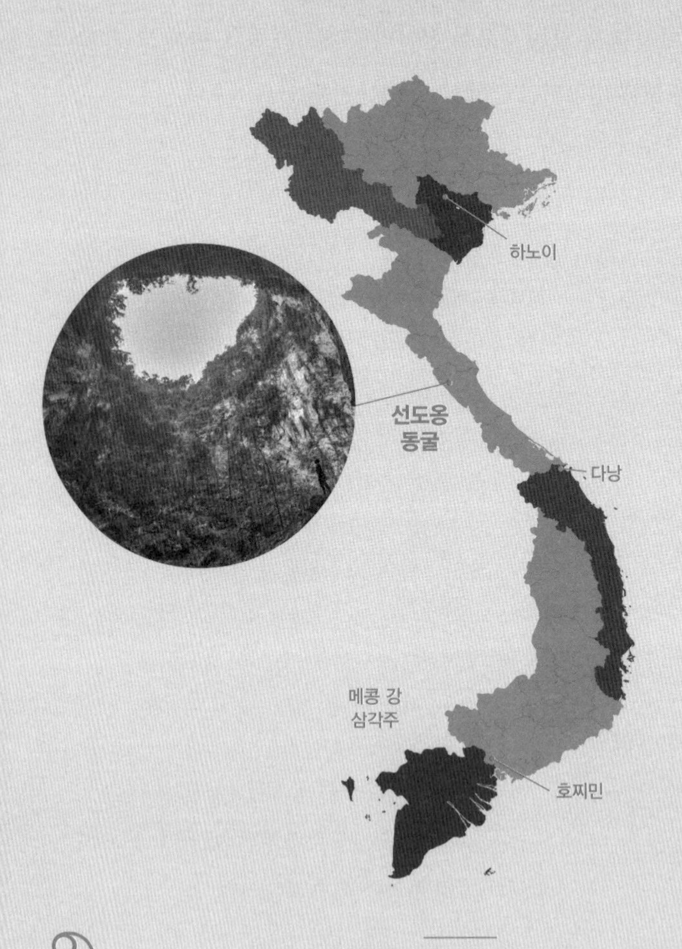

40층짜리 건물이 안에 들어갈 수 있고,
보잉 747이 그 안에서 날 수도 있을 정도로 거대한 선도옹 동굴

◆

80미터 높이의 절벽 면을 자일을 타고 내려가는 것은 선사시대 세계로 들어가는 것과 비슷하다. 위로는 동굴 입구로부터 빛이 들어와 거대한 동굴 안을 비춘다. 아래에서는 빽빽한 나뭇잎과 30미터 높이의 나무가 우거진 풍성한 초록색 정글이 기다린다. 바닥에 도착해서 팀은 앞에 무엇이 있을지 생각하며 들뜬 채 덤불을 헤치고 길을 찾는다.

빼곡한 식물들에서 빠져나오자 그들은 어두컴컴한 길을 따라 기어간다. 마침내 동굴이 다시 넓어진다. 동굴 맞은편에 개의 앞발처럼 생긴 70미터 높이의 커다란 석순이 있고 그들은 거기에 '개의 손'이라는 별명을 붙인다. 그 이름은 그대로 유지된다. 그들은 계속 나아가서 이끼가 뒤덮인 계단식의 길고 가파른 경사 꼭대기에 있는 암붕(岩棚)에 도착한다. 험준한 아래쪽 땅을 내려다보고 팀원인 조너선 심스(Jonathan Simms)가 동료 한 명에게 농담을 한다. "공룡 조심해." 그것이 그 암붕의 이름이 된다.

실제로 공룡만 몇 마리 돌아다녔으면 여기는 아서 코넌 도일의 《잃어버린 세계(The Lost World)》의 한 장면이 될 수 있었을 것이다. 여기는 베트남에 있는 세계에서 가장 큰 동굴이다. 지구상 여기저기에 이 이름에 걸맞은 더 길거나 더 깊은 동굴들도 있지만, 선도옹 동굴(Hang Sơn Đoòng, 山洞)은 규모 면에서 가장 크다고 알려져 있다.

5킬로미터가 넘는 길이에, 단면은 높이 200미터에 너비 150미터로 대단히 커서 40층짜리 건물이 안에 들어갈 수 있을 정도이고 보잉 747이 그 안에서 날 수도 있을 것이다. 자체 지하 강과 두 개의 정글, 해변(방문객들이 밤을 지낼 캠프를 하는 곳)과 그 자체의 미기후를 갖고 있는 이 동굴은 어마어마하다.

동굴은 1991년 이 지방 소년 호카인이 사냥하러 나왔다가 폭풍우를 피할 장소를 찾다 발견했다. 하지만 호카인은 자신이 마주친 곳이 정확히 어딘지 잊어버려서 수십 년 동안 라오스 국경 근처의 바위투성이 퐁냐케방 국립공원 아래 감추어져 있었다. 그러다 2009년에 동굴 입구가 이전되었고, 이 과학자 팀이 동굴 깊은 곳을 탐사하는 최초의 사람들이었다. 이것은 안남 산맥 안의 약 150개 동굴의 연합체 일부로 그 동굴 다수가 아직까지 조사된 적이 없었다.

선도옹 동굴은 200만 년에서 500만 년 전 사이에 부드러운 석회암 단층을 따라 물이 흐르면서 오랫동안 지하에 동굴이 생기며 형성된 것이다. 하지만 석회암이 약한 곳에서는 천장이 무너져 함지(陷地)를 만들어 거대한 천창이 동굴의 일부에 햇빛을 비추게 되었다.

선도옹 동굴은 흥미로운 지리적 특성으로 가득하다. 거대한 석순들이 있고, 떨어지는 물이 모래알 주위로 여러 층의 방해석을 쌓아올리며 수 세기에 걸쳐서 형성된 소위 '동굴진주'들이 있다. 선도옹 동굴의 어떤 동굴진주는 크기가 거의 바위 정도다.

여기는 또한 수많은 야생동물의 서식처다. 지금까지 154종의 포유류, 117종의 파충류, 58종의 양서류, 314종의 조류, 170종의 어류가 기록되었다. 그중에는 장님물고기(*Speolabeo hokhanhi*-역주)와 다지아문(多肢亞門, Myriapoda)에 속하는 지네처럼 희귀종도 포함되어 있다. 이 종 중 일곱 가지가 그 지역 고유종이라서 세계의 다른 곳에는 존재하지 않는다.

첫 번째 탐사에서 팀은 60미터 높이의 무너진 석순 벽까지 갔고, 그들은 이것을 베트남의 만리장성이라고 이름 붙인 다음, 갔던 길을 따라 돌아 나왔다. 제1차 세계대전 때 수십만 명의 연합군 병사가 겨우 몇 킬로미터의 영토를 획득하기 위해서 죽어갔던 전투 파스샹달의 이름을 붙인, 에너지를 빨아먹는 찐득찐득한 진흙이 가득한 무릎 높이의 진창을 다시 지났다. 그리고 요란하게 흐르는 지하 강을 지나고, 널찍한 천창 아래 자리한 빽빽한 또 다른 정글인 에담 정원을 가로질러서 '공룡 조심해' 암봉과 '개의 손'을 다시 지나서 돌아왔다.

이것은 용감무쌍한 과학자들과 영화 제작자들이 해낸 여러 번의 탐사 중 첫 번째 것이었다. 현재는 연간 수백 명 정도의 관광객만 허가를 받고 들어간다. 하지만 최근 몇 년 동안 개발업자들이 더 많은 관광 기회를 노리고 있다. 한 가지 아이디어는 동굴 천장에 매 시간 1,000명의 사람들을 나를 수 있는 케이블카를 설치하는 것이다. 과학자들은 이에 우려를 표한다. 이런 계획은 이 연약한 생태계에 심각한 손상을 입힐 수 있기 때문이다. 동굴 안에서 어떤 생물이 발견되기만을 기다리고 있는지 누가 알겠는가. 그리고 더 많은 사람이 방문할수록 생물종은 발견되기도 전에 멸종 위험성이 더욱 높아진다.

가장 추운 여행

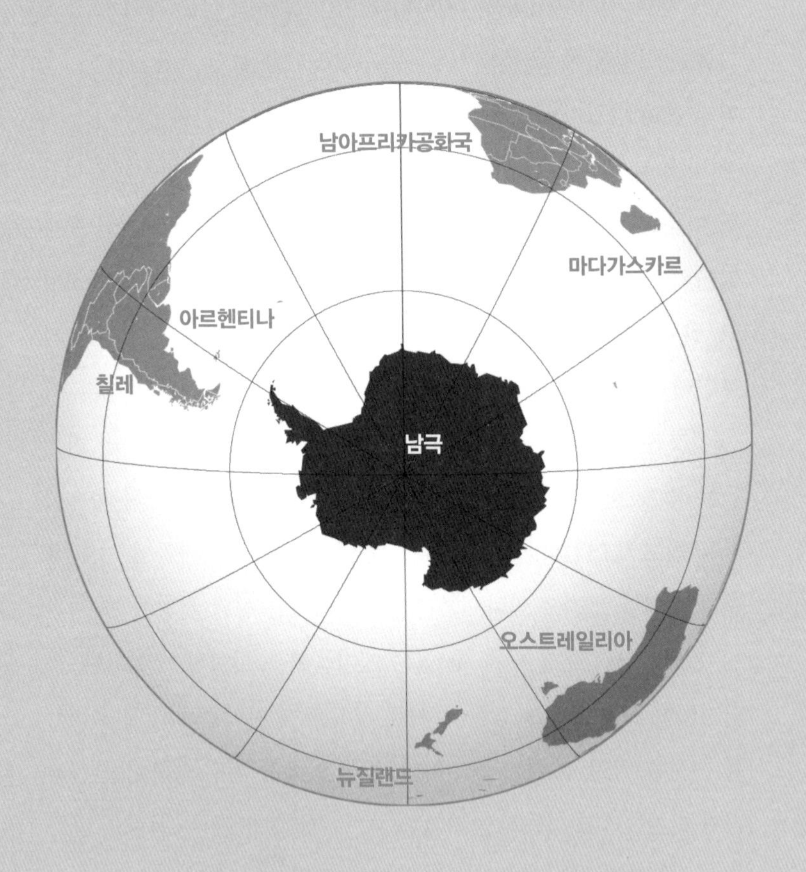

남극을 가로지르는 지구상 가장 추운 여행은
미래의 화성 탐사에 완벽하게 대비하기 위한 테스트였다.

◆

연구선 아굴라스호의 거대한 빨간색 선체가 런던의 타워 브리지 아래를 천천히 미끄러져 템스 강 아래로 내려간다. 배의 옆면을 따라 커다란 하얀색 대문자로 쓰여 있는 글은 '백문이 불여일견'이다. 이것은 이 원정에 돈을 댄 자선단체의 이름이다.

배에 타고 있는 사람들은 전에 아무도 시도해본 적이 없는 도전을 하려는 6인 팀이다. 바로 한겨울에 남극을 건너는 것이다. 수년 동안 이 시기에 그런 여행을 하는 건 너무 위험하다고 여겨졌다. 하지만 많은 탐험가가 이것이 마지막 남은 진정한 극지 과제라고 믿었다. 사전에 팀은 자신들이 뭘 상대하는 것인지 알고 있었다. 지구상에서 가장 적대적인 환경을 지나 거의 끝없는 어둠 속에서, 영하 90도까지 떨어지는 기온에서 3,200킬로미터를 걸어가는 여정이다. 원정이 '가장 추운 여행'이라고 불린 것도 놀랄 일이 아니다.

아굴라스호는 중간에 케이프타운에서 보급을 한 후에 2013년 1월 말 남극의 크라운 만에 도착했다. 몇 주 동안 장비를 내리고 얼음 위에서의 생활에 익숙해진 후에 6인 팀은 장대한 여행을 시작할 준비를 마쳤다. 하지만 그때 재앙이 닥쳤다.

역사상 가장 위대한 모험가 중 한 명으로 여겨지던 원정 리더 레널프 파인즈(Ranulph Fiennes, 1944~)가 왼손에 심각한 동상을 입어서 원정에서 빠진다는 힘겨운 결정을 내려야 했던 것이다. 남은 다섯 명은 단결해서 결국에 3월 말에 캠프를 떠났다.

남극의 겨울에 대륙을 가로지르려는 것 말고도 원정은 이런 극단적인 환경이 인간의 몸에 미치는 육체적·정신적 영향을 연구하는 것이 목표였다. 팀은 확실히 끔찍하게 추운 기온, 자연적인 밤낮이라는 생체시계를 엉망으로 만드는 계속되는 어둠, 다른 사람들로부터의 고립(남극의 겨울 동안 빠져나갈 기회도 없는 상태로), 그리고 3,200미터에 달하는 고도(실제로 높은 위도에서 극단적인 추위와 낮은 중력장은 대기압을 낮추어 대체로 3,800미터에서 볼 수 있는 낮은 산소 수치를 만든다)에 맞서고 있었다.

출발하기 전에 그들은 모두 킹스 칼리지 런던에서 시력, 심폐 기능성, 근육의 힘, VO2 맥스(최대산소섭취량-역주), 그리고 전신 스캔 같은 테스트를 받았다. 이 결과를 원정 중간의 테스트 및 이후의 혈액, 소변 및 대변 샘플, 눈 검사(스마트폰으로 찍은 눈 사진으로) 같은 테스트 결과와 비교할 예정이었다.

팀원들은 원정이 그들을 한계까지 몰아붙일 것이라는 건 알았지만, 앞으로 어떤 일이 벌어질지는 정확히 알지 못했다. 여행을 시작하고 얼마 지나지 않아서 위험한 크레바스와 압축된 '블루' 아이스(단단하고 치밀하여 청색을 띤 얼음으로, 피켈을 사용하기 어렵고 충격을 받으면 부서지기 쉬워 위험함-역주)가 일반적인 것이 되었다. 심지어 그들의 두 대의 캐터필러도 2미터 높이의 얼음 둑을 뚫지는 못했다.

거기다가 팀은 자신들의 목숨이 위태롭다는 것을 깨닫기 시작했다. 여러 개의 크레바스는 갑자기 경고 없이 그들의 텐트를 삼켜버릴 수 있는 엄청난 위협이었다. 이제 포기하고 돌아갈 때였다.

팀은 해안으로 돌아가면서 대신 그들이 맡은 과학 실험 임무에 집중했다. 예를 들어 각기 다른 캠프에서 눈 샘플을 채취하는 것이나 매일의 기상 측정, 그리고 얼음물에 손가락을 담그는 통증 내성 실험처럼 좀 더 특정한 것들이었다. 하지만 팀원인 이언 프리킷(Ian Prickett)은 원정에서 가장 힘들었던 부분은 정신적 과제였다고 이야기한다. "가장 힘들었던 건 항상 모든 걸 똑같이 생각하지 않는 다른

플로리다의 나사 극단적 환경 임무 수행 수중 아쿠아리우스 실험실 © NASA

네 명과 사방이 막힌 작은 공간에서 함께 지내는 거였죠."

프로젝트의 핵심 부분은 기분 일기를 통해서 각 팀원들의 정신 상태를 분석하는 것이었다. 이것은 미래에 화성 같은 다른 행성으로 유인 탐사를 할 때 이용하기 위한 사전 작업이었다.

그러니까 팀이 거대한 얼음 사막을 다 건너지 못하고 돌아와야 했으니 원정이 완전한 성공은 아니었다 해도 그들의 과학 연구와 외딴 환경에서 엄청난 압박을 받을 때 인간의 정신이 어떠한지에 관해 얻은 통찰력은 귀중한 소득이었다.

미국화성협회의 협회장 로버트 주브린(Robert Zubrin)은 이렇게 말했다. "원정은 인간의 화성 탐사라는 도전을 어떻게 상대해야 하는지에 대한 우리의 지식을 엄청나게 넓혀주는 대담한 행동이었다."

화성 여행 준비

화성까지의 여행에는 6개월에서 8개월이 걸린다. 이런 여행을 할 때 인체에 미치는 생리학적 영향('우주에서의 1년' 장을 볼 것)은 둘째 치고, 가장 큰 과제 중 하나는 팀원들이 고립 상태에 정신적으로 어떻게 대응하느냐는 것이다.

가장 추운 여행 프로젝트가 남극이라는 극단적인 세계를 가로지르는 여행 중에 이 테스트를 처음 해보았으나, 다른 프로젝트들 역시 문명으로부터 떨어진 고립된 환경에서 소수의 팀으로 지내는 것을 인간이 어떻게 받아들이는지 살펴보았다.

화성 500 프로젝트는 6인 팀을 모스크바에 있는 창문 없는 집에 520일 동안 가둬놓았다. 좀 더 최근에는 존슨 스페이스 센터의 나사 헤라(NASA HERA) 기지, 하와이의 하이시스(HI-SEAS) 기지, 플로리다의 나사 극단적 환경 임무 수행(NASA Extreme Environment Mission Operations, NEEMO) 수중 아쿠아리우스 실험실, 남극의 콩코디아 기지, 그리고 유타 사막의 화성사막연구기지(Mars Desert Research Station, MDRS) 모두가 화성 기지와 유사한 역할을 하고 있다.

화성사막연구기지는 화성의 지형과 상당히 유사해서 선택되었고 영구적인 거주지, 팀원들이 실험을 하고 사막으로 나와 '우주유영'을 할 수 있는 과학용 돔과 관측소가 있다. 이런 고립된 환경에서 인간의 몸과 정신 모두를 연구해야만 화성으로의 여행에 대비할 수 있을 것이다.

익스트림 에베레스트

에베레스트 산은 네팔과 티베트 사이에 있는,
세계에서 가장 높은 산이다. 높이는 8,848미터다.

◆

앞에는 드넓은 범람원이 펼쳐져 있고 강가에 약간의 보리밭과 흙으로 만든 벽돌로 지은 집 몇 채가 드문드문 있다. 팀은 계속해서 걸어간다. 에베레스트 베이스캠프까지는 높은 산길을 거쳐 며칠을 가야 한다. 하루하루 지나며 문명은 점점 사라져서 몇몇 외딴 유목민 캠프밖에 보이지 않는다. 팀은 죽은 시체를 뜯어 먹는 까마귀 떼를 종종 지나친다. '풍장(風葬)'이라는 불교 관습이다. 풍경이 나무 하나 없는 작은 관목들로 바뀌고 중간중간 거센 강물이 가로지른다. 마침내 베이스캠프가 눈에 들어온다. 쿰부 빙폭 하단의 바위 사이에 여기저기 있는 밝은 색 텐트 무리. 여기가 앞으로 몇 주 동안 그들의 집이 될 것이다.

하룻밤 쉰 다음에 이 용맹한 의사들과 과학자들은 작업을 시작하고 실험실을 차린다. 실험실은 책상과 의자, 랩톱, 의료 기구와 운동용 자전거로 들어찬 초록색 군용 텐트 몇 개로 이루어진다.

때는 2013년 3월이다. 익스트림 에베레스트(Xtreme Everest) 2탐사대의 목표는 본토에 있는 집중 치료실의 환자들을 돕기 위해서 저산소 상태에서 왜 어떤 사람들은 다른 사람들보다 더 잘 버티는지를 조사하는 것이다. 집중 치료를 받는 환자 90퍼센트가량은 저산소증이라고 하는 낮은 산소 수치로 고통받는다. 치료하지 않으면 저산소증은 죽음을 불러올 수도 있지만, 현재의 치료법은 심장을 더 빨리 뛰게 만드는 강력한 약을 써서 장기를 상하게 할 위험을 감수하는 침습적(侵襲的)이고 공격적인 방법이다. 새로운 기술이 필요하다. 하지만 이것을 심각한 상태의 환자들에게 시험하는 것은 불가능하다. 산소 수치가 낮은 높은 고도에서 인체를 분석하여 병원에서 저산소증을 치료할 다른 방법을 찾는 것이 목표다.

첫 번째 익스트림 에베레스트 탐사는 2007년의 일이었다. 14개의 그룹으로 나누어진 200명의 사람들이 동원된, 지금껏 수행한 실험 중에서 가장 대규모의 높은 고도 조사 실험이었다. 약 24명 정도가 에베레스트 정상에 도착했지만, 탐사의 주된 목표는 각기 다른 고도에서 60여 가지의 실험을 하는 것이었다. 첫 번째는 런던의 실험실에서, 그다음에는 3,500미터 높이에서, 그다음에는 5,380미터 높이의 베이스캠프에서 말이다.

모든 결과가 흥미로웠다. 혈중 산소량은 활동에 그리 큰 차이를 만들지 않는 것 같았다. 두 명의 참가자를 비교했을 때 훨씬 덜 건강하지만 정상까지 도착한 사람에 비해서 건강한 울트라마라톤 선수가 더 안 좋은 성과를 보였다(그리고 5,300미터에서 헬리콥터로 돌아가야 했다). 고지대에서 보낸 시간도 별로 중요하지 않은 것 같았다. 8주 동안 적응기를 거쳤든 막 도착했든 결과는 별로 다르지 않았다. 나이나 성별도 결과에 별로 영향을 미치지 못했다. 핵심은 혈중 NO(산화질소)와 관련이 있다는 것이었다.

NO는 자연적으로 발생하는 분자로, 혈관을 확장시키고 세포의 발전소인 미토콘드리아를 통제하는 것을 돕는 등 체내에서 여러 가지 방식으로 사용된다. 연구원들은 고도가 높으면 높을수록 혈액 속에 NO가 더 많아지고, 전에 고지대에 와봤던 사람은 이렇게 높은 곳에 올라온 적이 없는 사람에 비해 등반하는 동안 수치가 더 높다는 것을 발견했다.

그러니까 팀이 5년 후 베이스캠프로 돌아왔을 때 추가적인 NO 연구가 그들의 핵심 임무 중 하나였다. 200여 명의 여러 부류 사람이 2013년 탐사에 참여했고, 이번에는 셰르파로 구성된 그룹들도 있었다.

셰르파는 네팔과 아시아 다른 지역의 산악 지대에 사는 민족이지만, 이 단어는 종종 산악 안내인이나 짐꾼을 일컫는 데에 사용된다. 그들은 저산소 상태에서 훨씬 잘 버티기로 유명하다. 2013년 탐사는 셰르파들의 생리와 유전자를 '저지대인들'과 비교해서 그들의 비밀을 파헤치는 것이 목표였다.

다른 연구들은 셰르파의 혈액에 NO 수치가 훨씬 높고, 그들의 심장이 더 빠르게 박동하지만 여기에 약간 다른 물질을 사용한다는 사실을 밝혀냈다. 가장 흥미로운 부분은 그들의 적혈구 숫자다. 적혈구는 몸 안 여기저기로 산소를 운반한다. 저지대인이 고지대에 익숙해지면 적혈구 숫자가 대체로 증가한다. 하지만 셰르파들은 평균적인 저지대인보다 적혈구 숫자가 더 적고, 대신 적혈구들이 더 많은 산소를 운반할 수 있다.

2013년 익스트림 에베레스트 2탐사대의 테스트는 한 걸음 더 나아갔다. 근육조직 샘플의 미토콘드리아 분석은 셰르파들이 ATP(모든 생물의 세포에서 발견되는 에너지를 나르는 분자)를 만드는 데 산소만 더 효율적으로 쓰는 것이 아니라, 고지대에서는 그들의 근육에 있는 에너지 수치가 올라가지만 저지대인들의 경우에는 떨어진다는 것을 보여주었다. 여전히 답을 모르는 질문이 많이 있지만, 제약회사들은 이제 저산소증을 치료하는 새로운 약을 개발하기 위해서 익스트림 에베레스트 연구원과 협력하고 있다.

이 프로젝트의 마지막 장은 2017년 팀원 일부가 카트만두로 나와서 남체 바자르로 여행을 가서 수행되었다. 수도원에는 2013년 연구 탐사에 참여했던 셰르파들을 비롯해서 그 지역사회에서 온 많은 사람이 모여 있었다. 그들은 팀이 최근 탐사에서 얻은 결과를 발표하고 특히 수많은 저지대인이 세계에서 가장 높은 산을 정복하는 데에 도움을 준 셰르파들의 초능력을 강조하는 것을 열심히 들었다.

오르지 못한 가장 높은 산

7,570미터의 강카르 푼섬은 세계에서 40번째로 높은 산이지만, 아무도 그곳을 꼭대기까지 올라간 적이 없다. 일부는 그 위치 때문이다. 이 산은 부탄과 티베트(중국) 국경에 위치하고 있지만 국경이 분쟁 중이라서 정확한 위치는 아직도 논쟁 중에 있다. 중국 지도는 정상을 국경에 위치한 것으로 그리지만 다른 지도에서는 정상을 부탄에 놓는다. 정상에 도달하려는 제대로 된 시도는 네 번 있었

다. 1985년의 첫 번째 시도는 사실상 정상을 찾지 못해서 실패하고 말았다. 그 지역 지도들은 비교적 최근까지 대략적으로 그려진 것이었기 때문이다. 정상에 오르려는 그 이후의 시도들은 동상과 강한 바람으로 중단되었다. 그러다가 1994년에 다른 사람이 채 올라보기도 전에 부탄이 그 지방 신앙을 존중한다는 이유로 6,000미터 이상의 봉우리에 오르는 것을 금지했다. 1998년에 일본 팀이 중국 쪽 산을 통해 오르는 것으로 금지령을 비켜가려고 했다. 하지만 부탄 정부가 원정 이야기를 듣고 팀의 등반 허가를 취소하라고 중국에 압력을 넣었다. 오늘날까지 강카르 푼섬은 정복하지 못한 채 남아 있다.

수정 동굴

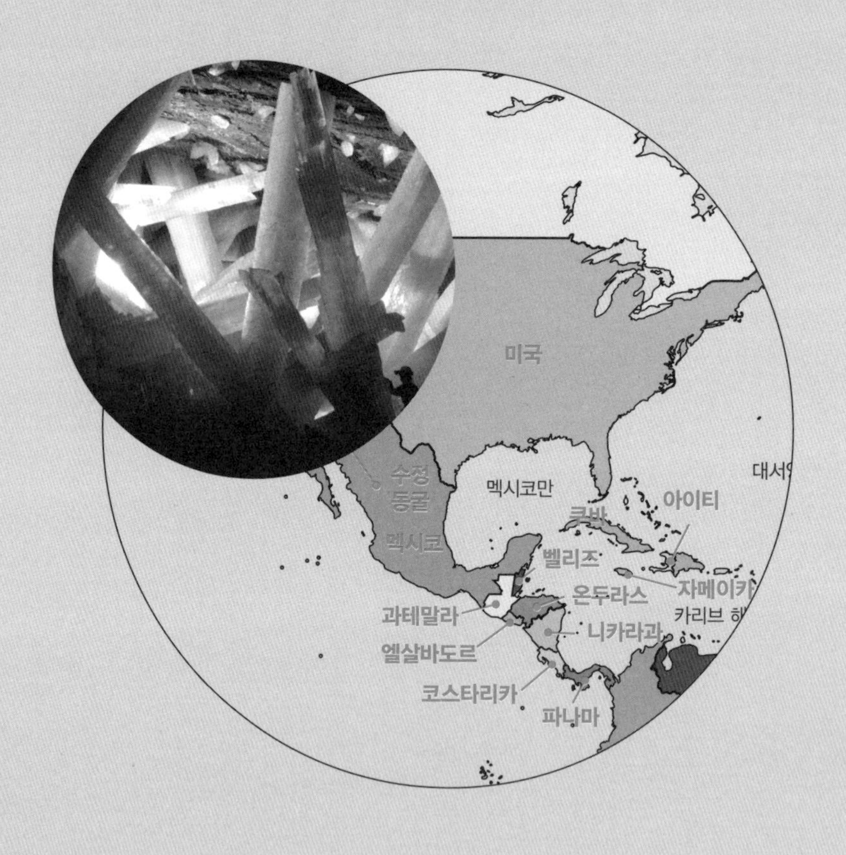

축구 경기장 크기의 수정 동굴에는 높이 15미터에 달하는 거대한 석고 기둥이 가득하다.

◆

얼음을 채운 슈트를 입고 배낭을 메고 조사팀은 적대적인 지하 세계로 들어갈 준비를 한다. 그들이 플랫폼에 올라서서 갱도를 따라 300미터를 내려가는 동안 리프트가 부르르 떨린다. 그들의 머리 조명에 어두운 터널로 빛이 흔들거린다. 동굴 바로 앞에서 그들은 페이스 마스크를 쓴다. 마스크는 얼음을 채운 배낭과 연결되어서 그들의 폐에 차가운 공기를 꾸준히 공급해준다. 그다음에 그들은 틈새를 비집고서 동굴 안으로 들어간다.

수정 동굴은 엄청난 장관이다. 2층 높이에 축구 경기장 크기의 이 동굴에는 거대한 석고 기둥들이 가득하다. 이들 다수가 1미터 너비에 높이는 15미터에 달한다. 이것들은 세계에서 가장 크다고 알려진 수정들이다.

지질학자들은 조건이 딱 맞아서 수정이 이렇게 크게 자란 거라고 생각한다. 2,600만 년 전쯤 대단히 뜨거운 마그마가 단층 틈새로 솟아올라서 위쪽의 석회암으로 된 기반암에 금, 은, 아연, 납 같은 금속을 쌓아놓았다. 하지만 어떤 동굴들은 지하수로 가득 차서 석회암이 녹아 칼슘이 만들어지고, 이것이 물속의 황과 결합해서 수정을 형성했다. 어쨌든 수정이 이렇게 거대하게 자라나는 데에는 엄청난 시간이 필요한데, 시간은 차고 넘쳤던 것이다. 이 지하 동굴 속에서 수백만 년 동안 보호되다가 비교적 최근에야 발견되었기 때문이다.

멕시코 치와와 지역의 광업은 19세기 초에 시작되었다. 지하수를 동굴계에서 빼낸 다음에야 광부들은 나이카 광산이라는 동굴계 한 곳의 더 깊은 곳까지 탐사할 수 있었다. 거기서 발견한 것에 그들은 대단히 놀랐다.

1910년 그들은 벽이 1미터에 달하는 칼날 같은 석고 결정들로 뒤덮인 동굴을 발견했다. 이곳은 칼날 동굴이라는 뜻의 쿠에바 데 라스 에스파다스(Cueva de las Espadas)라는 이름이 붙었다.

하지만 수정 동굴은 다시 약 90년 동안 눈에 띄지 않은 채 남았다. 2000년 4월에 엘로이와 하비에르 델가도 형제가 페놀레스 광업회사를 위해 나이카 광산에 새 터널을 뚫는 임무를 맡았으나 그들이 연 것은 진정한 마법의 세계로 가는 창문이었다. 엘로이가 작은 구멍을 기어 들어가서 동굴로 들어서자 마치 불타는 용광로에 들어간 느낌이었다. 그의 옷은 즉시 땀으로 흠뻑 젖었다. 하지만 눈앞의 광경은 평생 한 번도 본 적 없는 것이었다. 거대한 수정 기둥들이 거인이 장난삼아 던져놓은 것처럼 동굴 여기저기 아무렇게나 서 있었다. 그는 자신이 특별한 것을 발견했음을 깨달았다.

오늘날, 실제로 이 동굴을 보고 경외감을 느껴본 사람은 소수다. 오랫동안 페놀레스 광업회사는 동굴이 파손되지 않도록 비밀로 지켜왔다. 그래서 몇몇 용감한 조사원과 몇몇 기자만이 들어가 보았다. 섭씨 60도에 달하는 기온과 90퍼센트가 넘는 습도 때문에 여기는 지구상에서 가장 버티기 힘든 장소 중 하나다. 심지어 특별 제작한 슈트와 얼음을 채운 배낭도 아주 잠깐 동안만 방문객을 지켜줄 뿐이다. 동굴에서 한 시간 이상 머물면 살아서 나오기 어려울 수도 있다.

하지만 가장 최근 탐사한 조사원들에게 그런 위험은 감수할 만했다. 2017년 그들은 과학계에 알려지지 않은 새로운 미생물을 찾았다. 이 기묘한 미생물은 실제로 수정 안에 살고 있었는데, 작은 액체 웅덩이 속에 반휴면 상태로 거의 5만 년가량을 살아 있었던 것이다. 완벽하게 어두운 동굴은 이 미생물이 광합성을 통해 에너지를 생산할 수 있는 햇빛을 받지 못한다는 뜻이고, 대신에 화학합성으로 살아간다는 것이다. 에너지를 화학반응에서 얻는 것이다.

이런 발견은 나이카 광산 깊은 곳에 또 어떤 기묘한 생물들이 살고 있을까 하는 질문을 불러온다. 하지만 우리는 아마도 그것을 알아내지 못할 것이다. 동굴을 대중에게 열 것인지 말 것인지 논의한 끝에 페놀레스 광업회사는 극단적인 환경과 접근하기 어렵다는 사실이 관광에 적합하지 않다는 뜻이라는 결론을 내리고, 광산의 이 부분에서 지하수를 퍼내는 것을 최근에 멈추고서 동굴에 도로 물이 차게 놔두었다. 그래서 다시금 수정 동굴의 보물들은 물이 가득한 지하 세계에서 조용히 머물게 되었다.

Part 2

지도 없는 바다

우주에서 바라보면 지구 표면의 약 71퍼센트가 물로 덮여 있으며, 수 세기 동안 인간은 대양을 탐험하러 나섰다. 초기에는 해양 크로노미터 같은 발명품들이 미지의 바다를 탐험하는 것을 도와주었다. 해로가 열리며 과학 탐사는 비글호를 탄 다윈의 여행 같은 항해 덕에 더 넓어졌다. 오늘날 연구자들은 지구의 연약한 생태계를 보호하기 위해 지구의 바다와 기후를 더 잘 이해하려고 항해한다.

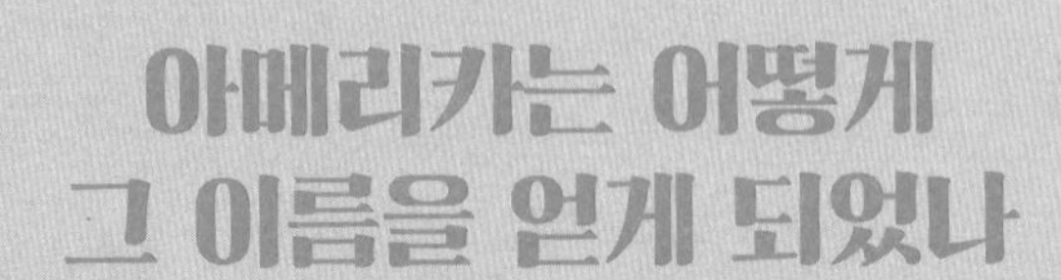

아메리카는 어떻게 그 이름을 얻게 되었나

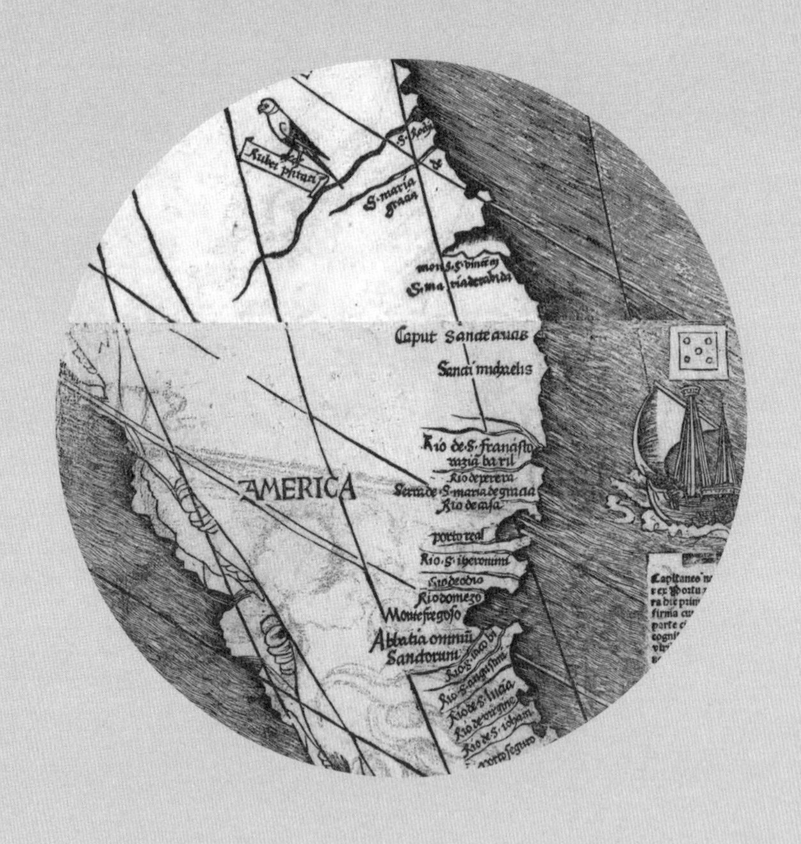

'America(아메리카)'라는 이름표를 붙여 출간한
마르틴 발트제뮐러의 남아메리카의 지도(1507년)

◆

어쩌면 아메리고 베스푸치(Amerigo Vespucci, 1454~1512)가 1496년 세비야에서 크리스토퍼 콜럼버스(Christopher Columbus, 1451~1506)를 만났기 때문일 수도 있고, 아니면 그저 모험에 대한 열망 때문에 베스푸치가 사업을 접고 해외로 배를 타고 나갔기 때문인지도 모른다. 이유가 무엇이든 간에 모험가가 된 이 사업가는 세계지도에 대한 우리의 지식을 바꾸는 핵심 인물이 되었다.

베스푸치는 1454년 피렌체에서 수 세기 동안 이탈리아를 지배한 메디치가의 친구였던 부유한 집안에서 태어났다. 1492년 세비야로 이주한 후 또 다른 이탈리아인 자네토 베라르디와 함께 그는 모험가들을 위해 배를 대주는 사업을 시작했다.

때는 탐험의 시대였고 해외의 부를 사냥하고 외국 땅을 점령하고 싶은 국가들이 지구 끝으로 모험심 넘치는 탐험가들을 보냈다. 그들은 금과 은, 보석을 배 가득 싣고 이국적인 땅에 대한 이야기를 가득 들고 집으로 돌아왔다.

사업에 실패하고 모험이라는 낭만적 열병에 사로잡혀서 베스푸치도 탐험에 나서고 싶어졌다. 이 부분에서 이야기가 약간 불분명해진다. 대부분의 기록은 그가 1499년에 신세계를 향해 서쪽으로 출항했다고 주장한다. 하지만 1497년에 쓰인 편지는 그가 이전에 항해를 떠났고, 아메리카 본토에 콜럼버스보다 먼저 도착했다고 주장한다. 대부분의 전문가들은 편지가 가짜라고 말한다.

사실이 뭐든 간에 당시 콜럼버스를 포함해 모든 사람이 아메리카가 아시아의 일부라고 생각했다. 1499년 항해에서 베스푸치는 신세계에 도착해서 아마존 강을 타고 올라가며 자신이 아시아 동쪽 해안선을 탐험하고 있다고 생각했다. 그래서 거기에 갠지스 만 같은 이름을 붙였다.

그의 다음번 항해였던 1501년에야 그는 이 새로운 땅이 실은 아시아가 아닌 게 아닐까 의문을 갖기 시작했다. 파타고니아 해안을 따라 내려오며 그는 마르코 폴로 같은 탐험가들의 설명에 들어맞지 않는 것들을 보았다. 사람들은 그가 본 그림과 달랐고, 과일들은 그가 들은 것과 맛이 달랐다. 차츰 그곳이 완전히 새로운 대륙이라는 사실을 깨닫게 되었다. 베스푸치는 북아메리카와 남아메리카가 아시아와 완전히 다른 대륙임을 처음으로 인지한 사람으로 인정받는다.

하지만 그가 실제로 아메리카라는 이름을 붙인 것은 아니다. 그것은 독일인 성직자 마르틴 발트제뮐러(Martin Waldseemüller, 1470~1520)가 제안한 것이다. 1507년 이 아마추어 지도 제작자는 남아메리카의 지도를 출간하며 'America(아메리카)'라는 이름표를 붙였다. 이것은 'Amerigo(아메리고)'의 여성형이다. 그 이래로 이 이름이 고착되었다.

과학자 베스푸치

과학에 대한 베스푸치의 공적 역시 인정해줄 만하다. 항해하며 그는 여러 가지를 발견했다. 그는 세계의 다른 지역에서 밤하늘에 보이는 별자리가 유럽에서 보던 것과 다르다는 사실을 깨달았고, 이는 천문항법 기술을 발전시키기에 이르렀다.

수 세기 동안 여행자들은 별을 기준으로 사용해서 방향을 잡았다. 경도(특정 장소가 그리니치 자오선의 동쪽이나 서쪽으로 각변위角變位가 얼마인지를 가리킨다)를 측정하지는 못한다 해도 위도(적도 남쪽이나 북쪽으로의 거리)는 측정할 수 있었다. 경도는 아스트롤라베라는 장치를 사용해서 계산했다. 이것은 지평선처럼 기준 수평선 위로 태양이나 별이 있는 각도를 측정하는 장치였다.

유능한 지도 제작자였던 베스푸치는 자신이 방문했던 땅의 지도를 만들었다. 그리고 당시로서는 놀랍게도 그는 지구의 둘레를 실제 크기의 80킬로미터 이내로 추측해냈다.

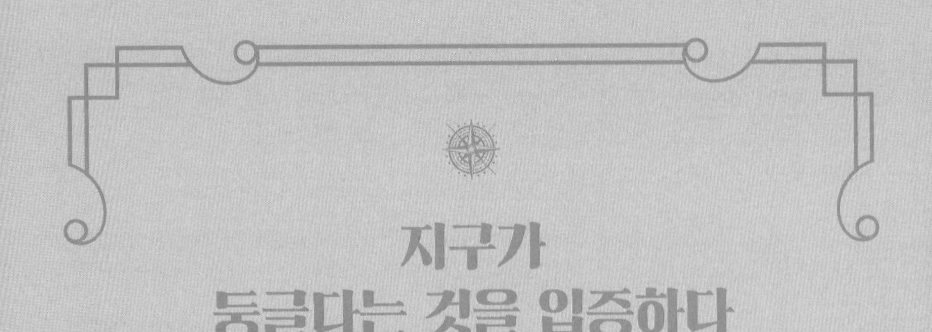

지구가 둥글다는 것을 입증하다

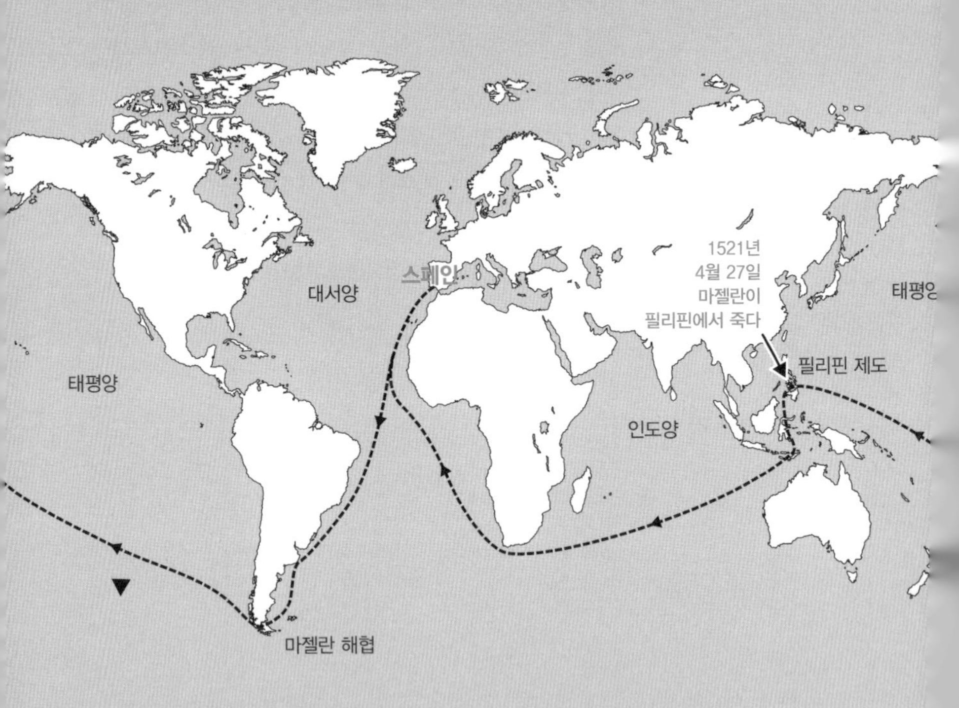

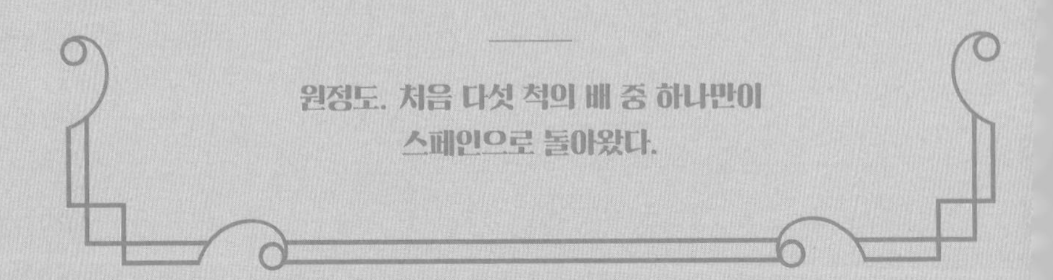

원정도. 처음 다섯 척의 배 중 하나만이 스페인으로 돌아왔다.

◆

나사는 달 착륙을 꾸며냈을 뿐만 아니라 달에서 찍은 둥근 지구라는 상징적인 사진 역시 가짜로 만들어냈다. '평평한 지구 지지자들'이 그렇게 말한다. 이들은 우리가 2천 년이 넘게 지구가 둥글다는 것을 알고 있었는데도, 우리 지구가 둥글지 않다고 믿는 사람들이다.

수 세기 동안 지중해 사람들과 메소포타미아 사람들은 지구가 동전 모양의 원반이고 지중해가 육괴의 한가운데 있으며, 육지는 세계의 가장자리까지 이어지는 바다로 둘러싸여 있다고 믿었다.

지구가 평평하지 않다는 생각은 그리스 철학자 피타고라스가 기원전 500년경에 처음 떠올렸다. 그는 과학적 증거는 없이 신이 세상을 구형으로 만들었을 거라는 직감만 갖고 있었다.

한 세기쯤 후에 또 다른 그리스 철학자 플라톤이 구의 반대편에 커다란 육괴가 있어야만 균형이 맞을 거라는 아이디어를 내놓았다. 하지만 역시 과학적 기반은 없었다. 사실 조금이라도 상식이 있는 사람은 이 철학자들이 미쳤다고 생각했다. 구의 아래쪽에 거꾸로 있으면 어떻게 사물이 바닥에 붙어 있을 수 있겠는가?

플라톤의 제자 중 한 명이었던 아리스토텔레스가 둥근 지구에 대한 과학적 근거를 처음 제안한 사람이었다. 밤하늘을 보면서 그는 여행자들이 남쪽으로 내려가면 밤하늘에 뜨는 별자리가 여행자의 위치에 따라 달라진다는 사실을 알아냈다. 북반구에 있는 별자리는 남반구에 있는 것과는 달랐다. 지구가 평평하다면 온 세상에서 동시에 똑같은 별을 보아야 했다.

아리스토텔레스는 또한 월식 때 달에 비치는 지구 그림자가 원형이라는 것을 확인했다. 이것은 우리가 사는 행성에 대한 지식에 있어서 혁명이었다. 하지만 수백 년이 더 지나서야 누군가가 실제로 지구를 한 바퀴 돌아보았다.

포르투갈 출신의 항해사 페르디난드 마젤란(Ferdinand Magellan, 1480~1521)은 선원 생활 초기에는 모로코와 말레이시아 같은 곳을 다녔다. 하지만 스페인을 위해서 일하면서 명성을 높이게 되었다.

1519년 마젤란과 270명의 선원이 다섯 척의 배를 타고 대서양 횡단에 나섰다. 목표는 전설적인 남아메리카 물길을 통해서 향신료의 섬 인도네시아까지 가는 서해 경로를 찾는 것이었다. 이렇게 가면 위험한 대륙 끝 케이프 혼을 피할 수 있다.

하지만 브라질 어귀를 따라 몇 달 동안 헤매다가 굶주린 선원 다수가 반란을 일으켜 마젤란을 밀어낼 뻔했다. 배 한 척의 선장을 죽이고 또 한 명을 쫓아내고서야 그는 간신히 살아남았다. 그리고 마침내 남아메리카 끝을 질러가는 길을 찾아냈다. 그 길은 현재 마젤란 해협이라고 불린다.

560킬로미터 길이의 물길을 따라가는 데에는 한 달이 걸렸지만, 배가 빠져나오자 유럽인이 태평양을 보는 첫 번째 경험을 하게 되었다. 해협의 거센 물결에 비해 바다가 얼마나 잔잔한지 감탄한 마젤란은 그곳을 마르 파시피코(Mar Pacifico)라고 이름 붙였다. 수개월 후에도 그가 그렇게 느꼈는지는 다른 문제다. 그는 그곳이 그렇게 넓을 거라고는 예상치 못했었다. 식량이 엄청나게 준 상태라 굶주린 선원들이 다시금 반란을 일으키지 않은 게 다행이었다.

1521년 3월에 마침내 남은 배들이 괌에 도착해서 잠깐 동안 쉬었다가 간신히 필리핀으로 갔다. 항해를 견뎠다는 사실에 고무되어 마젤란은 원주민들을 기독교로 개종시키려고 했다. 원주민 대부분은 그것을 몹시 싫어했고 마젤란은 결국 오른쪽 다리에 독화살을 맞았다. 그는 상처로 1521년 4월 27일에 사망했다.

마젤란이 빠지고 나자 세바스티안 델 카노(Sebastian del Cano, 1476~1526)라는 선원이 남은 두 척의 배의 지휘권을 잡았고 결국에 출발한 지 3년 1개월 만에 세비야로 돌아왔다. 마젤란 본인이 지구를 한 바퀴 돈 것은 아니지만, 그가 첫 번째 탐사를 이끌었다고 인정은 받았다. 향신료의 섬으로 가는 서해 경로를 찾기 위해 출발한 임무가 실은 세상이 둥글고 이전에 사람들이 상상했던 것보다 훨씬 크다는 것을 입증하게 되었다.

식물 수집가 해적

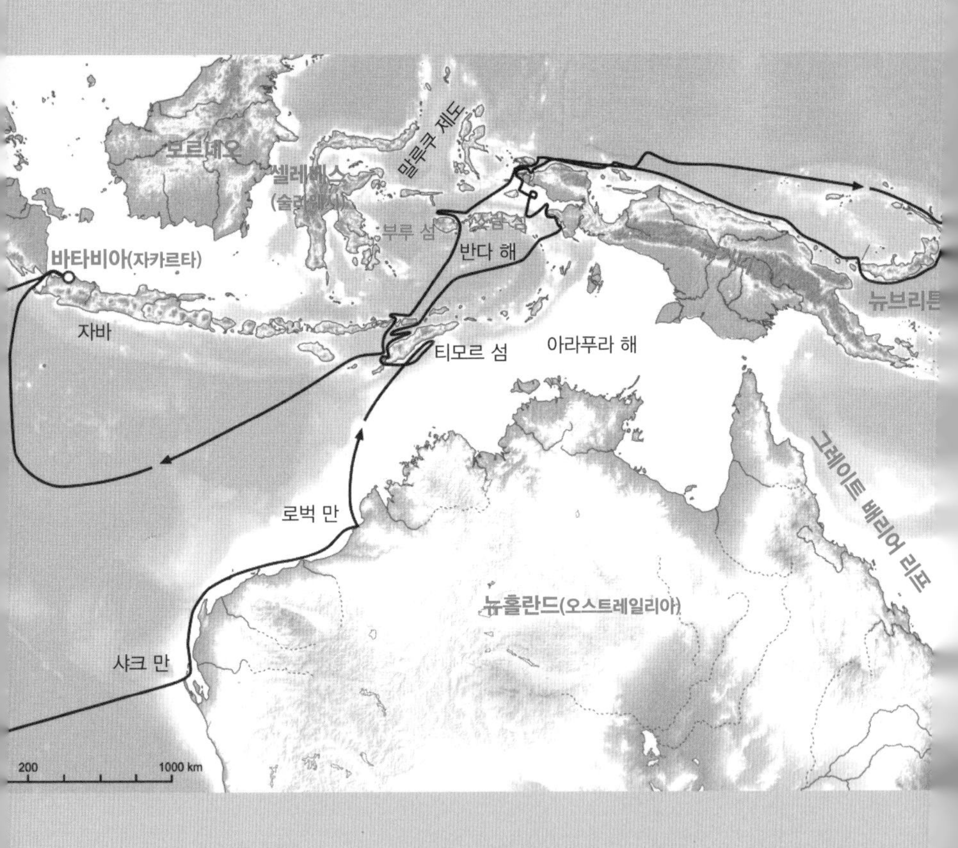

윌리엄 댐피어의 탐험(1699~1700년)

◆

모래밭에 엎드려서 윌리엄 댐피어(William Dampier, 1651~1715)는 거북이를 향해 기어간다. 달이 구경꾼을 알아채지 못한 커다란 짐승을 비춘다. 뒷발로 꼼꼼하게 모래를 밀어내고 구멍을 파느라 바빴기 때문이다. 별들이 하늘에 나온다. 거북은 알을 낳기 시작한다. 수십 개다. 다 끝내자 녀석은 신중하게 모래로 알을 덮은 다음 물로 다시 느릿느릿 기어간다. 댐피어는 천천히 해변으로 물러난다. 이것은 댐피어가 1679년에 시작된 최초의 세계일주 항해에서 겪은 수많은 놀라운 경험 중 하나였다.

댐피어는 종종 해적질을 하곤 했던 탐험가이자 항해사였다. 1651년 서머싯에서 태어난 그는 어린 나이에 고아가 되었다. 영국에 있을 이유가 거의 없었고 모험을 하고 싶었기 때문에 그는 더 이국적인 세계로 항해에 나섰다.

처음에 그는 자메이카의 설탕 농장에서 일했다. 카리브 해에 있을 때 댐피어는 처음으로 거북을 만났다. 17세기에는 거북이 알을 낳는 장면은 고사하고 거북 자체를 본 유럽인조차 드물었다. 댐피어는 그 모든 과정을 기록했고, 자신의 책《새로운 세계일주 여행(A New Voyage Round the World)》에 그 내용을 전부 썼다. 책은 베스트셀러가

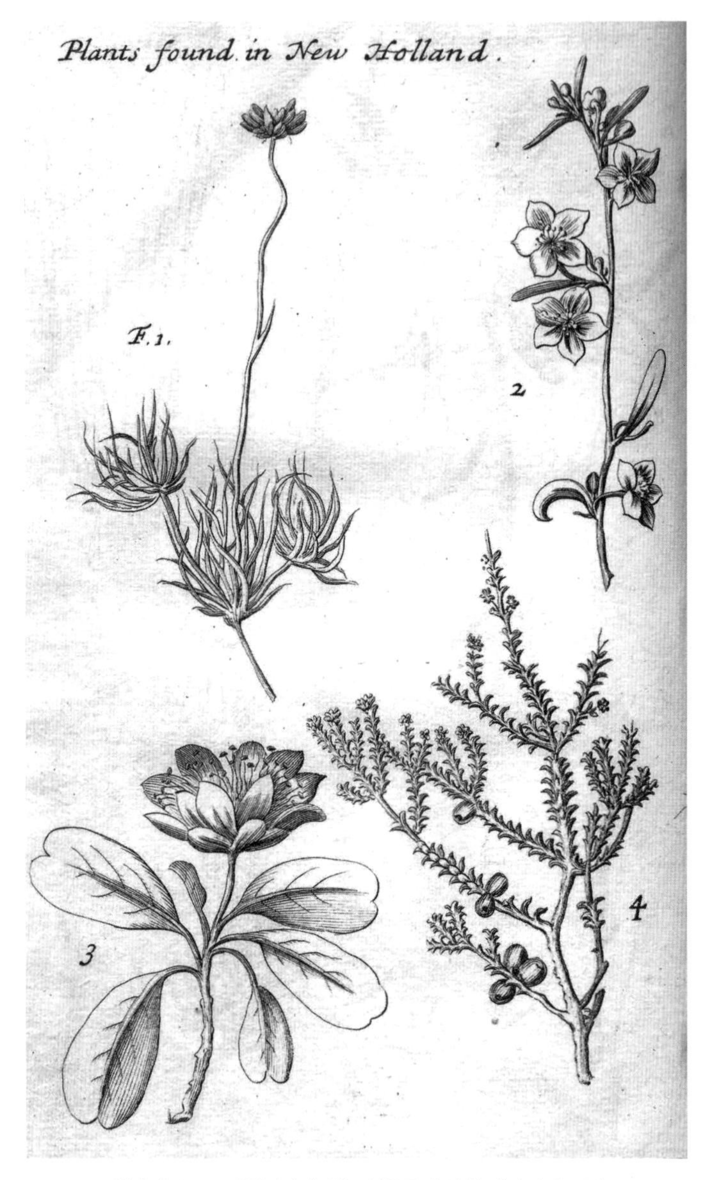

현대의 오스트레일리아에 있는 식물종에 관한 댐피어의 그림

되었는데, 그것은 영어로 쓰인 최초의 훌륭한 여행기였으며 자연계에 대한 놀라운 통찰력을 보여주었다. 실제로 이 책은 안락의자 여행가들을 함께 데려가 이국적인 땅과 원주민, 흥미진진한 야생 세계에 대한 지식을 알려주었다.

어느 장에서 댐피어는 자신이 보았던 여러 종류의 거북에 대해 묘사했다.

> 트렁크거북은 일반적으로 다른 것들보다 더 크고, 등이 더 높고 둥글고, 피부는 악취가 나고 별로 건강해 보이지 않는다. 통나무머리(붉은바다거북)는 머리가 아주 거대하고 다른 종보다 훨씬 크기 때문에 그렇게 부른다. (…) 매부리거북(대모거북)은 가장 드문 종이다. 그들은 입이 길고 작은 것이 매의 부리처럼 생겨서 그렇게 부른다.

그는 이어서 그들의 산란 행위를 상세히 설명하고 그들의 알 모양과 알을 낳는 핵심 장소에 대해서도 이야기했다.

카리브 해에 있는 동안 댐피어는 또한 벌새와 매너티(바다소) 같은 온갖 종류의 다른 야생동물들도 목격했다.

> 매너티는 염수에 사는 것을 아주 좋아하고 흔히 바다 근처 개울이나 강에 있다. 이들은 좁은 물가의 풀 위에서 산다. 이들의 피부는 하얗고 대단히 말끔하다. 이 생물은 말만큼 커다랗다. (…) 입은 소의 입과 상당히 비슷하고 대단히 두꺼운 입술이 있다. 눈은 작은 콩 정도의 크기이고….

그는 벌새를 "작고 예쁜 깃털 달린 생물로 웃자란 커다란 말벌 크기 정도밖에 되지 않는다"고 묘사했고, 아르마딜로는 "돼지 같은 코를 가졌고 (…) 위험을 마주하면 (…) 육지거북처럼 꼼짝 않고 가만히 있다. 녀석을 집어 던져도 절대 움직이지 않을 것이다"라고 묘사했다.

카리브 해에서 댐피어는 멕시코로 이동했고, 그곳에서 처음에는 벌목 업계에서 돈을 벌었다. 하지만 그곳에 있는 동안 그는 좋지 않은 사람들과 얽히게 되었다. 상당한 수입을 잡을 수 있고 세상을 더 많이 볼 기회를 줄 수 있을 듯한 해적 무리였다.

그는 중앙아메리카에서 남쪽으로 내려갔다가 서쪽의 갈라파고스 제도로, 그다음에는 극동 지역까지 갔다. 그리고 영국을 처음 떠난 이후 12년 만에 돌아왔다. 유럽으로 가는 귀중한 화물을 약탈하지 않을 때면 식물을 수집하고 몇 시간 동안 새와 동물을 관찰하며 지냈다.

극동 지역에서 댐피어는 '빨아먹는 물고기(칠성장어)'와 '날여우' 같은 아주 기묘한 생물들을 만났다. 날여우는 커다란 박쥐다.

> 오리나 커다란 가금류만큼 몸이 크고, 날개가 거대하다. (…) 날개를 쭉 뻗으면 끝에서 끝까지 2미터에서 2.4미터 이상은 될 것으로 보인다. 이것은 우리 팔을 최대한으로 벌려서 닿을 수 있는 거리보다 훨씬 더 크다. (…) 피부 혹은 가죽 위로는 골이 파여 있다. 그리고 날카롭고 구부러진 발톱이 있어서 그걸로 어디든 매달릴 수 있을 것 같다.

댐피어는 모험적 성향을 갖고 인생을 시작해서 전세계를 돌며 생물체의 목록을 만들고 식물을 수집하는 박물학자로서 인생을 마쳤다. 하지만 여행 책으로 번 얼마 안 되는 돈을 제외하면 대체로는 해적질로 돈을 벌었다.

해적질이 수 세기 동안 유행하긴 했지만, 그 절정기는 1600년대 말과 1700년대 초반이었다. 유럽에서 긴 전쟁이 끝나며 해군에 있던 많은 사람이 일자리를 잃었고, 이로 인해 백수지만 유능한 많은 선원이 신세계와 극동에서 돌아오는 보물이 가득한 배로 시선을 돌렸다. 성공적인 첫 항해를 마치고서 그는 당시 뉴 홀란드나 테라 오스트랄리스라고 부르던 오스트레일리아로 가는 과학 원정을 지휘해 달라는 초대를 받았다. 오스트레일리아 서부의 그 유명한 샤크 만은 바다에 있는 수많은 상어 때문에 댐피어가 붙인 이름이다. 이 두 번째 세계일주 여행 다음에 세 번째로 지구를 한 바퀴 도는 동안 그는 스페인 보물선을 사로잡았고, 덕분에 은퇴하게 되었다.

댐피어는 실제 해적이었고, 그것이 그의 다른 업적들을 좀 가렸는지도 모른다. 평생 동안 이 탐험가는 30만 킬로미터 이상을 항해했고, 수많은 신비로운 땅과 사람, 생물을 만났다. 그는 무엇보다도 훌륭한 박물학자였다.

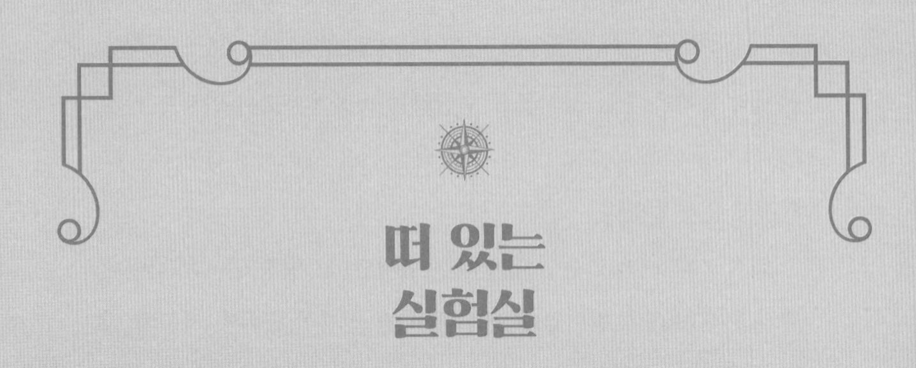

떠 있는 실험실

1802년 프랑스인 니콜라 보댕과 영국인 매슈 플린더스가 만난 인카운터 만(1811년 출판된 최초의 오스트레일리아 전체 지도, 프레이시넷 지도)

◆

프랑스와 영국이 나폴레옹 전쟁으로 유럽에서 싸우고 있는 동안에 프랑스인 니콜라 보댕(Nicolas Baudin, 1754~1803)은 나폴레옹에게 지구 반대편의 머나먼 땅들을 탐험하라는 임무를 받았다. 목적지는 뉴 홀란드라고도 알려져 있던, 지금은 오스트레일리아라고 하는 테라 오스트랄리스였고, 목표는 동식물의 살아 있는 표본과 보존된 견본을 모아 오는 것이었다. 특히 프랑스나 식민지에 들여와서 상업적으로 활용할 수 있는, 아직까지 알려지지 않은 종이면 더 좋았다.

보댕은 소박한 집안에서 태어나서 열다섯 살에 상선을 탔다. 그 후 몇 년 동안 그는 경험 많은 해군 장교가 되어 먼 나라까지 항해했다. 하지만 테라 오스트랄리스는 지금껏 그가 가본 중에서 가장 멀리 있는 목적지였다.

1800년 10월에 그는 선원들을 두 척의 배 르지오그라프(Le Géographe)와 르내추랄리스트(Le Naturaliste)에 나누어 태우고 출발했다. 배에는 동물학자부터 식물학자, 지리학자부터 천문학자에 이르기까지 24명의 과학자가 타고 있었다. 배는 온갖 종류의 과학 기구와 장치로 가득해서 떠 있는 실험실 같았다. 이 기구 중 일부는 크로노미터(이 장의 마지막 설명을 볼 것)처럼 항해를 도와주는 것이었

니콜라 보댕의 탐험 배, 르지오그라프와 르내추랄리스트

다. 나머지는 목적지에 도착한 다음 실험하기 위한 것이었다. 검력계가 특히 기묘한 도구였다. 동물과 사람 양쪽 모두의 근육의 힘을 측정하기 위해 설계된 이 기구는 원래 여행 도중에 만나게 되는 여러 사람의 손의 힘과 (소문에 따르면) 허리 힘을 계산하는 데에 사용할 계획이었다. 이 모든 기구와 추가된 사람들, 다량의 동물학 책, 지도와 차트를 싣기 위해서 배는 대포 몇 개를 떼어내고 위쪽으로 추가 갑판을 올렸다.

이 모든 여분의 무게에도 불구하고 배는 마침내 테라 오스트랄리스에 도착했다. 몇 달 동안 그들은 대륙의 서부와 남부 해안을 탐험하고, 그 지역의 지도를 만들고, 표본을 모으고, 원주민에게 특정 식물을 경작하는 법을 배우고, 이국적인 풍경과 그들이 만난 동물들에 관한 상세한 스케치를 하고 메모를 적었다.

하지만 한 가지 만남이 보댕의 기억 속에 확고하게 남았다. 영국인인 매슈 플린더스(Matthew Flinders, 1774~1814)와 만난 일이었다. 이름이 딱 어울리는 인베스티게이터호의 선장인 플린더스는 마찬가지로 테라 오스트랄리스를 탐험하라고 영국인들이 보낸 사람이었다. 두 명의 선장은 1802년에 현재 인카운터 만이라고 알려진 곳에서 만났다. 그들의 만남은 꽤 우호적이었으나 당시의 정치적 상태 때문에 두 사람 사이에는 심각한 라이벌 의식이 있었다. 두 사람 모두 고국으로 귀중한 과학 지식을 가져가서 고국을 빛내고 싶었다.

결국에 프랑스인이 여행에서 수집한 생물종을 가져가는 데에서 승리했다. 125종의 포유류, 53종의 파충류, 912종의 조류, 4,000종이 넘는 벌레를 포함해서 10만 종의 동물을 모았는데, 이것은 유럽인의 여행에서 모은 중에 가장 많은 숫자였다. 그 시절에 동물은 공공 동물원이나 개인 수집품 자리를 채우는 상품으로 여겨졌다.

목표는 동물을 살린 채 데려오는 것이었지만, 그건 늘 가능한 건 아니었다. 돌아오는 길에 보댕은 일부 과학자와 장교에게 선실을 비우라고 말했다. 그가 데려온 캥거루와 에뮤를 넣을 공간을 마련하기 위해서였다. 멀미를 하는 동물들은 억지로 먹이를 먹였지만, 일부 에뮤는 죽었다. 살아남은 것들의 자손은 현재 파리 식물원(Jardin des Plantes)에 살고 있다.

여행 도중 죽은 것은 동물만이 아니었다. 이질과 결핵 같은 것으로 많은 선원이 목숨을 잃었고, 선장도 일 드 프랑스에 잠깐 들렀을 때 극심한 결핵으로 사망했다.

하지만 귀국한 선원들은 이국적인 곳에 대한 놀라운 이야기들을 가져왔다. 그리고 과학자들은 전에 유럽에서 본 적 없는 보물들을 가져왔다. 말린 식물 표본들은 파리의 자연사 박물관으로 이송되었고, 살아 있는 식물종들은 방향제, 염색제, 의약품 등 그 유용한 특성을 알아보기 위해 분석되었다. 그리고 상세한 스케치와 메모는 그 이국적인 땅의 생명체를 보는 창문으로 과학사에 남았다.

크로노미터

오늘날 많은 사람이 위성 내비게이터 없이는 방향을 찾는 능력을 다 잃었고, 선원들은 배에 있는 수많은 첨단 기술 장비 덕분에 실력이 엉망이 되었다. 하지만 1700년대 초에 선원들은 오로지 자기 나침반에만 의지해서 방향을 찾았다. 그러나 그들은 나침반만으로는 자신들이

존 해리슨이 만든 해양 크로노미터(1761~1800년 제작)

얼마나 동쪽이나 서쪽으로 와 있는지 알지 못했고 그래서 경도를 계산하기 위해서 애썼다. 그들은 목적지의 위도까지 북쪽이나 남쪽으로 항해해야 했고, 그다음에 똑바로 동쪽이나 서쪽으로 가며 결국에 육지에 닿기를 바라는 수밖에 없었다. 하지만 영국의 시계 제조가 존 해리슨(John Harrison, 1693~1776)이 해양 크로노미터를 발명하면서 이 모든 것이 달라졌다. 크로노미터는 아주 정확하고 휴대 가능한 시계로 선원들이 다른 시계와 시간을 비교해서 경도를 찾을 수 있는 장치였고, 덕분에 항해술에 혁명을 일으켰다.

북부 대탐험

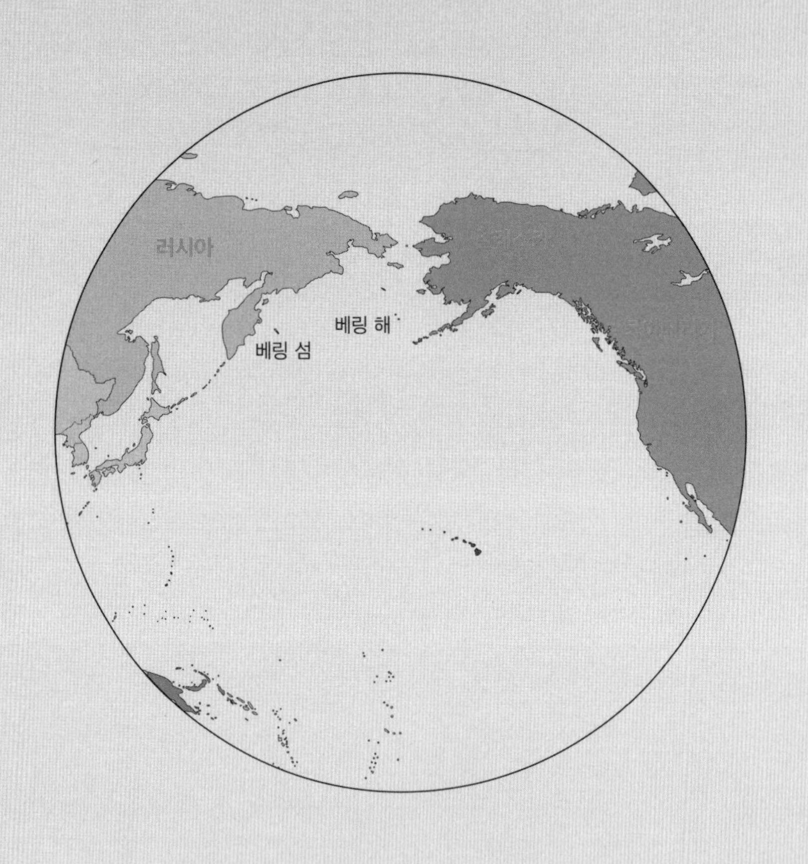

베링 해는 시베리아와 알래스카 사이의 북해 경로를 찾아 세계무역에 도움을 준 비투스 베링의 이름에서 따왔다.

◆

주변의 눈처럼 하얀 털북숭이 짐승이 늘어진 손을 향해 좀 더 다가온다. 커다란 귀가 움찔거렸으나 두려운 기색은 없었다. 어쩌면 녀석이 두려워할 만한 게 없기 때문일지도 모른다. 남은 팀원들은 너무 약해져서 북극여우가 죽은 동료의 손을 뜯어 먹어도 쫓을 기운조차 없다. 눈더미에 뚫은 임시 구멍에 웅크린 채 난파선 선원들은 최대한 짐승들을 쫓아낸다. 혹독하게 춥고 황량한 섬에 몇 달 동안 갇힌 채 그들은 한 명씩 죽어가고, 결국 원정대장 비투스 베링(Vitus Bering, 1681~1741)마저 사망한다. 그의 이름이 현재 섬의 이름이 되었다.

이 요란한 이야기는 10년도 더 전부터 시작된다. 1725년 베링은 시베리아와 그 유명한 '위대한 땅', 즉 현대의 알래스카 사이의 북해 경로를 찾으라는 임무를 받았다. 러시아 통치자 표트르 대제는 시베리아에 자신의 소유권을 더욱 강화하고 동쪽으로의 새로운 무역로를 찾고 싶었다. 그래서 베링은 상트페테르부르크에서 출발해서 러시아를 가로질러 수천 킬로미터를 걸어가서 태평양에 도착했다. 그리고 배를 만든 다음에 동쪽으로 출항했지만 날씨가 나빠서 되돌아왔다.

이에 굴하지 않고 베링은 10년 후에 돌아갔다. 이번에는 과학자, 군인, 하인과 그들의 가족 일부로 구성된 수많은 동반자와 함께였다.

이렇게 거대한 원정대가 출발해본 적은 한 번도 없었기 때문에 비싼 대가를 치렀다. 제국의 연간 수입의 6분의 1이 넘게 들었던 것이다.

4년 동안 시베리아 황야를 8,000킬로미터 가로질러 간 끝에 원정대는 마침내 오호츠크 동쪽 해안에 도착했다. 여기서 베링은 아무도 가본 적 없는 바다로 가기 위해 두 척의 배를 만들었다. 상트표트르호와 상트파벨호 선원들은 자신들이 어떤 일을 겪을지 몰랐다. 몇 명 돌아오지 못할 엄청나게 힘겨운 항해가 될 거라는 사실을 말이다.

두 척의 배는 현재의 베링 해를 건너 1741년 여름에 알래스카에 도착했다. 하지만 돌아오는 길에 사나운 폭풍우와 앞이 보이지 않을 정도의 눈보라, 두꺼운 안개가 그들을 두 무리로 갈라놓았다. 상트파벨호는 10월에 시베리아로 돌아왔지만(괴혈병으로 사망한 선원 몇 명을 제외하고) 상트표트르호는 훨씬 끔찍한 일을 겪었다. 격렬한 폭풍으로 배가 난파되어 선원들이 고립된 베링 섬에 갇힌 것이다.

배에는 독일 태생의 박물학자 게오르크 슈텔러(Georg Steller, 1709~1746)도 타고 있었다. 다른 사람들이 약해지고 몇 명은 죽었지만 슈텔러는 건강하게 버텼다. 그리고 겨울 동안 섬에 갇혀 지낸 시간을 유용하게 이용했다. 박물학자에게는 척박한 섬이 아니었다. 온갖 종류의 새와 짐승이 육지와 해안가의 물속에 있었다. 거대하고 둥글둥글한 매너티처럼 일부는 이전까지 과학계에 알려지지 않은 종이었다.

슈텔러는 이 매너티를 "최고급 홀란드 버터처럼 기분 좋은 노란색"이라고 묘사했다. 이 종은 길이 2미터에 무게는 600킬로그램까지 자랐다. 이는 작은 고래만 한 크기다. 유순한 이 동물은 잡기가 쉬웠다. 안경가마우지 같은 새들과 함께 매너티는 고립된 선원들이 최악의 혹독한 겨울을 견딜 수 있는 충분한 식량이 되어주었다.

실제로 슈텔러는 사냥꾼 무리가 원정대의 자취를 따라와서 소고기 맛의 고기와 귀중한 가죽을 위해 이 동물을 찾는 때가 올 것이라고 예측했다. 그리고 그가 옳았다. 수십 년이 지나서 사냥꾼들은 이 종을 멸종시키고 말았다.

봄이 되자 남은 선원들은 상트표트르호의 잔해로 작은 배를 만들었고, 결국에 난파된 지 10개월이 지나 러시아 해안에 도착했다.

원정은 엄청난 성공이자 엄청난 실패였다. 가본 적 없는 해안선을 조사해서 베링은 세계의 완전히 새로운 지역의 문을 열었고, 세계 무역에 도움을 주었다. 하지만 이렇게 함으로써 그는 사냥꾼을 끌어들여 몇몇 종의 사형 집행서에 서명한 셈이었다. 그중 하나가 스텔러바다소다. 그 이름은 이 포유동물을 보고 묘사했던 유일한 박물학자에게서 딴 것이다. 1751년에 출간된 자신의 책《바다의 짐승들(De Bestiis Marinis)》에서 슈텔러는 자신과 다른 선원들 몇 명이 베링 섬 해변에서 매너티 한 마리를 어떻게 해부했는지를 설명했다.

이 박물학자는 확실히 유산을 남겼다. 여러 생물종에 그의 이름이 붙었기 때문이다. 스텔러어치(*Cyanocitta stelleri*), 스텔러수리(참수리), 스텔러솜털오리(쇠솜털오리), 연체동물 크립토키톤 스텔레리(말군부, *Cryptochiton stelleri*), 그리고 스텔러바다사자(큰바다사자)다. 그리고 북부 대탐험은 확실히 가본 적 없는 바다의 지도를 만든다는 목표를 달성했고, 새로운 무역로를 열었으며, 새로운 종을 발견했다.

쿡 선장의 비밀 임무

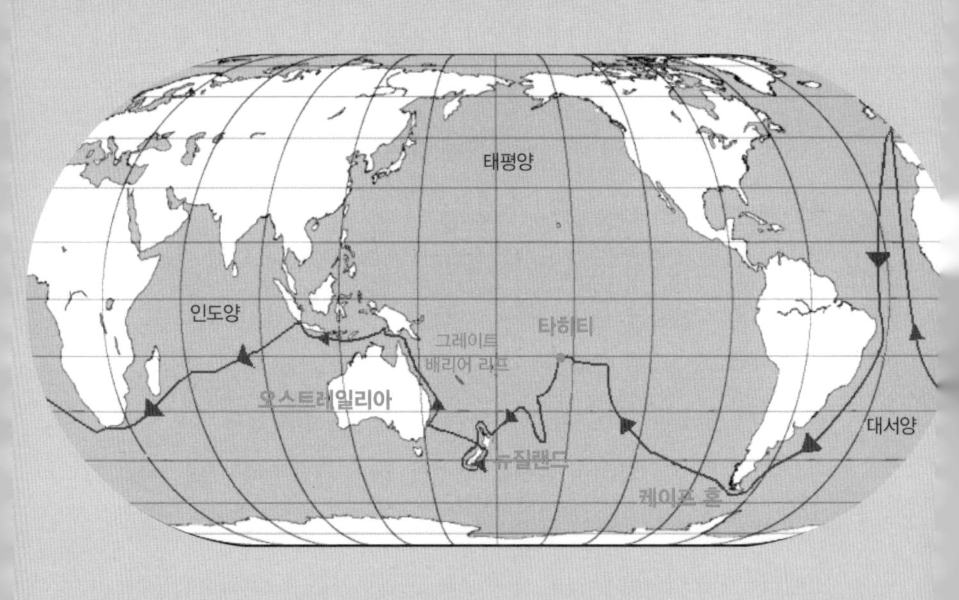

제임스 쿡은 타히티까지 과학 항해를 한 후에는
새로운 영토를 찾아 뉴질랜드와 오스트레일리아를 정찰했다.

◆

1763년에는 거의 모든 유럽의 강대국이 얽힌 전쟁이었던 7년전쟁이 끝을 맞았다. 하지만 하나의 전쟁이 끝나자 다음 전쟁이 시작되었다. 이번에는 백병전은 없고 그저 전세계에서 새로운 영토를 정복하려는 영국, 프랑스, 스페인, 포르투갈, 네덜란드 사이의 싸움이었다. 태평양과 남태평양은 거의 탐험하지 못한 영역이었으나 이전까지 발견하지 못했던 땅을 점령하려면 영국은 빠르게 움직여야 했다. 다른 나라들이 계획을 알아채는 것을 피하기 위해서 영국 정부에는 바람잡이가 필요했다. 과학이 하나를 제공해주었다.

수십 년 전에 왕실천문관 에드먼드 핼리(Edmond Halley, 1656~1742, 핼리혜성의 핼리)는 전세계의 천문학자들에게 그 세기 최대의 과학적 과제 중 하나를 풀기 위해서 머리를 모으자고 제의했다. 이 과제는 태양계의 크기를 정확하게 계산하는 것이었다.

고대 그리스 시절부터 태양과 지구 사이의 거리는 여러 가지 방법을 사용해서 산출되었다. 그중 몇 가지는 다른 것들보다 더 정확했다. 하지만 아무도 딱 맞는 숫자를 찾아내지는 못했다. 핼리는 태양 앞으로 금성이 통과하는 때가 정확한 계산을 할 수 있는 좋은 기회임을 깨달았다(이 장의 마지막 설명을 볼 것). 이런 일은 대단히 드물었지만 10년도 안 되는 기간에 이런 일이 두 번 일어날 예정이었다(1761년과 1769년). 게다가 이 야심 찬 프로젝트는 전세계 여러 장소에서 측정한 수치를 합칠 필요가 있었다.

지구의 여러 장소에서 이 사건을 동시에 관측하려면 많은 사람의 힘이 필요하고, 정부의 자금 후원도 있어야 했다. 하지만 7년전쟁으로 1761년 첫 번째 통과를 관측하려던 대부분의 시도가 좌절되었다. 그래서 그들 평생의 마지막 기회는 1769년 딱 한 번이 남았다.

제임스 쿡 선장 초상(나다니엘 댄스 홀랜드, 1775년)

왕립협회에서 해군에 1769년 통과를 관측하기 위해서 외딴 타히티 섬으로 항해를 준비해달라고 연락했을 때 영국 정부는 기회를 발견했다. 과학 항해라고 가장하고서 영국은 점령할 새로운 영토를 찾아 은밀하게 태평양을 정찰할 수 있었다.

해군 장교 제임스 쿡(James Cook, 1728~1779)이 이 임무를 맡게 되었다. 1768년 그는 배에 가득한 천문학자, 식물학자, 삽화가와 함께 왕립군함 인데버호를 탔다. 인데버호는 그 이름에 걸맞게 대서양을 지나 위험한 남아메리카 끝의 케이프 혼을 돌아서 행성이 통과하는 시각에 맞추어 타히티에 도착했다.

천문학자들은 딱 맞는 수치를 찾으려고 애를 썼고 1771년 원정대가 영국으로 돌아왔을 때 이들의 계산은 태양까지의 거리를 오늘날 수치와 오차 4퍼센트 이내로 찾아내는 데에 도움이 되었다. 당시의 기술을 고려할 때 훌륭한 결과였다.

타히티 이후 인데버호는 남서쪽으로 가서 뉴질랜드와 오스트레일리아를 항해했다. 유능한 측량사였던 쿡은 두 섬의 해안 전체를 겨우 6개월 만에 지도화했다. 거기서 배는 오스트레일리아 동해안으로 갔으나 그레이트 배리어 리프가 앞을 가로막았다. 산호초의 미궁을 조심스럽게 헤치고서 배는 잘 전진하는 것 같았다. 하지만 1770년 6월 11일 배는 현재 퀸즐랜드라고 알려진 곳의 해안가에서 흘수선(배가 물 위에 떠 있을 때 배와 수면이 접하는, 경계가 되는 선-역주) 아래에 구멍이 생겨 좌초했고 거의 가라앉을 뻔했다. 부서진 부분을 수리한 후 배는 천천히 전진해서 결국에 인도네시아 자바에서 전체적인 수리를 거쳤다. 하지만 자바에서 이질과 말라리아로 수많은 선원이 목숨을 잃었다.

실제로 큰 성공을 거두긴 했어도 원정은 여러 가지 비극을 겪었다. 타히티로 가던 길에 탐험대는 남아메리카의 끄트머리의 황량한 땅 티에라델푸에고에서 좌초되어 하인 두 명이 체온 저하로 사망했다. 그다음에 타히티에서 삽화가 한 명이 간질로 사망했다.

하지만 인데버호가 1771년 마침내 영국 해안으로 돌아왔을 때 선장은 일종의 영웅 대접을 받았다. 쿡은 몇 번의 원정을 더 이끌었다. 실제로 평생 동안 그는 역사상 그 어떤 사람보다도 많은 지구상의 땅을 발견했다. 하지만 그는 아주 보잘것없는 집안 출신이었다. 농부의 아들로 그는 10대 시절 휘트비에서 석탄 상인으로 일하다가 해군에 들어갔다. 그의 출신은 사실 그가 이렇게까지 성공하게 된 이유일 수도 있다. 진급하면서 그는 과학자든 평범한 선원이든 상관없이 배 안의 모든 사람을 똑같이 대하면서 존경심과 인기를 얻었다. 그는 역사상 가장 유명한 탐험가 중 한 명이 되었다. 하지만 남아메리카부터 남아시아에 이르기까지 지구상 전역에서 (종종 원주민의 동의 없이) 새로운 영토를 점령함으로써 그는 '해가 지지 않는 제국'이라는 칭찬 같지 않은 영예를 만드는 도구가 되었다. 이 말은 당시 전 세계에 퍼져 있는 대영제국의 어느 한 영토에서는 항상 해가 떠 있다는 의미로 나온 말이다.

식물학자 뱅크스

인데버호에 타고 있던 과학자 중 한 명은 식물학계의 떠오르는 별이었던 조지프 뱅크스(Joseph Banks, 1743~1820)였다. 부유한 개인 재산 덕분에 뱅크스는 여행에 자금의 일부를 댈 수 있었고, 그 대가로 자신이 생물종 표본을 수집하고 목록화하고 삽화 그리는 것을 도와줄 다른 식물학자들과 화가들을 배에 태울 수 있었다. 타히티에서 천문학자들이 중요한 관측을 위해서 망원경을 설치하는 동안 뱅크스와 그의 동료들은 섬의 모든 새와 식물의 표본을 모으고 원주민이 만든 무기와 옷을 모으느라 바빴다. 배가 영국 항구에 돌아온 무렵에 배 안에는 3만 종의 압축해서 말린 식물 표본이 있었고 그중 1,400종이 과학계에 알려지지 않은 새로운 종이었다. 하지만 훌륭한 식물학자인 것 이상으로 뱅크스는 고향과 해외에서 온갖 종류의 과학적 발견을 하는 데에 필수 인물이었다. 1778년부터 1820년에 사망할 때까지 왕립협회 회장으로 있으면서 그는 많은 과학자가 경력 쌓는 것을 지원해주었다. 그는 큐 가든을 발전시키는 것에 대해 조지 3세에게 조언했고, 많은 식물학자를 해외로 보내서 새로운 식물을 찾아 가져오게 만들었으며, 식물원을 전세계 식물 연구소의 중심지로 만드는 한편 대영제국 전역에 새로운 작물과 농업 기술을 도입하는 것을 도왔다.

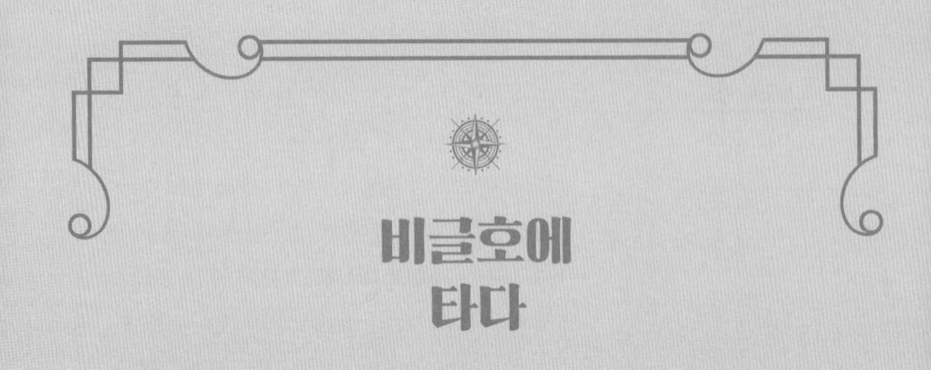

비글호에 타다

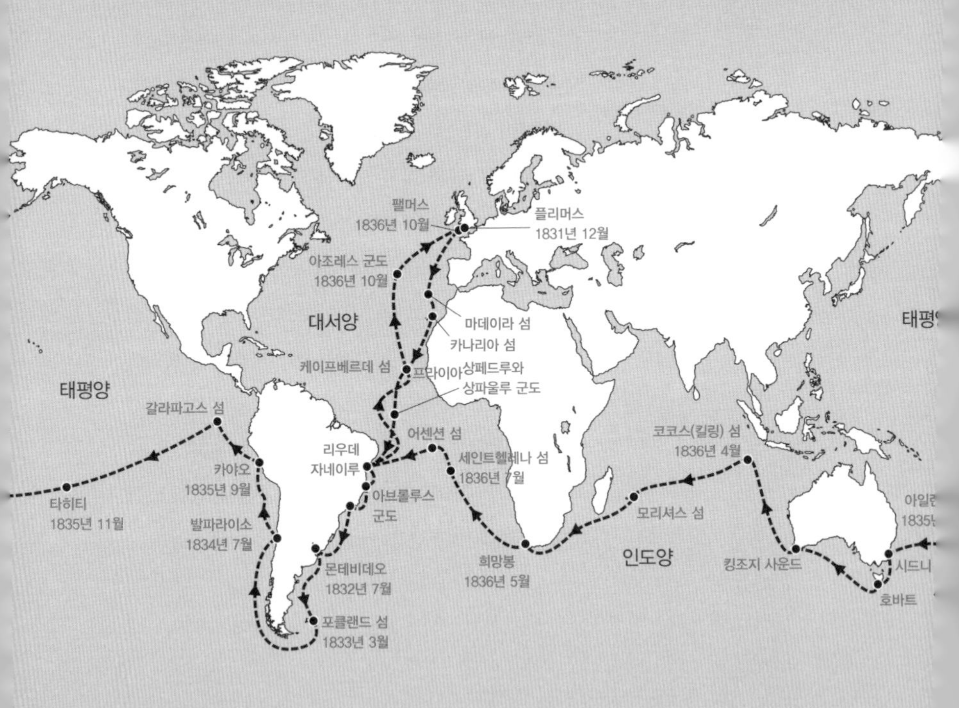

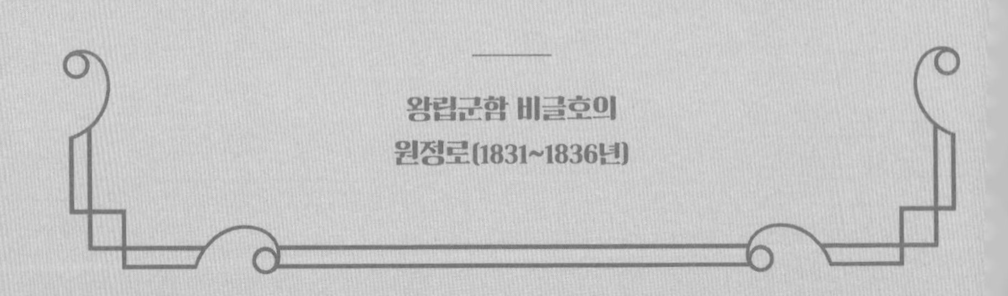

왕립군함 비글호의
원정로(1831~1836년)

◆

날씨가 나빠서 (그리고 성탄절 다음 날로 휴일인 박싱 데이의 숙취로 인해) 두어 번 출발이 지연된 끝에 왕립군함 비글호는 1831년 12월 27일에 플리머스에서 출항했다. 27미터 길이의 배 위에는 수많은 식량과 74명의 사람이 있었고, 그중 한 명이 젊은 박물학자인 찰스 다윈(Charles Darwin, 1809~1882)이었다.

1809년 슈루즈베리에서 태어난 다윈은 어린 나이부터 자연계에 관심이 많아서 집 근처의 전원을 탐험하며 온갖 종류의 식물과 곤충을 모았다. 에든버러 대학에서 의학을 공부하던 중에 그는 어린아이를 수술하는 장면을 보고 충격을 받아(당시에는 마취제가 없었다) 곧장 그만두고서 대신 케임브리지 대학에서 신학을 공부하기 시작했다. 하지만 스물두 살에 일생일대의 기회가 찾아왔다. 세계를 여행할 기회였다.

비글호는 영국에서 카보베르데 제도를 지나 서쪽으로 현재의 브라질까지 갔다가 아르헨티나 해안을 따라 내려오는 19세기에 흔했던 항로를 따라갔다. 여기서 진짜 모험이 시작되었다. 바다에서 그는 멸종한 거대한 포유동물들의 화석을 수집했고, 남아메리카 저지대에서는 말을 타고 육로로 여행하며 표본을 모으고 '가우초'라고 하는 그 지역 특유의 유목민을 만났다. 동해안을 탐험한 후에 배는 계속 나아가 위험한 케이프 혼을 무사히 돌아서 비교적 안전한 칠레로 향했고, 그곳에서 다윈은 선원들과 함께 오소르노 화산의 격렬한 폭발을 목격했다. 그곳에서부터 배는 북쪽으로 향해서 마침내 갈라파고스 제도까지 이르렀다.

이 섬들이 역사적으로 다윈의 업적과는 뗄 수 없는 관계로 붙어 있긴 하지만, 배는 사실 그곳에서 5주밖에 머무르지 않았다. 장대한 5년짜리 세계일주 여행에서는 아주 짧은 시간에 불과하다. 그리고 섬들 사이에서 핀치라는 새의 생리가 얼마나 다양한지를 관찰하기는 했어도 갈라파고스에 있는 동안에 그가 '유레카'의 순간을 겪지는 못했다.

항해를 하는 동안에 한 번이라도 바로 '이거야!' 하는 순간이 있었던 것도 아니다. 전세계를 여행하며 쓴 770페이지의 일기와 1,750페이지의 메모는 그가 목격한 이국적인 식물과 동물이 세상에서 우리 위치에 관한 그의 생각을 확실하게 뒤집어놓았다는 것을 보여주는 증거다. 하지만 비글호가 1836년 영국으로 돌아온 다음에야 그는 자연선택이라는 자신의 아이디어를 통합하기 시작했다. 자연선택은 환경에 더 잘 적응한 생물체가 살아남아 번식한다는 것이다.

그가 당시에 논란이 되는 진화론이 포함된 《종의 기원》을 출간하는 것은 이후 20년이 더 지나서였다. 그나마 이것도 그에게 진화에 관해 똑같은 결론을 내렸다고 편지를 쓴 박물학자 앨프리드 러셀 월리스와의 경쟁으로 촉발된 것이었다('아마존으로' 장을 볼 것).

다윈이 자연선택이라는 이론으로 가장 유명하게 기억되고는 있지만, 비글호에서 보낸 시간은 지형이 수억 년에 걸쳐 누적된 힘의 결과라는 라이엘(Charles Lyell, 1797~1875)의 이론을 입증하고, 사화산 주위로 고리 모양으로 산호가 자란 후에 화산이 바닷속에 잠겨서 환초가 형성된 것이라는 (올바른) 결론을 내리는 등 다른 많은 과학 이론에도 도움을 주었다.

비글호가 영국 항구로 돌아올 무렵에 다윈은 5,000종이 넘는 피부와 뼈, 사체와 1,500종의 여러 생물 표본이라는 광대한 수집품을 갖고 있었다. 당연하게도 이 여행이 사고나 논란이 없었던 것은 아니다. 최근에 발견된 당시 그림에서는 비글호에서 다윈의 '저주받은' 화석과 식물 표본이 너무 많은 자리를 차지한다고 논쟁이 있었음을 보여준다.

여전히 다윈은 이 항해를 "내 인생에서 지금까지 가장 중요한 사건이었고, 내 모든 삶의 방향을 결정지었다. (…) 내가 과학에 있어서 해낸 모든 일을 가능케 했던 것이 바로 이 훈련이었다고 확신한다"고 묘사했다. 이 항해는 우리가 생명의 진화를 이해하는 데 있어서 중요한 기반 중 하나인 다윈의 자연선택론의 기틀을 잡는 데 핵심이었다.

● 고래의 진화

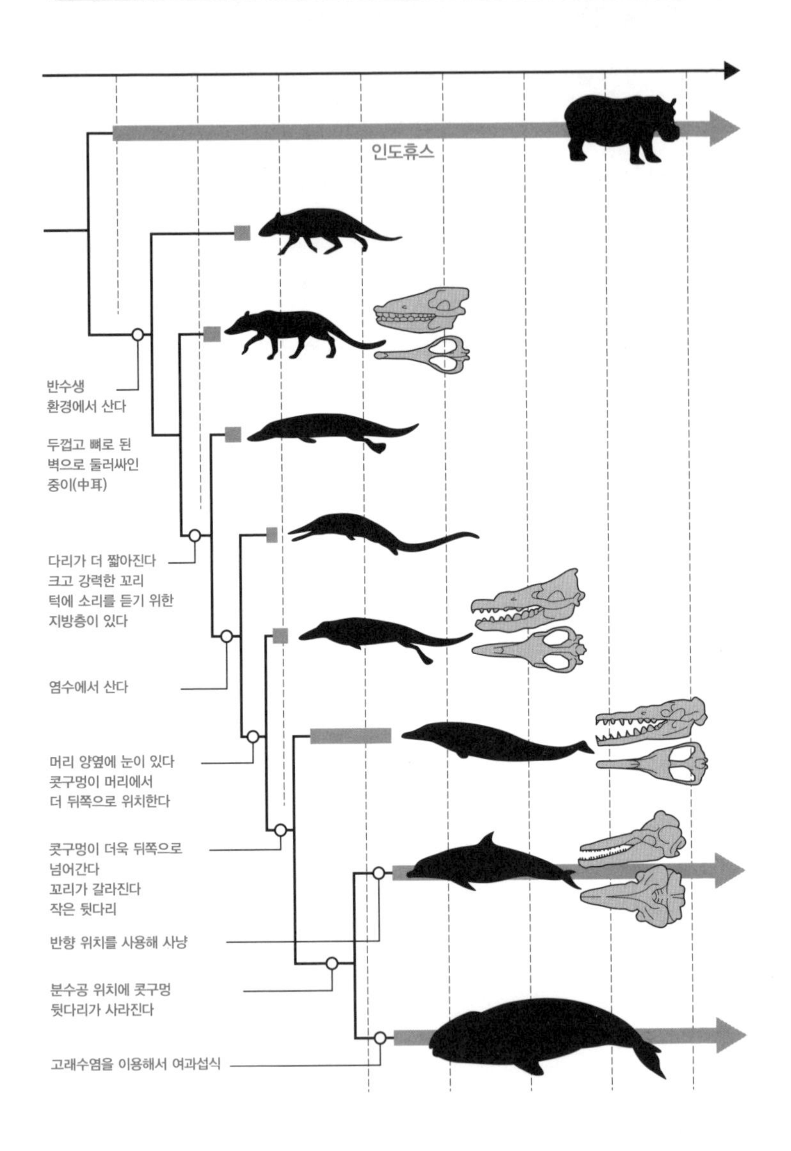

인도휴스
반수생 환경에서 산다
두껍고 뼈로 된 벽으로 둘러싸인 중이(中耳)
다리가 더 짧아진다
크고 강력한 꼬리
턱에 소리를 듣기 위한 지방층이 있다
염수에서 산다
머리 양옆에 눈이 있다
콧구멍이 머리에서 더 뒤쪽으로 위치한다
콧구멍이 더욱 뒤쪽으로 넘어간다
꼬리가 갈라진다
작은 뒷다리
반향 위치를 사용해 사냥
분수공 위치에 콧구멍
뒷다리가 사라진다
고래수염을 이용해서 여과섭식

걸어 다니는 고래

다윈이 1859년 《종의 기원》 초판을 썼을 때 그는 자연선택이 물에서 곤충을 잡는 곰 같은 육상 포유류가 결국에 고래로 진화하게 만들었을 수도 있다는 장을 넣었다. 하지만 그의 생각은 당시의 지배적 과학계에서 조롱받았다. 그래서 그는 다음 판에서 그 장을 삭제했다. 사실 그가 진실에서 그리 멀리 떨어진 것도 아니었다. 고래는 실제로 사족보행 육상동물에서 진화한 것이다. 물론 곰은 아니지만 말이다. 그들의 조상은 실제로 인도휴스(Indohyus)라는 동물로 작은 사슴과 좀 비슷하게 생겼고 물에서 하마처럼 헤엄을 쳤던 것으로 추정된다.

수백만 년 동안 진화하면서 고래의 조상은 차츰 육지를 걸어 다니는 능력을 잃었다. 앞다리가 지느러미발로 진화하고 뒷다리는 사라졌으며 꼬리가 갈라지게 되었다. (현대의 고래목은 여전히 골반의 흔적을 갖고 있고 일부는 상당히 자주 뒷다리가 있던 자리에 기묘한 모양의 돌출부를 가진 채로 태어난다.)

자북극을 찾아서

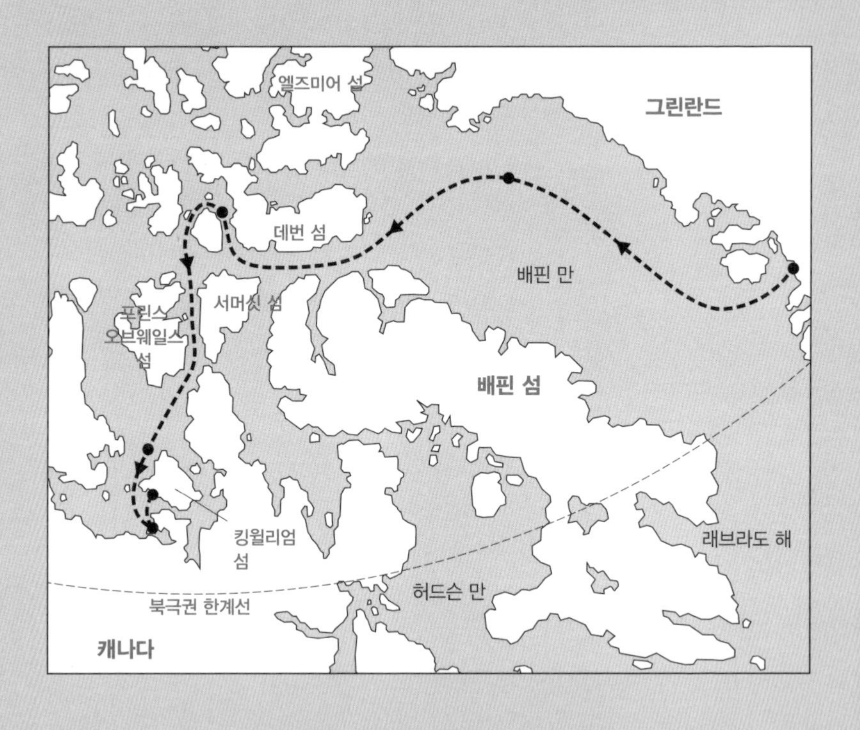

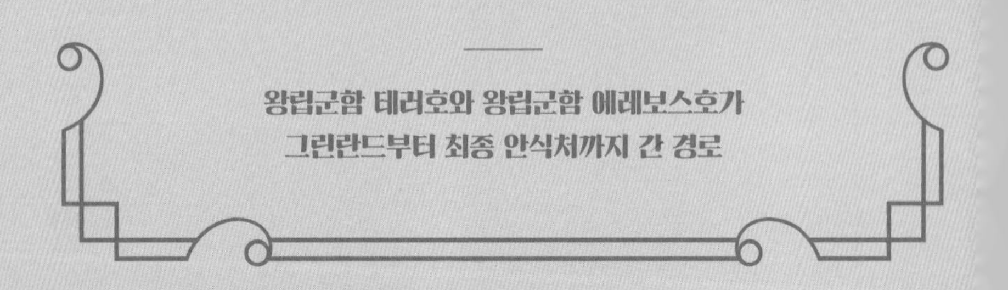

왕립군함 테러호와 왕립군함 에레보스호가
그린란드부터 최종 안식처까지 간 경로

◆

사위어가는 불길 주위에 웅크리고 앉아서 남자들은 이로 고깃덩어리를 물어뜯는다. 이누이트족 사냥꾼들은 흥미롭게 바라본다. 그들이 보고 있는 참상이 무엇인지 점차 분명해진다. 저것이 정말로 사람 고기인가? 질겁한 그들은 핑계를 대고서 얼음 저편으로 떠나버린다. 그것이 존 프랭클린(John Franklin, 1786~1847)과 그의 동료들이 살아 있는 것이 목격된 마지막 순간이었다.

프랭클린은 1786년 링컨셔 스필스비에서 태어났다. 그는 겨우 10대 시절이었던 1800년에 왕립해군에 들어가서 왕립군함 폴리페모스호에 탔다. 2년 후 그는 사촌인 매슈 플린더스(인카운터 만에서 보댕을 만났던 바로 그 플린더스다. '떠 있는 실험실' 장을 볼 것)와 함께 테라 오스트랄리스(현대의 오스트레일리아)를 일주했다. 몇 년 후에 프랭클린은 격렬했던 트라팔가르 전투에서 왕립군함 벨레로폰호의 통신장교로 있었는데, 그 때문에 귀가 약간 들리지 않게 되었다. 그 후 육상과 바다, 얼음 위에서 여러 번의 항해를 했다. 하지만 그의 명성을 알린 것은 북극 원정, 그리고 그의 최후였다.

원정의 목표는 북서항로를 찾는 것이었다고 전해진다. 북서항로는 북극을 통해서 태평양으로 가는 해로다. 하지만 이것은 프랭클린의 부인이 남편의 죽음에 관한 진실을 숨기고 그를 나라를 위해 희생한 영웅적인 탐험가로 만들기 위해 지어낸 약간 이상적인 이야기였다.

실제로 그가 고귀한 목적, 과학적 목표를 위해서 목숨을 바친 것은 맞다. 왕립협회 회원인 프랭클린의 임무는 자북(磁北)에 도착해서 자기 효과를 9개월 동안 관측하는 것이었다. 이것은 지구의 자기장을 이해하고 항해에 도움이 될 수 있을지 알아보기 위한 대규모 국제적 노력의 일환이었다. 하지만 자북에 도착하는 것은 쉬운 일이 아니었다. 경험 많은 선원인 프랭클린 같은 사람에게도 마찬가지였다.

1845년 5월 왕립군함 테러호와 왕립군함 에레보스호가 프랭클린을 선장으로 런던에서 출항했다. 두 척의 목제 전함은 해빙의 강력한 압력을 견디기 위해서 강화된 상태였다. 배에는 130명의 선원과 수 톤의 과학 장비들이 실려 있었다.

그린란드가 나타났다 사라졌다. 비치 섬과 빅토리 포인트도 지나갔다. 항해의 세세한 부분은 불분명하다. 우리가 아는 것은 1846년 9월 12일에 배가 킹윌리엄 섬 서쪽에서 해빙에 갇혔다는 것이다.

이 무렵에 선상 생활은 꽤나 끔찍했다. 밤 기온이 영하 48도까지 떨어지는 것은 둘째 치고도 단조로운 캔 음식, 소금에 절인 고기, 말린 채소도 떨어져가고 있었다. 결핵과 괴혈병이 선원들을 덮쳤다. 그리고 프랭클린 자신도 결국 1847년 6월 11일에 사망했다. 남은 선원들은 배를 버리고 1,930킬로미터 떨어진 제일 가까운 교역소에 가기 위해서 얼음을 가로질러 갔다. 수년간 바다에 있었던 탓에 영양

결핍과 피로로 그들의 노력은 결실을 맺지 못했다. 생존자들은 끔찍한 결말을 맞았다. 죽은 동료들의 시체를 먹다가 결국에 음산한 황야에서 목숨을 잃고 말았다.

원정을 둘러싼 몇 가지 미스터리는 배의 잔해와 시체를 먹은 골격 증거가 발견되며 수십 년 후에 밝혀졌다. 왕립군함 에레보스호가 2014년에, 왕립군함 테러호는 그 2년 후에 발견되었다. 하지만 연구소의 증거 역시 발견되어 프랭클린이 자북을 찾아내 자기의 효과를 분석하는 과학적 임무를 수행했다는 사실을 입증했다.

불행히 이것은 과학사에서는 잊혔다. 그리고 범인은 그의 아내였다. 1854년 이누이트족이 그들이 사람 먹는 것을 보았다는 보고가 영국까지 전달되었다. 남편이 그런 끔찍한 일을 했을 수도 있다는 사실에 충격을 받아 제인 프랭클린은 사람을 먹은 것과 과학 탐사에 대한 언급을 싹 빼고 남편을 북서항로를 찾으려고 했던 영웅으로 이야기를 완전히 다시 쓰려 했다.

프랭클린은 영웅이었다. 과학의 영웅이었다. 과학자이자 탐험가였던 그는 자기의 효과를 연구하는 것을 인생의 목표로 삼았다. 얄궂은 것은 우리가 이제 지구의 자심이 무작위적으로 움직이기 때문에 항해에 사용할 수 없다는 사실을 안다는 점이다.

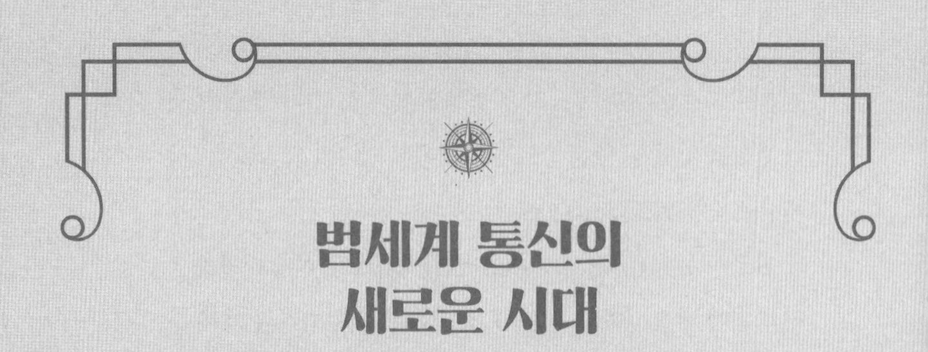

범세계 통신의 새로운 시대

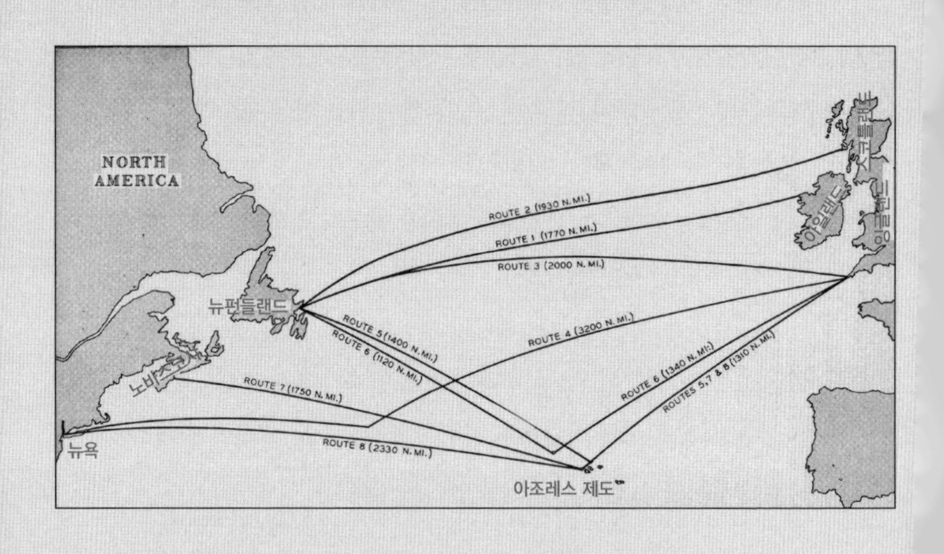

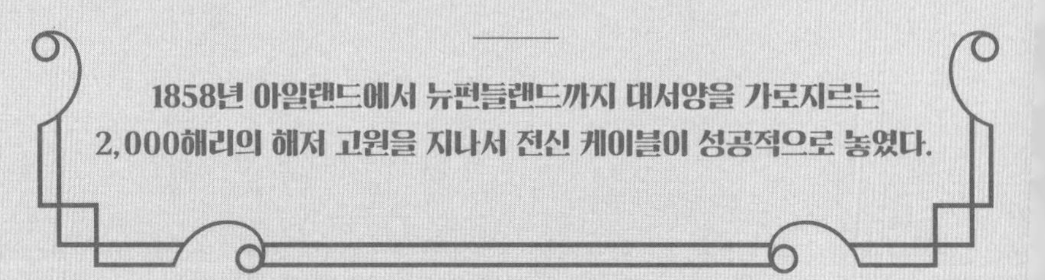

1858년 아일랜드에서 뉴펀들랜드까지 대서양을 가로지르는 2,000해리의 해저 고원을 지나서 전신 케이블이 성공적으로 놓였다.

◆

"그 몇 분 동안 내 심장이 뛰는 것을 멈춘 것 같은 느낌이었다." 이것은 공학자 대니얼 구치(Daniel Gooch, 1816~1889)의 말이다. 1866년 9월 2일 일요일 아침 이른 시각이었다. 장비실에는 침묵만이 흘렀다. 팀은 초조하게 아일랜드에서 응답 신호가 오기를 기다리는 중이었다. 마침내 응답이 들렸고, 범세계 통신의 새로운 시대가 시작되었다.

실시간 범세계 통신은 우리가 오늘날 당연하게 받아들이는 것이다. 하지만 2세기 전에 정보는 범선의 속도로 바다 위를 가로질러 갔다. 1800년대 중반에 전신선(電信線)은 미국과 유럽 전역의 도시들을 연결하고 있었고, 심지어 영국 해협의 해저로도 뻗어 있었다. 하지만 유럽과 미국을 연결한 전선은 없었다. 사업상의 압박으로 대서양 횡단 전신 케이블이라는 과제가 대두되었다.

과학자 마이클 패러데이(Michael Faraday, 1791~1867)는 전자기에 관한 연구와 전동기, 변압기, 발전기의 발명으로 유명하다. 그는 대서양을 건너는 데에 필요한 엄청난 케이블의 길이 때문에 보낼 수 있는 메시지의 속도에 한계가 생긴다고 주장했다. 지금은 이것을 '대역폭(帶域幅)'이라고 한다.

아일랜드의 물리학자 윌리엄 톰슨(William Thomson, 1824~1907)

은 생각이 달랐다. 그는 구리 케이블이 더 순수해서 전자 신호를 더 잘 전달할 수 있고, 케이블 주위로 단열을 더 잘하면 주변으로 전기 에너지가 덜 소실되기 때문에 상당히 높은 데이터 전송 속도를 얻을 수 있다고 생각했다. 이것이 아틀랜틱 전신 회사의 전기기술자 와일드먼 화이트하우스(Wildman Whitehouse, 1816~1890)의 생각과 상충되었음에도 회사는 두 사람 모두를 이 프로젝트에 고용했다. 병 때문에 화이트하우스는 1857년 첫 번째 케이블을 까는 원정단에 참여할 수 없었으나 톰슨은 함께 갔다.

8월 5일에 왕립군함 아가멤논호와 미국 전함 나이아가라호가 아일랜드 남서 해안의 발렌티아 섬에서 출항했다. 배 한 척에는 다 실리지 않을 만큼 대량의 케이블이 두 척에 실려 있었다. 처음에는 케이블 일부가 해저에 성공적으로 깔리면서 일이 계획대로 되는 것 같았다. 하지만 그날 오후에 케이블이 부서지고 원정대는 계획을 포기해야 했다.

톰슨은 다시금 계획을 세우고 〈엔지니어(Engineer)〉지에 이런 사고가 다시 일어나는 걸 어떻게 피할지에 대한 제안을 출간했다. 그리고 1858년에 해저 케이블에서 약한 신호가 나오는 부분을 감지하고 메시지를 3.5초당 글자 한 개씩 도착하는 속도로 더 빨리 보낼 수 있는 더 예민한 버전의 거울검류계(이 장의 마지막 설명을 볼 것)를 개발했다.

1858년, 전신 케이블이 아일랜드에서 해저 고원을 2,000해리 지나서 뉴펀들랜드까지 대서양을 가로질러 성공적으로 놓였다. 어느 한 기자가 말한 것처럼, "구세계와 신세계가 즉각적인 통신의 세계로 넘어왔다". 실제로 빅토리아 여왕과 미국 대통령 제임스 뷰캐넌이 케이블을 통해 첫 번째 메시지를 교환했다. "이 엄청난 국제 작업의 성공적인 완료에 임하여 (…) 공통의 이익과 상호간 존경을 바탕으로 우정을 나누는 국가들 간에 추가적 연결 고리가 생겼습니다." 메시지는 전달되는 데에 16시간이 걸렸다. 하지만 대서양을 건너는 배로 최대 열흘씩 걸리던 이전을 생각하면 엄청난 발전이었다.

하지만 케이블은 수요에 대비되어 있지 않았다. 화이트하우스는 전압을 높여서 신호를 개선해보려고 했으나 과전류가 흐르면 케이블은 작동을 멈췄고 통신이 중단되었다. 하지만 사업체는 대서양 횡단 전신 케이블의 엄청난 잠재력을 알아챘고, 그렇게 쉽게 포기할 생각이 없었다.

그 유명한 공학자 이점바드 킹덤 브루넬(Isambard Kingdom Brunel,

그레이트이스턴호(1866년)

1806~1859)이 설계한 거대한 증기선 그레이트이스턴호는 명확하게 케이블을 놓기 위한 용도로 개조되었고, 1865년에 또 한 번 케이블을 놓으려고 시도했다. 하지만 케이블이 항해 도중에 반으로 부서져서 바닷속에 빠지는 재앙이 다시 일어났다.

굴하지 않고 팀은 다음 해에 다시 시도했고, 그들의 인내심은 보상을 받았다. 전년도에 잃어버린 케이블을 되찾았을 뿐만 아니라 대서양을 가로질러 끝까지 케이블을 까는 데에도 성공했다. 그리고 이 엄청난 성공으로 세상은 갑자기 훨씬 작은 곳이 되었다.

톰슨의 거울검류계(노만 휴 슈나이더, 1913년)

거울검류계

검류계는 바늘로 된 지침으로 전류의 힘을 나타내어 전류를 감지한다. 톰슨의 거울검류계에는 바늘이 없다. 대신 거울 뒤쪽에 막대자석을 붙여놓고, 이것을 실에 매달아 코일 안으로 집어넣는다. 거울에 빛이 비치면 약간 떨어진 곳에 있는 등급 기록지에 반사되고, 이것은 거울의 움직임을 더 커 보이게 만든다. 이 말은 거울검류계가 대단히 예민하고, 긴 해저 케이블로 받는 아주 약한 전류를 측정하는 데 유용하다는 뜻이다.

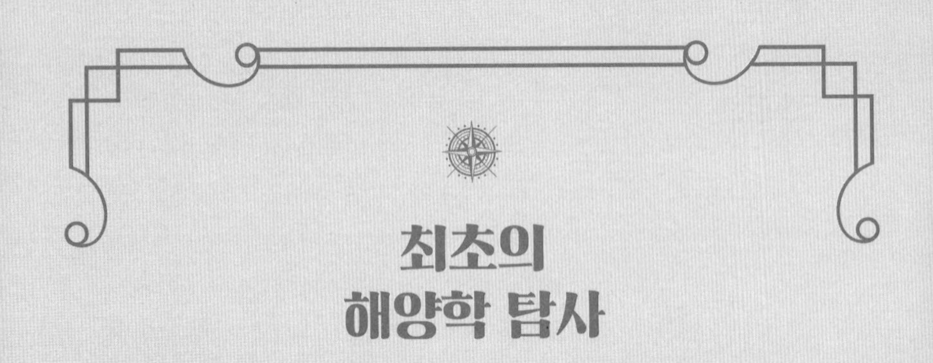

최초의 해양학 탐사

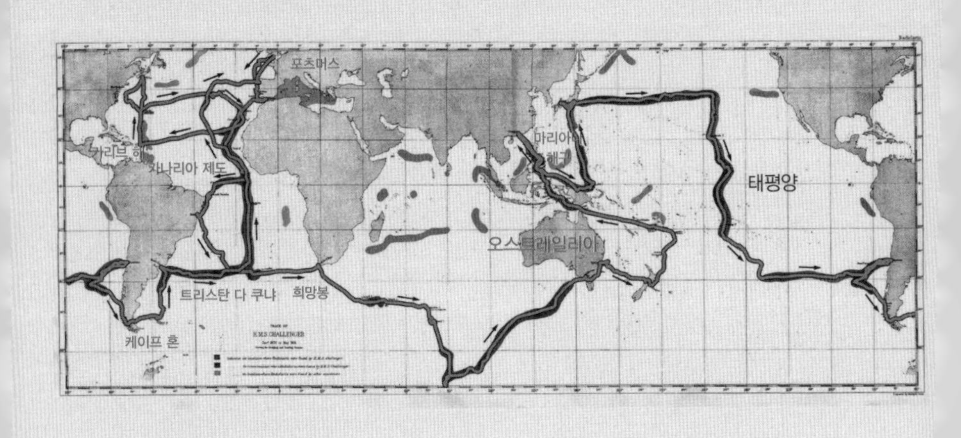

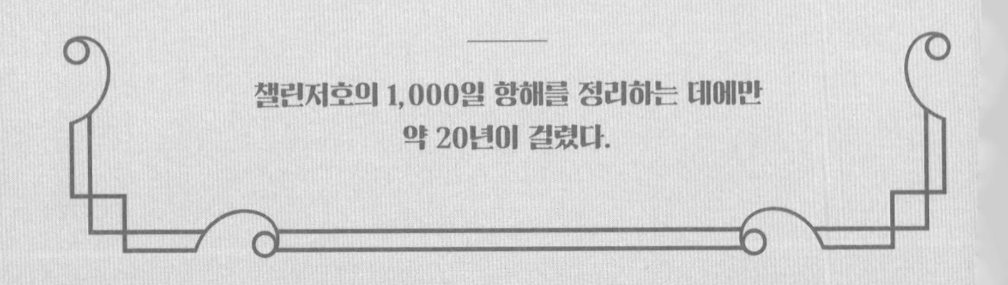

챌린저호의 1,000일 항해를 정리하는 데에만
약 20년이 걸렸다.

◆

측연수(測鉛手)가 추를 물속으로 내리고서 추가 파도 아래로 빠르게 사라지고 붙어 있는 줄이 빠르게 풀리는 것을 바라본다. 선원 몇 명이 그의 옆에 모여서 추가 얼마나 깊이 들어갈지 내기를 한다. 아무도 그들이 세계에서 가장 깊은 바다 부분을 측정하고 있는 줄 모른다. 1870년대였고, 선원들은 역사상 최초의 진짜 과학 항해인 위대한 탐사대의 일부였다. 이것은 해양학의 기반이 되었다.

그 시절에는 해양 생물체와 바다 깊은 곳에 있는 것들에 대해서 알려진 바가 별로 없었다. 스코틀랜드 해양 동물학자 찰스 와이빌 톰슨(Charles Wyville Thomson, 1830~1882)은 에든버러 대학 교수이자 왕립협회 회원으로 바다를 조사하기 위해서 세계를 일주하자는 아이디어를 내놓았다. 이런 일을 하기 위해서는 좋은 배가 필요했다.

왕립협회는 해군에 왕립군함 챌린저호를 빌려달라고 설득했다. 과학 탐사 항해를 위해 개조한 군함이었다. 탐사의 주된 목표는 여러 깊이에서 바다를 조사하는 것이었다. 즉 표면부터 해저에 이르기까지 다양한 해양 생물체 표본을 모으고 견본을 분석하는 것이다.

이를 위해서 선원에게는 수많은 장비와 도구가 필요했다. 온도계, 기압계, 준설기, 측연(바다의 깊이를 재는 기구-역주), 엄청난 양의 줄

등이었다. 실험실과 여분의 선실을 만들기 위해서 대포를 제거했다. 선반에는 표본을 보존할 알코올 담긴 병이 가득 놓였다.

챌린저호는 1872년 12월 21일 포츠머스에서 출항해서 처음에는 남쪽으로 카나리아 제도로 향했다가 대서양을 건너 카리브 해로 향했다. 1년 동안 배는 여러 위도의 바다를 지그재그로 돌아다니며 해저를 샅샅이 훑고 표본을 모으고 다양한 해양 데이터를 기록하고 수심을 측량했다.

아프리카 끄트머리의 희망봉부터 남아메리카의 트리스탄 다 쿠냐까지 마지막 대서양 횡단을 마친 다음 배는 남쪽으로 향해 남극권을 빙 돌며 고래와 빙산을 목격했지만, 남극 대륙 그 자체는 보지 못했다고 전해진다.

거기서 챌린저호는 서쪽으로 항해해서 케이프 혼 부근의 위험한 바다를 빙 둘러서 넓은 바다를 가로질러 가다가 통가와 피지 같은 섬에 잠깐 들렀다가 1874년 8월에 오스트레일리아에 도착했다. 그런 다음에는 태평양 북쪽으로 향했다. 다시 18개월 정도 태평양을 돌고 아시아 해안선을 따라 탐사하다가 배는 다시 유럽으로 향했다.

탐사에서 가장 엄청난 업적 중 하나는 바다에서 가장 깊은 지역을 비교적 정확하게 측정했다는 점일 것이다. 뺑 뚫린 마리아나 해구(海溝)의 일부분으로, 배에서 이름을 따서 챌린저 해연(海淵)이라고 알려지게 되었다.

130,000킬로미터의 여행을 하는 동안 배의 선원들은 심해 깊이를 약 500번 측정하고, 해저를 130번 넘게 훑고, 저인망으로 150

번 조사하고, 다양한 여러 가지 측정을 하고, 과학계에 발견되지 않았던 4,700종의 해양 생물을 수집했다. 그들의 기록은 50권의 책, 29,500쪽의 보고서를 채웠고, 삽화와 사진(당시에 처음 나왔다)도 가득했다. 놀랄 일도 아니지만 이 보고서를 정리하는 데에만 약 20년이 걸렸다.

1,000일 항해의 성공은 그 유산에 뚜렷하게 드러난다. 글로마챌린저호('북극 아래로 잠수하기' 장을 볼 것)나 우주 셔틀 챌린저호('우주 왕복선' 장을 볼 것) 같은 이후의 탐사들이 여기에서 이름을 딴 것이다. 박물학자 존 머레이(John Murray, 1842~1914)가 이 탐사를 "15세기와 16세기의 그 유명한 발견들 이래로 우리 지구에 대한 지식을 가장 크게 진전시켜준 모험"이라고 부른 것도 놀랄 일이 아니다.

플라스틱 행성

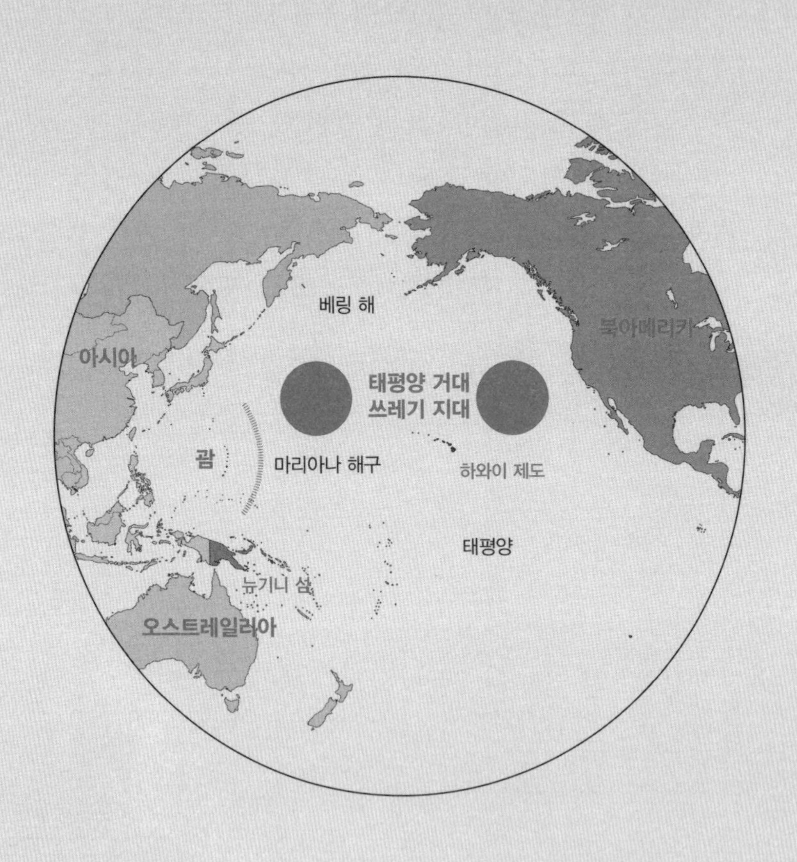

160만 제곱킬로미터 넓이에 달하는 태평양 한가운데의 소용돌이 속에 어마어마한 양의 플라스틱이 빙빙 돌고 있다.

◆

세 마리의 새끼 곰이 이 조개 구멍 저 조개 구멍으로 어미를 따라간다. 어미는 멈춰서 구멍을 파고, 새끼들은 이 틈에 검고 축축한 모래 위에 드러눕는다. 그룹의 몇 명이 해변 위쪽의 긴 풀들을 엄폐물로 삼아서 좀 더 가까이 다가간다. 어미가 그들을 발견하고 그룹 쪽으로 천천히 다가온다. 어미가 가까이 오자 어미의 긴 털과 얼굴 주위로 날아다니는 파리 떼가 보인다. 어미는 흥미를 잃고 풀을 조금 뜯어 먹다가 결국에 등을 돌리고 멀리 걸어간다. 새끼들이 어미를 따라 강둑 위로 올라가서 풀밭을 지나 시야에서 사라진다.

이 경험에 안도하는 한편 신이 난 그룹은 작은 배로 돌아와서 인간이 만든 쓰레기를 조사하는 작업을 할 다음 해변으로 향한다. 이 외딴 해안가에서도 그들이 찾아낸 것들은 정말이지 놀랍다. 오래된 세제 통부터 그물망, 기름통에 이르기까지 온갖 것이 있다. 그들은 해안에 다시 아무것도 남지 않을 때까지 전부 치운다. 그런 다음 작은 배를 다시 타고 쓰레기로 가득한 해안선의 다음 지역으로 출발할 준비를 하고 있는 큰 배로 되돌아간다.

때는 2013년 6월이었다. 배에 타고 있는 것은 과학자들과 예술가들이고, 모두가 자이어(GYRE) 원정의 일부였다. 이것은 해양 쓰레기를 모으고 연구하는 것을 목적으로 알래스카 만의 해안선을 따라 730킬로미터를 항해하는 원정이다.

원정은 해양 쓰레기가 범지구적인 바람의 패턴과 지구의 자전으로 인한 힘으로 형성되는 거대한 바다의 원형 해류 시스템인 환류(gyre)를 통해 세계의 깨끗하고 외딴 지역까지 다다를 수 있기 때문에 이렇게 이름 붙였다.

원정에서 수집한 쓰레기는 거의 다 플라스틱이었다. 우리는 지금 플라스틱 시대에 살고 있다. 과학자들은 언젠가 우리 후손들이 지질학 기록을 살펴보고, 특정 종의 화석층이나 철이나 청동으로 만들어진 장신구가 아니라 플라스틱 층을 찾게 될까 봐 걱정한다.

실제로도 꽤 불안하다. 전문가들은 최소한 8백만 톤의 플라스틱이 매년 세계 바다에 버려진다고 추정한다. 최근에 마리아나 해구(태평양 서부에 위치한 세계에서 가장 깊은 자연 해구. '심연 속으로' 장을 볼 것) 깊은 곳에서 비닐봉지가 떠다니는 것이 목격되었다. 북극의 해빙 속에 1조 개의 플라스틱이 갇혀 있다고 여겨진다. 160만 제곱킬로미터 넓이에 달하는 태평양 한가운데의 소용돌이 속에 어마어마한 양의 플라스틱이 빙빙 돌고 있다. 그 때문에 이곳은 태평양 거대 쓰레기 지대라고 명명되었다.

이제는 유명한 이미지가 된, 코에 플라스틱 빨대가 꽂힌 바다거북이나 입에 플라스틱 양동이가 박힌 어린 향유고래의 모습은 이 모든 플라스틱 오염으로 야생동물이 어떻게 고통을 겪는지를 강조해서 보여주지만, 더더욱 해로운 것은 작은 조각들이다. 연구에 따르면 마이크로플라스틱(크기가 5밀리미터 이하인 것들)이 해양생물의 배 속을 채우고 있다. 이 작은 입자들이 먹이사슬을 따라 올라가는 동안 인체에는 어떤 영향을 미칠지 아무도 정확하게 알지 못한다. 우리가 아는 것은 오로지 이것이 우리가 먹는 음식과 우리가 마시는 물에도 존재한다는 것뿐이다.

자이어 원정 팀은 수많은 플라스틱 물건을 발견했고, 또 대단히 기괴한 쓰레기도 발견했다. 비행기 날개, 일본에서 온 간판(아마도 2011년 쓰나미 때 바다로 휩쓸려 왔을 것이다), 산탄총 탄피와 담배 라이터 같은 미국에서 온 쓰레기들이다.

이러한 수많은 물건을 갖고서 배에 탄 예술가들은 설치미술품을 만들었고, 이것은 앵커리지의 박물관에 전시되어 있다. 이런 것들은 우리의 점점 늘어가는 플라스틱 행성이라는 문제의 거대함을 보여주기 위한 작지만 중요한 시도다.

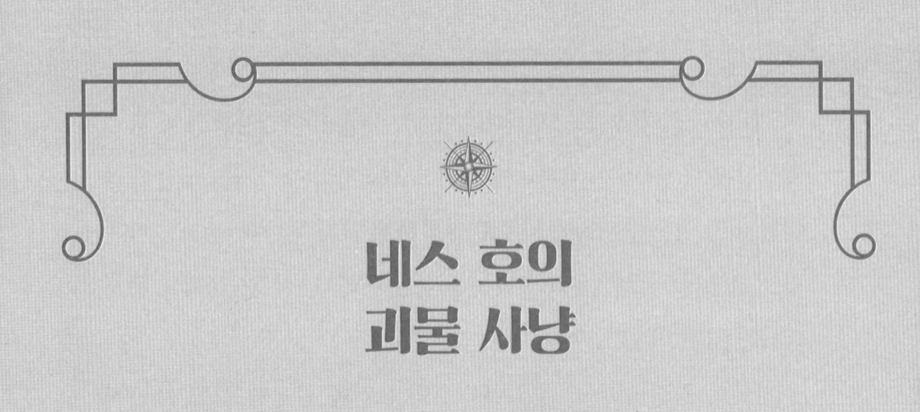

네스 호의 괴물 사냥

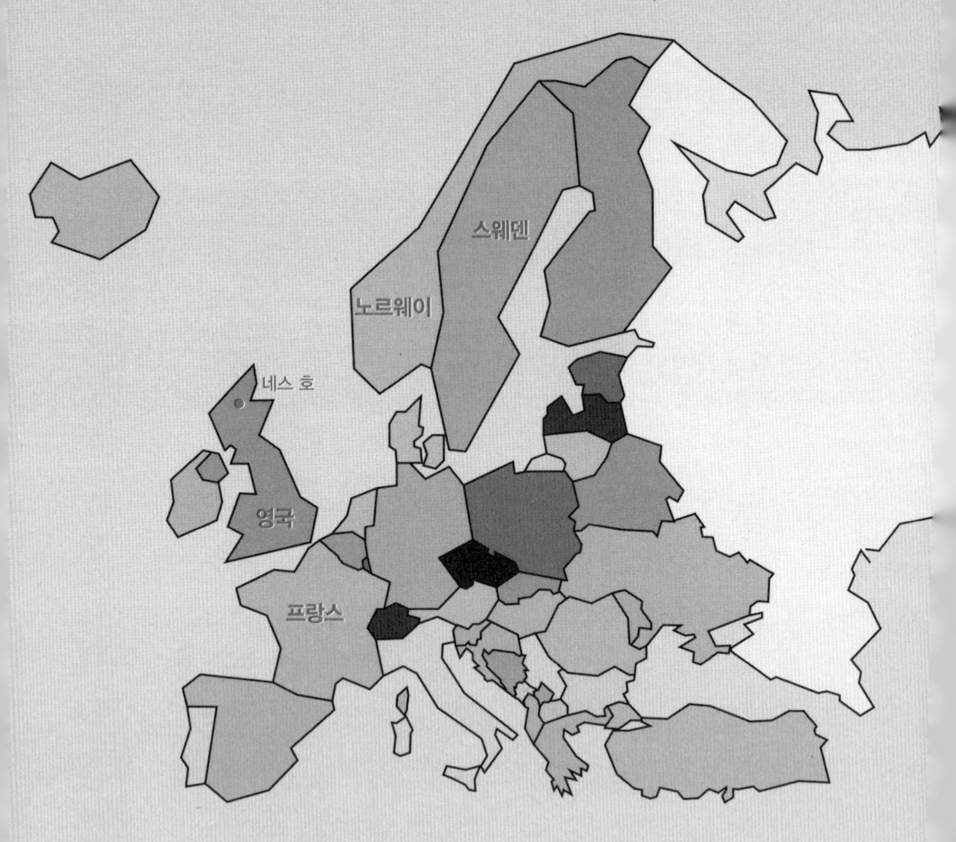

표면부터 호수 바닥 가장 깊은 곳까지 226미터에 달하는
네스 호는 런던의 180미터 높이의 거킨 빌딩이 푹 잠길 수 있을 정도다.

◆

이것은 위대한 탐사의 모든 특징을 다 갖고 있었다. 슈퍼 자연사 팀이라는 별명이 붙은 국제적인 과학자 그룹이 괴물을 사냥하러 갈 것이다. 그냥 괴물도 아니고 악명 높은 네스 호의 괴물, 바로 네시(Nessie)를 말이다.

이 불가사의한 짐승은 전설이다. 수십 년 동안 여러 차례 목격했다는 주장이 있었다. 흐릿하고 확실치 않은 사진과 영상이 나왔으나 전부 다 가짜나 사기라고 조롱받았다. 아니면 믿을 수 없는 것을 열렬히 믿고 싶어 하는 강력한 상상력으로 인해서 커다란 나뭇가지나 헤엄치는 사슴, 물개, 보트가 지나간 흔적과 파도 같은 것을 네시의 이미지로 본 것이라고, 그저 환영일 뿐이라고 여겨졌다. 수많은 네스 호 방문객이 물에 사는 거대한 괴물을 몹시 보고 싶어 해서 머릿속에서 정말로 괴물을 봤다고 생각하게 되었다는 것이다.

솔직히 그 거대하고 깊은 호수에는 네시가 숨을 만한 장소가 대단히 많다. 표면부터 호수 바닥 가장 깊은 곳까지 226미터에 달하는 네스 호는 런던의 180미터 높이의 거킨 빌딩이 푹 잠길 수 있을 정도다. 게다가 호수에는 영국과 웨일스의 모든 호수를 다 합친 것보다도 많은 물이 들어 있고, 9미터 밑으로는 가시성이 0이다.

민간전승에 나오는 신화적 동물의 존재를 믿고 싶어 하는 미확인 동물학자들은 네시가 플레시오사우루스(Plesiosaurus)일 수 있다고 주장한다. 공룡 시대에 존재했던 목이 긴 해양성 파충류다. 하지만 이런 이론에 대한 반증은 수도 없이 쌓여 있다.

화석 증거는 플레시오사우루스가 6,600만 년 전 소행성이 지구에 충돌했을 때 일어난 대멸종으로 함께 사라졌다고 암시한다. 그리고 호수의 물고기 숫자는 900킬로그램의 플레시오사우루스가 먹고살

플레시오사우루스 재현

만큼의 식량이 부족하다는 것을 알려준다. 또한 배설물이나 뼈, 먹이의 사체 같은 거대한 동물이 있다는 생물학적 증거가 전혀 발견되지 않았다. 잠수부들이나 동작탐지 카메라도 아무것도 목격하지 못했다. 배에서 수중 음파탐지기를 사용해도 어떤 결과도 얻지 못했다. 네시의 존재라는 문제는 완전히 끝난 것 같았다.

그러면 슈퍼 자연사 팀이 왜 네시를 찾아보겠다는 생각을 한 것일까? 그런 짐승이 호수에 존재했을지도 모른다는 의문에 확실한 답을 찾기 위해 비교적 새로운 기술인 환경DNA(eDNA)를 사용해보려는 것이었다(이 장의 마지막 설명을 볼 것). 이 기술은 물이나 토양 샘플에서 생물종의 유전자 자취를 찾아보는 것이다. 이것은 과학수사관들이 범죄 현장에서 DNA 흔적을 찾는 것과 좀 비슷하다.

환경DNA는 영원(도롱뇽목 영원과의 동물-역주)부터 상어까지 이미 알려진 종의 개체수 크기를 가늠하는 데에 가장 많이 사용된다. 하지만 뉴질랜드 오타고 대학의 유전학 교수 닐 게멜(Neil Gemmell)은 이것을 네스 호에 사용해보기로 했다. 어느 정도는 재미를 위해서이고 어느 정도는 호수의 생태계에 관해 더 깊은 통찰력을 얻기 위해서였다. 팀은 거기 살지만 이전까지 알려지지 않았던 물고기나 연체동물, 다른 해양 생물종을 찾을 수 있기를 바랐고, 특히 토종 생물과 경쟁하는 침입종이 있는지 확인하기를 바랐다.

게멜과 그의 국제 팀은 전세계 각지에서 긴 여행 끝에 네스 호 호숫가에 도착해서 2018년 5월에 호수에서 물 샘플을 채취하기 시작했다.

한 달 후, 수 리터의 물을 수집하느라 여러 차례 보트 여행을 한 끝에 팀은 짐을 싸서 실험실로 돌아왔다. 그리고 몇 달 동안 DNA를 추출하고, 염기 서열을 파악하고, 호수에 사는 생물종을 파악하기 위해서 DNA 데이터베이스를 조사했다.

탐사대는 흥미로운 사실 몇 가지를 밝혀냈으나 네시나 의심 가는 용의자인 메기나 철갑상어, 상어 같은 것의 흔적은 전혀 찾지 못했다. 팀이 다량의 장어 DNA를 찾았으니 가장 유력한 범인은 외래종 거대 장어일 것으로 보인다.

eDNA가 무엇인가?

디옥시리보핵산(DNA)은 두 개의 긴 분자 사슬이 서로 꼬인 사다리처럼 나선형을 이루는 이중나선구조로 만들어졌다. 여기에는 살아 있는 유기체가 자라고, 기능하고, 복제하기 위한 지시가 담긴 유전 정보가 들어 있다. 각 생물의 DNA는 유일무이하다. 예를 들어 피부 세포 하나에서 아주 소량만 추출해도 생물의 정체를 파악하기에 충분하다.

1990년대에 과학자들은 특정 환경에 서식하는 생물체가 그곳에 산다는 것을 알아내기 위해서 그 생물이 항상 존재해야 할 필요는 없다는 것을 깨달았다. 생물체가 떨어져 나온 피부 세포나 배설물처럼 존재의 흔적을 남겨두기 때문이다. 그래서 물이나 토양 샘플 속에서 소위 환경 DNA(eDNA)를 수집하면 그 서식지에 어떤 생물종이 사는지를 알아낼 수 있다. 전통적인 야생동물 조사는 인내심을 갖고 특정 넓이에서 목격된 숫자를 세거나 동물이 지나가기를 바라며 카메라 트랩을 설치하거나 촬영 장비를 물속에 집어넣는 등 시간이 소모되는 기법들이 사용되었다. 하지만 eDNA를 이용하면 땅을 팔 모종삽이나 물을 뜰 양동이만 갖고 나갔다가 이것을 실험실로 가져와서 내용물을 분석하면 끝난다.

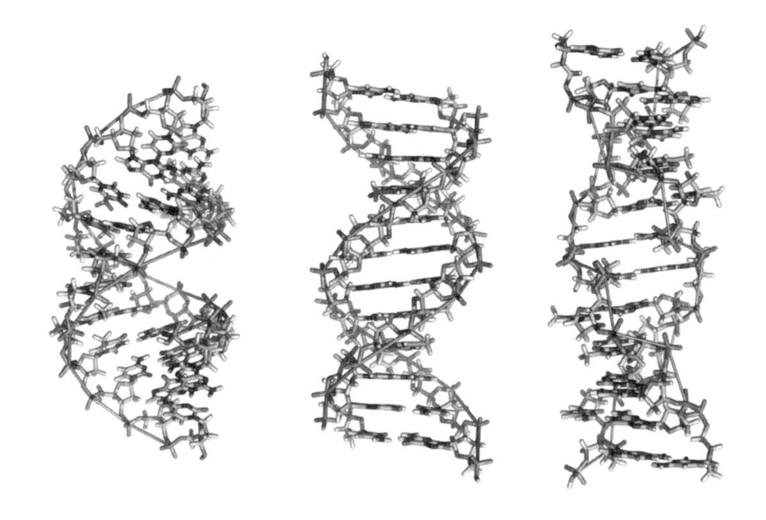

DNA 이중나선의 종류. 왼쪽부터 A형, B형, Z형

난파선 인듀어런스호 찾기

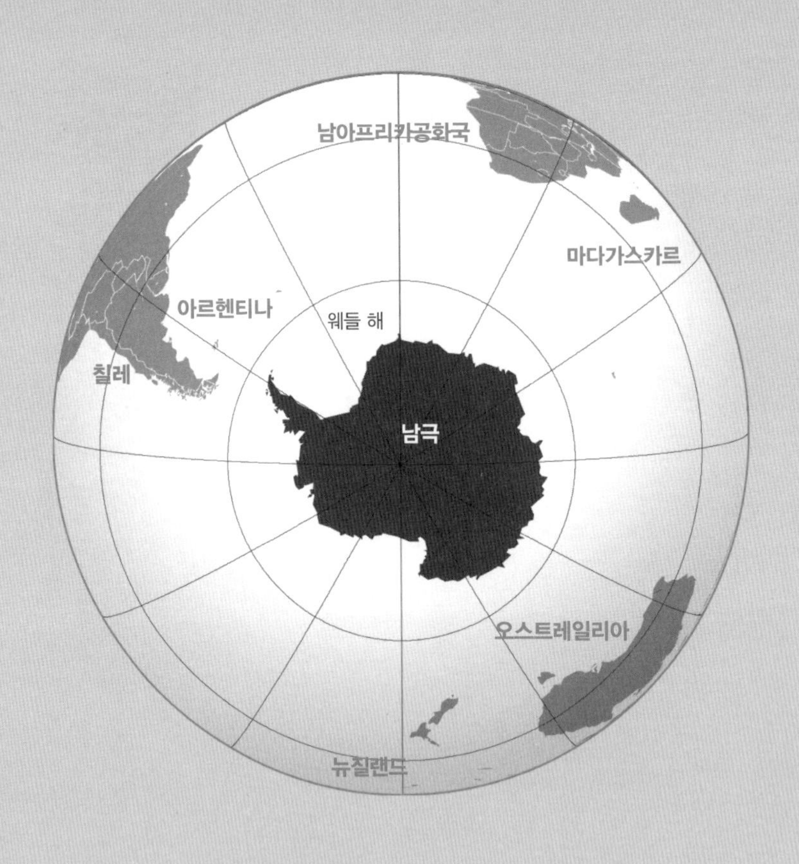

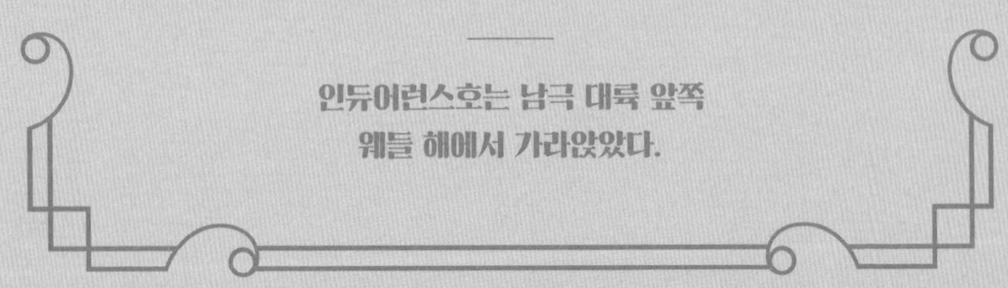

인듀어런스호는 남극 대륙 앞쪽
웨들 해에서 가라앉았다.

◆

갑판의 소음이 귀를 찌른다. 비명 같은 바람 소리 속으로 선체에 부딪히는 바닷물 소리가 들리고, 뱃머리가 1미터 두께의 또 다른 얼음 덩어리를 가르자 기묘한 끽끽 소리가 난다. 아굴라스 II호는 목표지인 남위 68°39′30.0′와 서경 52°26′30.0′에 가까워지고 있다. 어니스트 섀클턴의 불운한 배 인듀어런스호가 남극 대륙 앞쪽 웨들 해에서 가라앉은 정확한 좌표다.

2019년 2월 10일, 쇄빙선 조종수 프레디 리그델름(Freddie Ligthelm)의 목소리가 스피커 장치를 통해 울린다.

"함교에서 아침 인사를 전합니다. 우리가 인듀어런스호의 침몰 위치에 도착했음을 알리는 바입니다. 레커, 레커, 레커('좋아, 좋아, 좋아'라는 아프리카어)."

바람이 약간 줄어들었다. 구름이 꼈지만 가시거리는 좋다. 팀은 배 옆쪽으로 인듀어런스호를 수색할 준비가 된 거대한 오렌지색의 자율무인잠수정(AUV)을 내려보낸다. 하지만 30시간 후 수색이 중단된다. 상황이 나빠졌고 AUV가 얼음 아래에 갇혔기 때문이다. 배 역시 갇힐지도 모른다는 염려 때문에 임무를 중단하는 수밖에 없다.

원정의 탐사 책임자인 멘선 바운드(Mensun Bound)는 이렇게 말했다. "인듀어런스호의 무덤을 '세계 최악의 바다의 최악의 지점'이라고 불렀던 우리 이전의 섀클턴처럼, 우리의 잘 짜놓았던 계획이 빠르게 움직이는 얼음과 섀클턴이 '웨들 해의 끔찍한 상태'라고 하던 것에 의해 무너졌다."

원정의 목표는 단지 인듀어런스호를 찾는 것만이 아니라 부서진 라르센 C 빙붕과 그 주위 환경을 연구하는 것이었다. 남아프리카 정부 환경부 소유인 134미터 길이의 아굴라스 II호는 세계에서 가장 크고 가장 현대적인 극지 연구선 중 하나다. 배에는 온갖 종류의 장비가 있다. 얼음 사이로 가는 가장 쉬운 경로를 HD 비디오 촬영하는 항공 드론, 관리 감독을 위한 디지털 카메라, 그리고 위성 원격 측정기. 속도가 6노트까지 나오고 6,000미터 깊이까지 들어갈 수 있으며 해저의 사진을 찍고 빙붕 아래 바다 깊이를 측정하는 AUV, 해저 동식물의 견본을 수집하는 무인해중장비(ROV), 환경 변화의 장기적 침전물 견본을 모을 수 있는 침전물 표본 채취기.

최근에 지구온난화가 라르센 C 빙붕 일부가 얇아지고 붕괴된 이유로 꼽힌다. 44,000제곱킬로미터에 달하는 라르센 C 빙붕은 남극에서 네 번째로 큰 빙붕이다. 1995년에 라르센 A 빙붕이 겨우 몇 주 사이에 붕괴되었고 2002년에 라르센 B도 뒤를 따랐다. 그리고 좀 더 최근인 2017년에 라르센 C 부분에서도 커다란 빙산이 떨어져 나갔다. 빙붕이 붕괴되자마자 바다 수위에 바로 영향을 미치는 것은 아니다. 빙붕은 이 빙붕을 키우는 육상의 빙하를 받치는 일종의 지지대 역할을 한다. 만약에 라르센 C 빙붕이 사라지면 빙붕으로 흘러들어가던 빙하에 세계의 해수면 높이를 10센티미터가량 높일 만큼의 얼음 상태 물이 축적될 것이다.

팀은 여전히 탐사 결과를 분석하는 중이지만, 이런 사실들이 극지 임무의 핵심 연구를 강조하는 데에 도움이 된다.

끈기 이야기

1912년 노르웨이의 사네 피오르에서 건조된 인듀어런스호는 1914년 8월 플리머스에서 최후가 될 여행을 시작했다. 대서양을 건넌 다음 부에노스아이레스에서 배는 사우스 조지아로 향했다가 남극의 웨들 해로 전진했다. 원정의 목표는 처음으로 남극 대륙을 육상으로 횡단하는 것이었다. 하지만 1915년 1월에 배는 얼음 사이에 갇히게 되었다. 남극의 겨울 동안 선원들은 배에 남아 있었지만 결국에 얼음의 압력이 너무 강해져서 선체를 뚫고 들어왔다. 이제 망가져가는 배를 버려야 할 때였다.

섀클턴과 그의 선원 27명은 구명보트로 북쪽으로 향했다. 마침내 그들은 남극 북쪽 끄트머리에 있는 엘리펀트 섬에 도착했다. 선원들은 펭귄과 바다표범을 먹으며 간신히 버텼다. 조금이라도 힘이 남은 사람들은 섀클턴과 함께 1,200킬로미터가 넘게 떨어진 사우스 조지아로 출발했다. 놀랍게도 그들은 목적지에 도착했다. 하지만 반대편에 있는 고래잡이 기지까지 가려면 산악 지대를 넘어가야 했다. 세 번의 시도를 실패한 끝에 섀클턴은 드디어 남은 선원들을 구하러 엘리펀트 섬으로 돌아갈 수 있었다. 모두가 살아남았다. 섀클턴의 끈기를 증명하는 일화다.

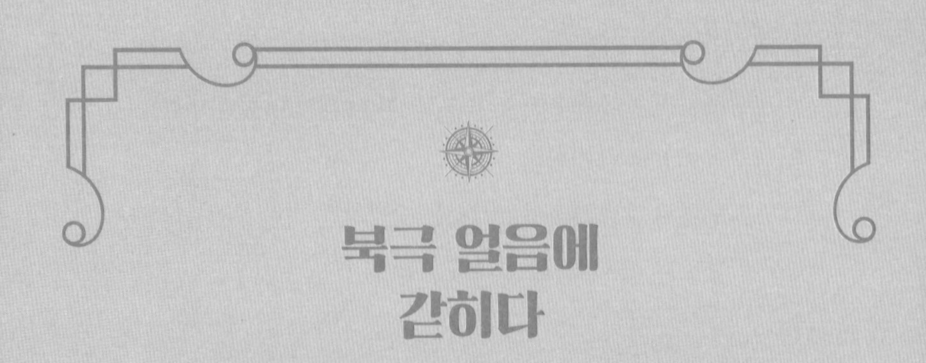

북극 얼음에 갇히다

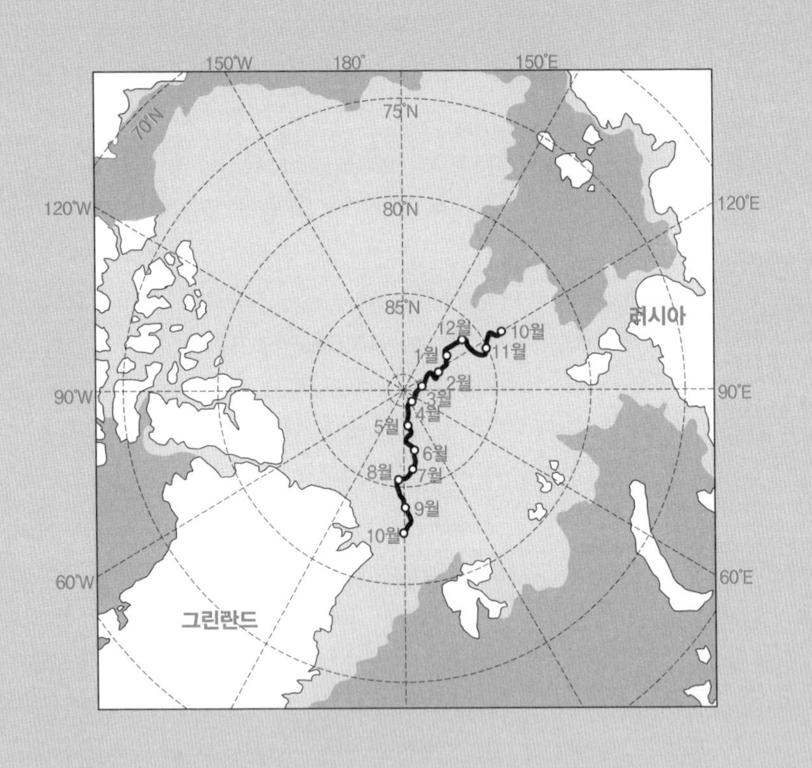

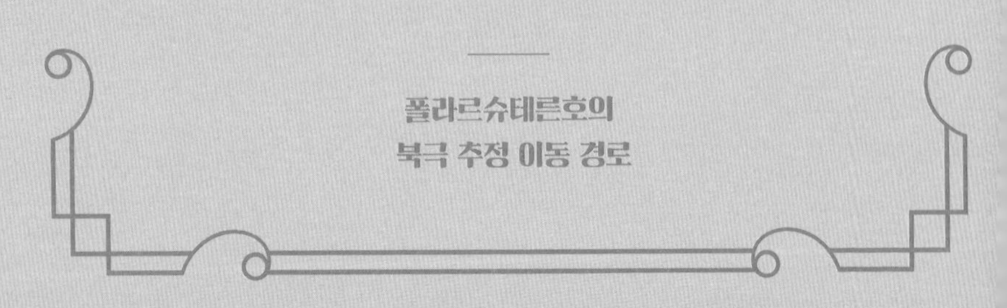

폴라르슈테른호의
북극 추정 이동 경로

◆

1년 동안 북극 얼음 속에 갇힌다는 건 무시무시한 상상일 것이다. 하지만 독일의 쇄빙선 폴라르슈테른호는 기후변화에 맞선 인류의 싸움을 돕기 위해 1년 동안 극지의 기후 체계를 분석하려고 일부러 빙산 속으로 들어갔다.

열대 바다의 백화된 산호부터 산악 지대에서 물러나고 있는 빙하에 이르기까지 우리 주위의 지구온난화의 증거 때문에, 이런 탐사가 다급하게 필요하다는 사실은 명백하다. 북극은 기후변화의 영향을 연구하기에 최적의 장소다. 전세계의 날씨 패턴과 긴밀하게 연결되어 있고 지난 수십 년 동안 이만큼 더워진 지역이 없기 때문이다. 실제로 2018년 초반에 중앙 북극해는 독일 일부 지역보다도 기온이 더 높았다.

하지만 중앙 북극해에 관해서는 별로 알려진 것이 없다. 긴 극지의 겨울 동안 사실상 접근이 불가능하기 때문이다. 여기는 상당히 북쪽에 있어서 극광도 거의 없고 겨울에 얼음이 너무 두꺼워서 가장 튼튼한 쇄빙선조차 뚫고 들어가기가 어렵다.

이 중앙 지역에 들어가는 유일한 방법은 일부러 배를 유빙 속에 가두는 것뿐이었다. 그래서 2019년 가을에 폴라르슈테른호의 선원들은 노르웨이의 트롬쇠를 출발해서 시베리아 해빙으로 가며 커다란 유빙을 찾았다. 지름이 수 킬로미터에 최소한 1.5미터 두께는 되어야 했다. 그들은 닻을 고정시킬 적당한 얼음을 발견했다. 그리고 겨울이 오면서 배 주위의 얼음이 두꺼워져서 하루 7킬로미터 정도의 속도로 배를 끌고 가기 시작했다.

배를 의도적으로 얼음 속에서 얼리는 일은 이것이 처음은 아니었다. '극지 탐험의 아버지'라고 알려진 동물학자이자 탐험가인 프리드쇼프 난센이 1893년에 딱 이런 일을 했고, 살아남아 이 이야기를 전할 수 있었다('현대 극지 탐험의 아버지' 장을 볼 것). 하지만 이렇게 대규모로 북극 탐험을 한 적은 한 번도 없었다. 17개국의 60개 연구소가 협력했고, 600명의 전문가와 300명의 보조자로 이루어진 1억 2,000만 유로의 프로젝트는 북극 기후 연구를 위한 종합 표류 관측(MOSAiC)이라는 이름으로 알려지게 되었다.

1년 동안 전문가들은 번갈아 배에 탔다 내렸다 하면서 폴라르슈테른호 위와 얼음 위에 세워둔 여러 기지에서 각기 다른 과학 실험을 하게 될 것이다. 기지 몇 개는 배에서 50킬로미터쯤 떨어져 있기도 하다.

목표는 극지의 구름, 바다의 역학, 얼음의 형성이 최근 몇 년 동안 북극에서 목격된 염려스러운 얼음이 다 녹은 여름에 어떻게 영향을 미치는지 알아보는 것이다. 자연적인 '북극 횡단 해류'를 따라 움직임으로써 팀은 얼음이 1년차의 새로운 얼음에서 수년이 된 얼음으로 발달하다가 북대서양에 가까워지면서 어떻게 부서지는지 연간 해빙 사이클에 관해 직접적인 통찰력을 얻게 될 것이다.

이런 야심 찬 탐사를 실행하는 것은 몹시 어렵다. 폴라르슈테른호는 여행 일정 동안 각기 다른 시기에 네 대의 쇄빙선을 동반하게 될 것이고, 지원 및 물자를 보급해줄 연구 항공기 세 대의 도움을 받을 것이다. 북극 중앙해로 비행기가 장거리 비행을 한 것은 처음이다. 그래도 팀원들이 필요하면 헬리콥터로 즉시 탈출할 수 있도록 연료 저장소를 만들어두어야 했다.

실험을 수행할 과학 장비부터 비행기가 내릴 활주로를 만들기 위한 설상차와 얼음 절단기 같은 대형 장비들에 이르기까지 온갖 종류의 최신식 장비들도 필요하다.

폴라르슈테른호는 2020년 가을에 그린란드와 스발바르 사이에 있는 프람 해협에 도착할 때쯤 북극의 얼음 속에서 풀려날 예정이다. 2,500킬로미터의 여행은 북극 과학에 관한 우리의 지식을 새롭게 바꿔줄 것이다. 프로젝트의 책임 과학자인 마커스 렉스(Markus Rex) 교수의 말처럼 "이것은 우리를 상상조차 하지 못했던 세계로 데려가 줄 것이다".

Part 3

바다의 깊이

우리는 근해에 관해서는 꽤 많은 것을 알지만 심해에 관해서는 아는 것이 훨씬 적다. 역사상 아주 용감한 몇 명만이 기괴한 심해 괴물들이 있는 음울한 해저 세계를 탐험해보았다. 1934년에 철제 잠수구가 해수면 아래로 923미터를 들어갔다. 그 후 1960년에 트리에스테 잠수정이 바다에서 가장 깊은 챌린저 해연으로 11킬로미터를 잠수했다. 이런 사건들과 비슷한 탐사들 덕분에 이전의 세계기록이 깨지고 파도 아래 깊은 곳의 해양 생명체에 관한 훌륭한 지식을 얻게 되었다.

잠수구

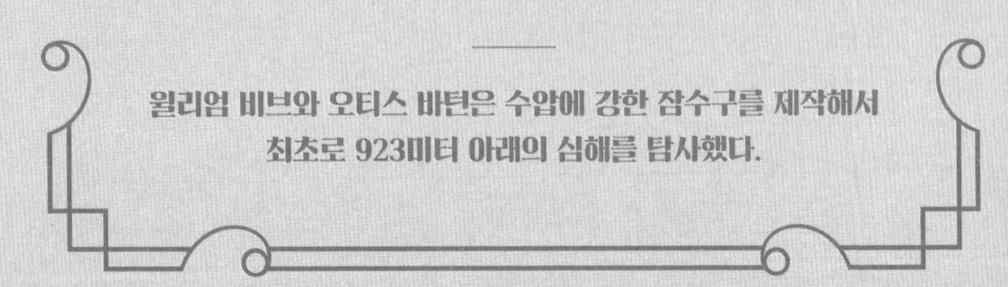

윌리엄 비브와 오티스 바턴은 수압에 강한 잠수구를 제작해서 최초로 923미터 아래의 심해를 탐사했다.

◆

“독서에서 느끼는 즐거움이 있고, 그림을 그리면서 느끼는 즐거움이 있고, 글을 쓰면서 느끼는 즐거움도 있지만, 온갖 분위기의 자연을 사랑하는 사람이 오로지 꿈에서만 보았던 땅으로 발견 여행을 시작할 때 느끼는 짜릿함에 비견할 만한 건 아무것도 없다.” 이것은 박물학자인 윌리엄 비브(William Beebe, 1877~1962)의 말이다. 1934년, 오티스 바턴(Otis Barton, 1899~1992)과 함께 그는 역사상 가장 깊은 바다로 잠수할 예정이었다.

그들의 배는 너비 1.4미터에 무게 2톤의 철제 공 모양이었고, 이것을 설계한 바턴은 잠수구(bathysphere)라고 불렀다. ‘bathus’는 ‘깊다’는 뜻이기 때문에 ‘깊은 구’라는 뜻이 된다. 바턴은 구형(球形)을 선택했는데 이것이 심해의 엄청난 압력을 견디기에 가장 좋은 형태였기 때문이다. (10미터 깊어질 때마다 압력은 1기압 정도 증가한다.) 잠수구는 3.8센티미터 두께의 벽에 7.5센티미터 두께의 현창(舷窓) 세 개가 있었고, 당시로서는 아주 튼튼한 물질이었던 용융(溶融) 석영으로 만들어졌다. 이것은 깊은 바닷속에서 빛을 잘 전달할 것이다. 통 안에는 두 대의 산소 탱크와 습기를 흡수하기 위한 탄산칼슘 팬, 내뿜은 이산화탄소를 흡수하기 위한 소다석회가 있었다. 잠수구는 전

발명품과 함께 있는 비브와 바턴

동식이 아니라서 배 표면에 고정된 케이블을 통해서 물 위아래로 줄을 잡고 움직여야 했다.

오티스 바턴은 1899년 뉴욕에서 태어난 부유한 발명가였고, 찰스 윌리엄 비브는 박물학자이자 뉴욕 동물학회 열대연구부 책임자였다. 1877년 뉴욕에서 태어난 그는 가족이 뉴저지로 이사를 가면서 자연계에 매료되었다. 많은 10대가 연애를 하고 환각물질을 시험하는 데 반해 비브는 박제할 표본을 수집했다. 아직 고등학생이던 때에 그는 미국나무발발이(*Certhia americana*)에 관한 첫 번째 논문을 썼다. 항상 모험심 넘쳤던 그는 대학 시절 교수들에게 자신과 다른 몇 명의 학생들이 노바스코샤로 연구 여행을 갈 수 있게 후원해달라고 설득했다. 그 후 많은 모험을 했으나 바턴과의 심해 탐사가 그를 유명하게 만들게 된다.

때는 1934년 8월 15일이었다. 키가 1.8미터에 달하는 두 남자가 차례차례 좁은 잠수구에 들어갔다. 두 사람이 바다 깊은 곳에 들어가는 건 처음이 아니었으나 아무도 이렇게까지 깊이 들어간 적은 없었다.

버뮤다의 논서치 섬 앞쪽 바닷물 속으로 1미터, 1미터, 잠수구가 내려갔다. 해수면에서 923미터 아래에서 수면에 있는 보조 보트와 연결된 케이블의 길이가 끝났다. 잠수구는 더 이상 내려갈 수가 없었다.

현창으로 바깥을 보자 과학계에 알려지지 않은 새로운 생물이 많이 눈에 띄었다. 혹은 이전까지 죽어서 퉁퉁 불은 채 표면으로 끌려나온 모습들과 비교하면 알아볼 수 없는 것인지도 몰랐다. 또한 이 심해 동물들이 그들의 자연스러운 환경에서 하는 행동을 관찰해본 적도 없었다. 비브와 바턴은 빛이 나는 창백한 초록색 해파리 무리와 아무것도 모르는 먹잇감을 머리에서 튀어나온 기다란 방울 같은 걸로 입안으로 유인하는 교활한 아귀, 또는 턱이 없는 칠성장어처럼 기괴한 모양의 생물을 보고 감탄했다. "이 장어한테 촉수가 꼭 필요했다면 성스러운 자연선택께서는 도대체 왜 턱을 희생시켜야 하셨던 걸까! 우리 배에서 거의 1킬로미터 아래의 이 차가운 어둠 속에서 어떻게 살고 움직이고 식욕을 채우는지 나로서는 절대로 알 수 없을 거야." 비브는 이렇게 말했다.

하지만 남자들은 최대 깊이에서 겨우 몇 분밖에 머무르지 못했고, 곧 잠수구가 다시 위로 올라가기 시작했다. 비브는 밑에서 더 오래 있고 싶어 했지만 너무 위험할 것 같았다. 남자들은 안전하게 수면으로 돌아왔고, 이전의 가장 깊은 잠수 세계기록을 100미터가량의 차이로 깨뜨렸다.

두 사람은 더 많은 심해 탐험을 계속했다. 각각의 잠수를 통한 관찰 내용은 비브가 케이블에 매단 무전기를 통해서 환상적인 심해 생명체 무리를 생생하게 묘사하는 것을 듣고 수면에 있는 과학자 팀이 신중하게 기록했다.

탐사 때 목격한 모든 기괴한 생명체는 비브가 이후에 쓴 베스트셀러 《반 마일 아래(Half Mile Down)》에서 상세하게 묘사되었다. 그러니까 탐사는 이전까지 알려지지 않았던 이 어둡고 낯선 세계에 관한 통찰력을 주었을 뿐만 아니라 당시의 기술을 고려할 때 대단히 용감한 업적이자 해양 탐사의 획기적인 사건이었다. 비브의 말대로였다. "배우고, 발견하고, 우리의 조그만 사실들을 우주의 끊임없는 '왜'라는 기반에 더하는 지대한 기쁨, 이 모든 것이 삶을 끝없는 즐거움으로 만든다."

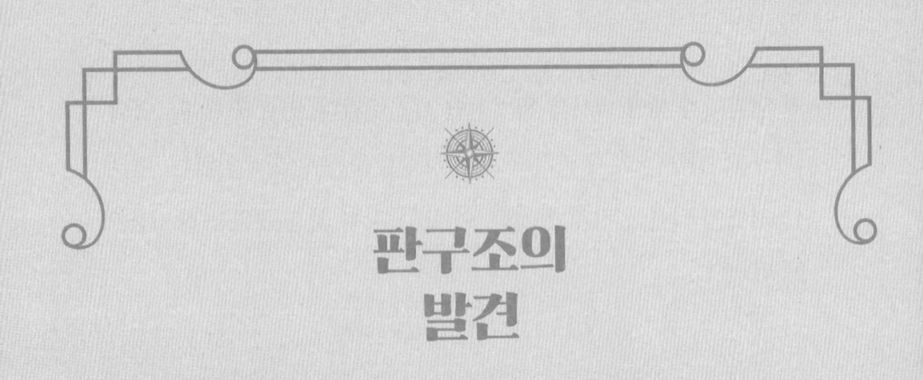

판구조의 발견

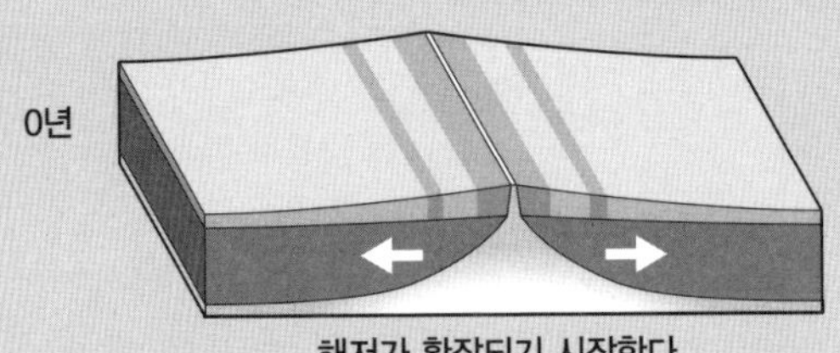

해저가 확장되기 시작한다.

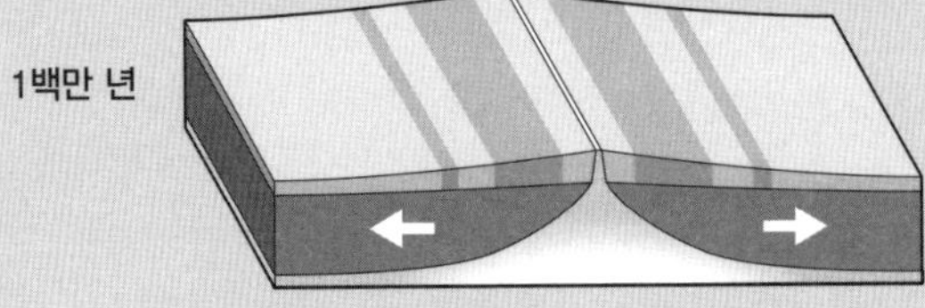

지구의 자기장이 뒤집어져서 해저의 극성이 반전되어
중앙해령 양옆으로 반전된 극성의 줄무늬가 형성된다.

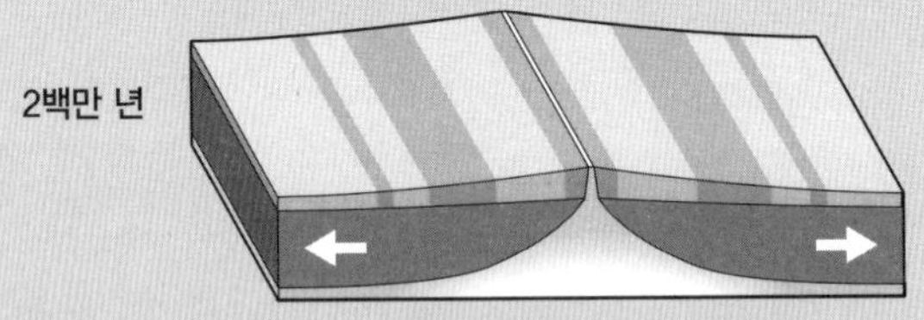

지구의 자기장이 다시 뒤집어져서
중앙해령 양옆으로 보통 극성의 새로운 줄무늬가 형성된다.

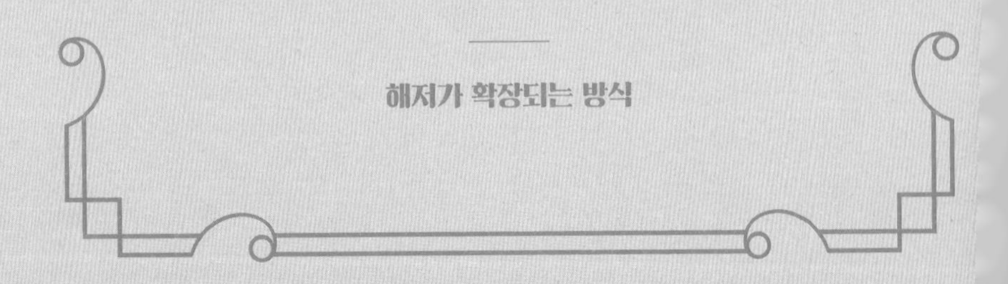

해저가 확장되는 방식

◆

1955년 8월, 파이어니어호는 미 해군과 스크립스 해양학 연구소에서 워싱턴-오리건 해안 앞의 해저를 조사하라는 임무를 받았다. 여기서 해상 자기탐지기가 해저의 자기를 측정하는 데에 최초로 사용되었다. 또한 이것은 과학계에서 획기적인 항해가 되었다. 어느 지질학자는 이것을 이렇게 묘사했다. "역사상 가장 중대한 지구물리학 조사 중 하나다." 그리고 판구조론을 정립하는 중요한 요소였다.

1900년대 초에 지질학자 알프레트 베게너는 대륙이동설을 제안하며 대륙이 한때 하나의 대륙괴를 이루고 있다가 갈라져서 현재의 위치로 이동하게 되었다고 주장했다('지구를 움직인 남자' 장을 볼 것). 그는 세계의 대륙들이 지그소 퍼즐처럼 꼭 맞고, 이것이 남아프리카와 브라질의 암석층이 동일하고 열대기후대의 고사리 화석이 북극에서 발견되는 이유를 설명해준다는 사실을 깨달았다. 하지만 대륙이 정확히 어떻게 이동하게 된 것인지는 알지 못했다.

처음에 베게너는 이 아이디어 때문에 비웃음을 당했다. 수년이 흐르며 그의 대륙이동설은 점차 학계에서 견인력을 얻게 되었다. 하지만 여전히 아무도 대륙이 어떻게 이동할 수 있는지 그 메커니즘을 이해하지 못했다.

해리 헤스(Harry Hess, 1906~1969)는 프린스턴 대학의 지질학과 교수였다. 제2차 세계대전 때 그는 해군 장교로 놀라운 발견을 했다. 북태평양을 건너는 동안 그는 수중 음파탐지기를 사용해 해저 지형을 조사했다. 결과는 상상했던 것보다 훨씬 불규칙적으로 나타났다. 해저에는 크고 깊은 해구와 거대한 화산성 해령(海嶺)이 가득했다.

헤스는 바다의 가장 깊은 부분이 대륙의 가장자리고, 가장 얕은 곳은 가운데라는 사실을 알아챘다. 이는 바다가 중심부에서부터 자라난다는 것을 암시하는 것 같았다. 헤스는 이것이 해저가 갈라져서 틈새를 통해 마그마가 해저로 솟아나와 새로운 지각을 만들고, 시간이 지나면 중앙해령에서 멀어지게 되는 것이 아닐까 생각했다.

1955년 파이어니어호의 항해 결과는 그의 이론을 뒷받침해주었다. 조사를 통해 해저에서 긴 직선형의 자기 띠 패턴이 발견되었고, 이를 통해 지질학자들은 그 연대를 알아낼 수 있었다(이 장의 마지막 설명을 볼 것). 중앙해령에서 멀어질수록 더 오래된 지각이라는 사실은 해저가 점점 확장된다는 헤스의 이론을 입증해주었다.

1970년대에 글로마챌린저호가 심해 굴착 프로그램이라는 15년짜리 탐사에 나서면서 더 많은 증거가 수집되었다. 1,700미터 이상을 굴착할 수 있는 이 배는 아프리카와 남아메리카 사이를 지그재그로 움직이며 대서양 중앙해령을 가로질러 해저 600곳 이상을 조사했다. 그 결과는 해저가 중앙해령에서 더 먼 곳일수록 더 오래되었다는 것을 보여주었고, 그래서 해저가 확장된다는 더욱 확고한 증거가 되었다.

그리고 이 사실 덕분에 지구의 외피가 맨틀 위에서 미끄러지는 여러 개의 판으로 되어 있다는 판구조론을 발전시킬 수 있었다. 이것은 현재 전세계 지리학 교과서의 주요 이론이다.

해저의 연대 파악

지구의 지각은 지각판이라는 퍼즐 조각으로 이루어진다. 지각판은 '암류권'이라는 유동층 위에 떠 있고, 이 암류권은 맨틀 안쪽에 있는 뜨겁고 대류하는 흐름으로 인해 움직인다. 지각판이 갈라지고 해양지각이 쪼개지는 곳에서 뜨거운 마그마가 솟아올라 해저로 흘러나오는 것을 중앙해령이라고 한다. 이 '해저 확장' 과정은 판이 완전히 갈라질 때까지 계속된다. 차가워진 마그마가 해저에서 식기 전에 지구의 자기장 방향으로 자화(磁化)된다. 이는 마그마 속의 철이 풍부한 석영이 지구의 자기장을 따라 배열되기 때문이다. 마치 나침반 바늘이 자북을 향해 당겨지는 것과 비슷하다.

종종 지구의 자기장이 반전된다. 이것은 지난 수십억 년 동안 수백 번쯤 일어났다. 평균적으로 지난 2천만 년 동안 20만 년~30만 년마다 일어났다. 마지막으로 반전된 지 그 두 배의 시간이 지나긴 했지만 말이다.

자기의 방향을 측정하는 데에는 자기탐지기라는 장치가 사용된다. 자기의 방향은 중앙해령 양옆의 해저에 보통 극성과 반전된 극성이 대칭적인 줄무늬 패턴으로 형성된다. 이 줄무늬 패턴은 해저의 나이를 파악하는 데 도움이 되는 소위 '해저 확장' 속도를 알려준다. 줄무늬가 더 넓을수록 확장 속도가 더 빠른 것이다.

북극 아래로 잠수하기

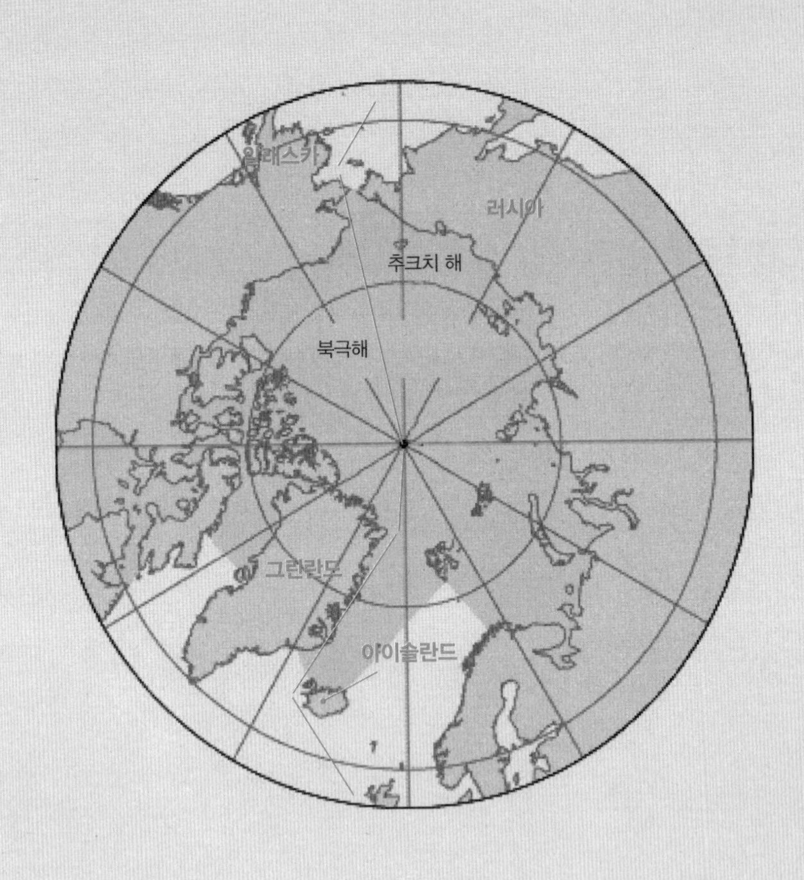

노틸러스호는 세계 최초의 원자력 잠수함으로서 1958년 북극 만년설 아래로 최초로 항해하는 데 성공했다.

◆

윌리엄 R. 앤더슨(William R. Anderson, 1921~2007) 사령관의 목소리가 잠수함 내에 울린다. "잠시 후면 우리는 인류의 오랜 꿈이자 이 배의 목표인 지리적 북극에 도착할 것이다. 대기… 10, 8, 6, 5, 4, 3, 2, 1… 전 미국과 미 해군에 알린다. 1958년 8월 3일 일요일, 동부 서머타임으로 2315시. 북극이다." 잠수함의 다른 115명이 요란하게 환호한다. 세계 최초의 원자력 잠수함이 북극 만년설 아래로 최초의 항해에 성공한 것이다.

쥘 베른의 《해저 2만 리(Twenty Thousand Leagues Under the Sea)》에 나오는 가상의 잠수함에서 이름을 딴 노틸러스호는 당시 기술적 경이였다. 우라늄 연료로 돌아가는 원자로가 증기를 생성해서 터빈을 돌리고, 수중에서 20노트까지 잠수함의 속도를 올릴 수 있었다.

노틸러스호 이전에 존재했던 디젤-전기 잠수함은 한정된 시간 동안만 잠수할 수 있고 배터리를 재충전하기 위해서 정기적으로 수면으로 나와야 했다. 하지만 이 원자력 잠수함은 거의 무한한 시간대를 가졌는데, 다시 말해 몇 시간이 아니라 몇 주를 수중에서 머무를 수 있고 아주 가끔만 수면으로 나오면 된다는 뜻이었다. 소련과 상황이 악화될 경우 군사작전에 이상적이었다.

잠수함 건조는 1951년에 해군 공학자 하이먼 G. 리코버(Hyman G. Rickover, 1900~1986) 대령의 세심한 눈길 아래 시작되었다. 그는 러시아에서 태어났으나 1946년 미국의 핵 프로그램에 참여했다. 이 프로젝트가 국가적으로 대단히 중요하다는 것을 깨닫고 리코버는 기록적인 시간 내에 팀이 잠수함을 제조하도록 압박했다. 소문에 따르면 그는 한번은 선체에서 사람 머리카락 굵기의 3분의 1밖에 되지 않는 조그만 구멍을 발견하고 이렇게 말했다고 한다. "조그만 누수는 대체로 저절로 밀봉되지." 그렇게 놔두는 대신에 팀원 한 명이 냉각기 안의 염수 속에 '누수 방지제'를 사서 넣자고 제안했다. 문제는 해결되었다.

프로젝트가 진행되면서 그것은 점점 더 국익에 중요해졌다. 잠수함의 용골은 1952년 해리 트루먼 대통령이 놓았고, 1954년 1월 21일에 코네티컷의 템스 강으로 첫 항해에 나서기 전에 영부인인 매미 아이젠하워가 뱃머리에 샴페인 병을 내리쳤다. 1957년, 노틸러스호는 북극에 간다는 가장 큰 테스트를 할 준비를 마쳤다.

8월의 첫 번째 시도는 좋지 않은 결말을 맞았다. 항법 장치가 고장나서 잠수함이 돌아와야만 했던 것이다. 하지만 그해 10월에 소련에서 스푸트니크 1호를 성공적으로 쏘아 올리면서('스푸트니크 1호' 장을 볼 것) 기술적 우위를 다투는 전쟁에서 앞서가자 다시 해보라는 압박이 강해졌다. 미국은 뒤처지지 않았음을 보여줄 만한 것이 필요했다.

두 번째 시도는 1958년 4월에 있었으나 노틸러스호는 부빙(浮氷)

● 잠수함의 원자로

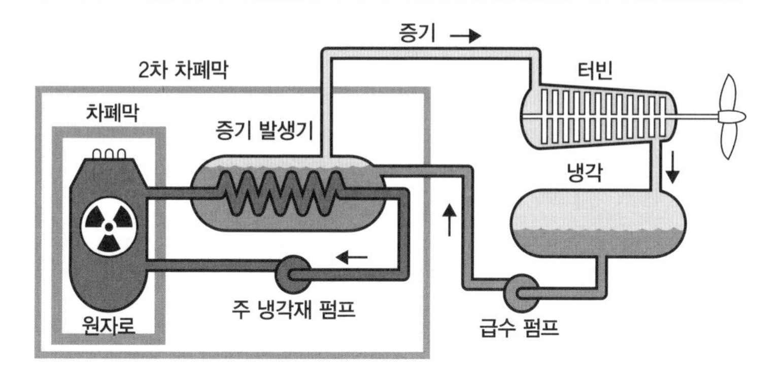

이 깊이 15미터에서 50미터에 이르는 추크치 해에서 안전한 경로를 찾지 못했다. 다시금 실패였다. 새로운 계획이 필요했다.

이후 몇 달 동안 만년설 위로 비행기의 항로 정찰이 이루어졌고, 얼음 사이를 지나가는 최적의 경로를 대강 알아내기 위해서 알래스카 어부들에게 가장 좋은 어장이 어딘지를 물어보았다. 잠수함은 다시 시도할 준비가 되었다.

1958년 8월 1일 알래스카의 포인트 배로(Point Barrow)에서 출항한 노틸러스호는 추크치 해의 부빙 미로를 헤치고 나아갔다. 이틀 후, 잠수함은 북극 아래를 지나갔다.

선원들은 얼음이 사라져서 그린란드 해에서 다시 떠오를 수 있을 때까지 이틀을 기다려야 했다. 그 뒤에 모스부호를 통해 이 소식을 워싱턴에 전했다. 공로를 광고하기 위해서 정부는 잠수함에서 앤더슨 대령을 헬기에 태워 수도로 데려온 다음 전세계 미디어 앞에서 행진을 시켰다. "지금 약간 좀 멍하군요. 14시간 전에 저는 물속에 있었습니다. 얼음 아래서 72시간을 있었죠. 그리고 겨우 닷새 전에는 북극에 있었고요."

그사이에 노틸러스호는 아이슬란드로 갔다가 브리튼 남쪽 해안의 포틀랜드 섬으로 향했다. 거기서 처음에는 하와이로 13,000킬로미터가 넘는 거리를 나아갔는데, 그중 96퍼센트를 잠수해서 갔다.

이런 항해를 해본 적은 지금껏 한 번도 없었다. 노틸러스호는 핵 및 잠수함 공학에서 엄청난 업적이었다. 그리고 임무는 여러 가지 면에서 큰 성공을 거두었다. 선원들은 대단한 용기를 보여주었다. 얼음 아래서 뭔가 하나라도 잘못됐으면 다른 배는 잠수함을 구하러 갈 수 없었을 것이다. 앤더슨 사령관은 드와이트 D. 아이젠하워 대통령에게 귀중한 수훈장을 받았고, 선원들은 대통령 부대표창을 받았으며 뉴욕으로 돌아와서 영웅으로 환영받았다. 또한 노틸러스호는 새로운 군사 시대의 시동을 걸었다. 원자력 잠수함의 끝없는 이동 범위가 해군의 전략과 전술을 완전히 바꾸어놓았다.

원자력 잠수함은 어떻게 작동하는가?

원자로가 특별 합금으로 만들어진 금속 상자 안에 들어 있어서 방사성 연료봉으로부터 보호막이 되어준다. 원자로는 기본적으로 증기 엔진처럼 작동한다. 원자로 안에서는 중성자가 우라늄 원자에서 떨어져 나와서 감마선과 열 형태로 에너지를 생성한다. 물이 원자로 옆에 있는 코일을 지나가면서 몹시 뜨거워지지만, 고압을 받고 있기 때문에 끓지는 않는다. 그다음에 물이 펌프를 통해 증기 발생기로 들어갔다가 원자로로 돌아와서 재가열된다. 그러는 동안 이차 계통에서 증기로 배에 전기를 공급하는 터빈 생성기와 프로펠러를 돌리는 주 터빈을 돌린다. 이 과정에 산소는 전혀 필요치 않기 때문에 잠수함은 공기를 위해 수면으로 떠오를 필요가 없다.

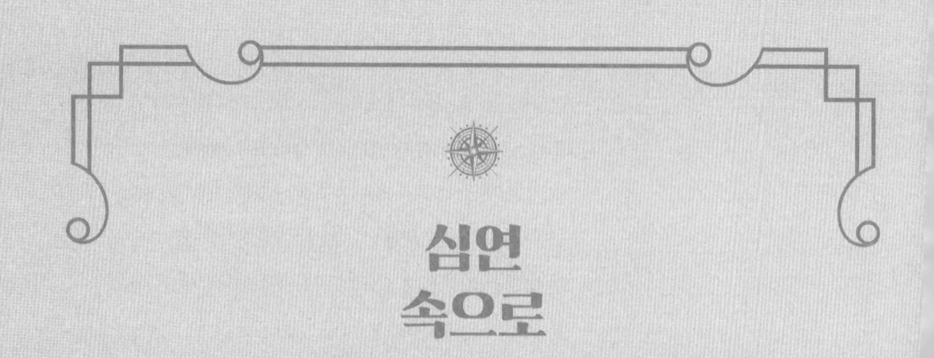

심연 속으로

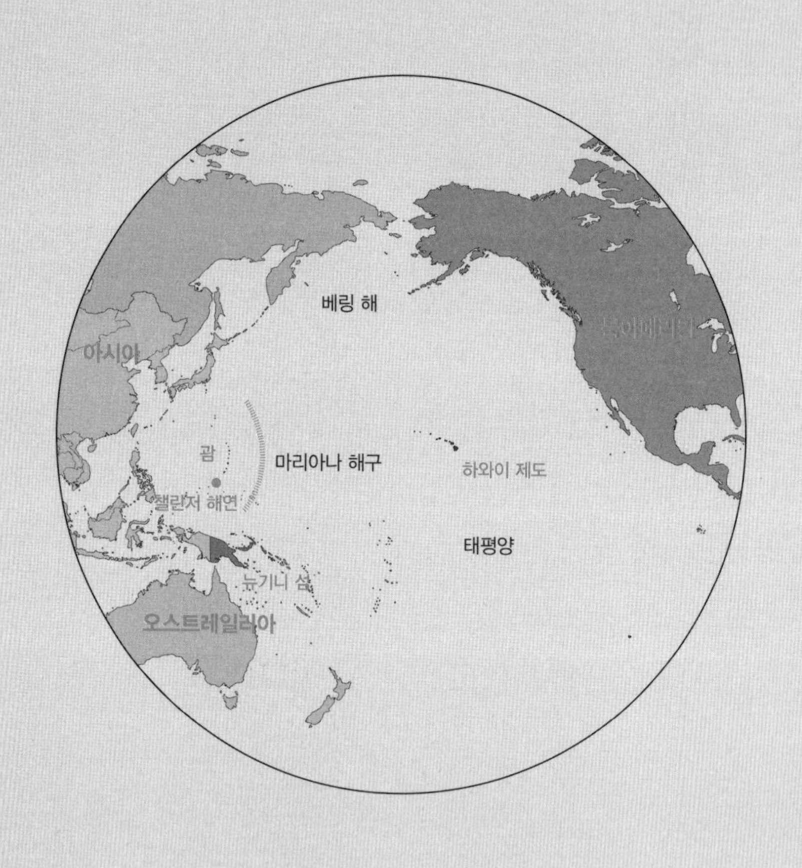

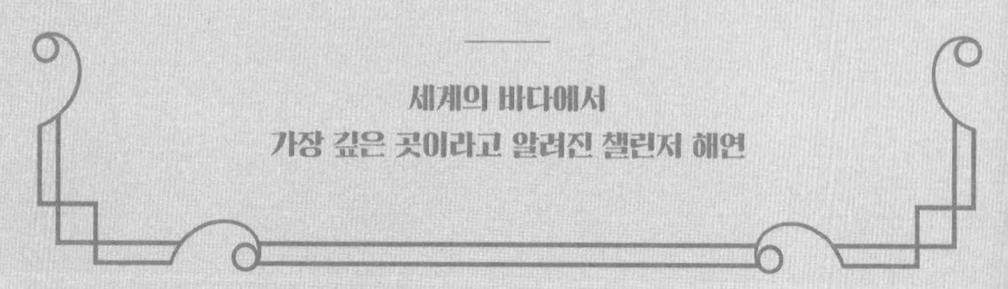

세계의 바다에서
가장 깊은 곳이라고 알려진 챌린저 해연

◆

잠수함의 투광조명등이 어둠 속을 밝히고 해파리 몇 마리와 새우처럼 생긴 생물 몇 마리, 길이 30센티미터 정도에 바닥에서 이리저리 움직이는 하얀 넙치를 드러낸다. 녀석의 눈이 배 쪽을 쳐다본다. 빛이 이 새카만 세계에 처음으로 쏟아졌다. 자크 피카르(Jacques Piccard, 1922~2008)는 돈 월시(Don Walsh, 1931~)에게로 몸을 돌리고 악수를 한다. 해수면에서 약 11킬로미터 밑에서 남자들은 방금 역사를 만들었다. 세계의 바다에서 가장 깊은 곳이라고 알려진 챌린저 해연으로 잠수를 한 것이다.

1875년에 이 해연을 처음으로 조사하러 나섰던 왕립군함 챌린저호('최초의 해양학 탐사' 장을 볼 것)에서 이름을 딴 챌린저 해연은 태평양의 섬 괌 남서쪽 300킬로미터 지점에 있는 훨씬 큰 함지인 마리아나 해구 바닥에 있는 구멍 모양 틈새다(이 장의 마지막 설명을 볼 것).

1960년 1월 23일, 남자들은 비교적 안전한 트리에스테호 안에 들어가 있었다. 트리에스테는 이탈리아에서 제작한 잠수정으로 자크 피카르의 아버지인 스위스의 발명가 오귀스트 피카르(Auguste Piccard)가 이 잠수정을 만들고 설계했던 도시의 이름을 따서 붙였다. 자크와 함께 탄 사람은 미국 해군 중위 돈 월시로 이 말을 한 것으로

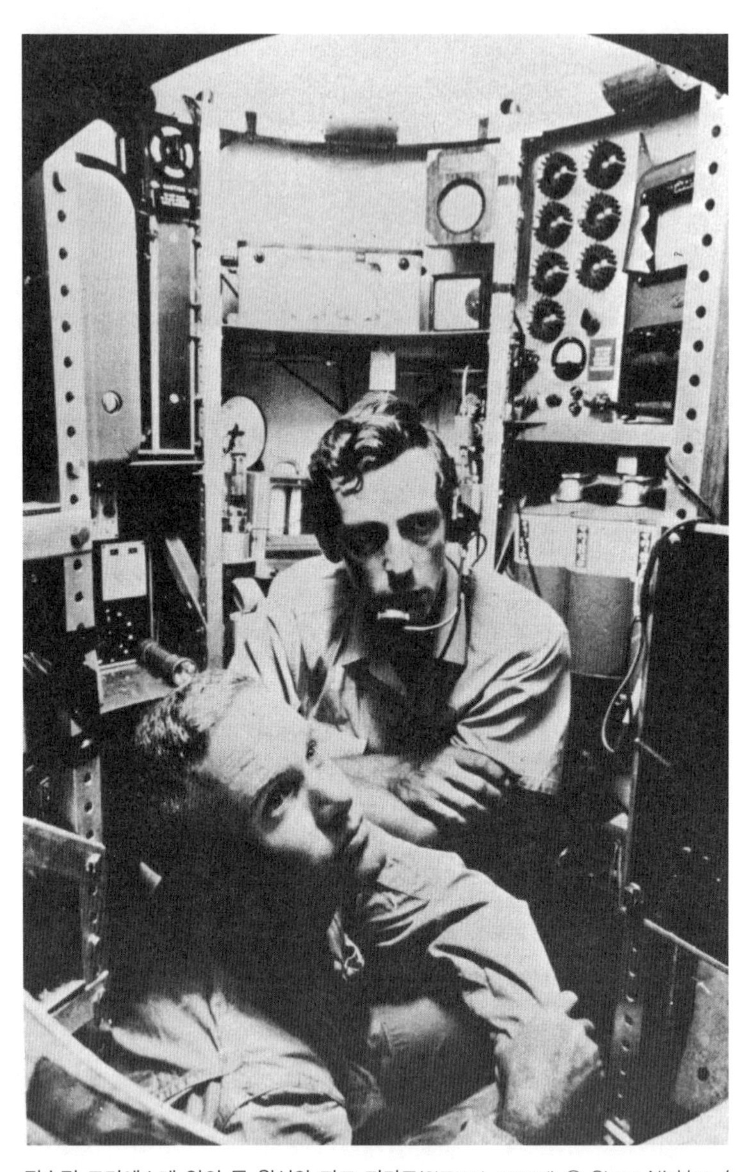

잠수정 트리에스테 안의 돈 월시와 자크 피카르(왼쪽부터, 1960년) © Steve Nicklas / NOS / NGS

유명하다. "바닷속 가장 깊은 곳에 들어가본 사람보다 달을 걸은 사람이 더 많다."

트리에스테호는 길이가 18미터였지만 철제 잠수정 아래쪽에 붙은 선실은 겨우 2미터 너비였다. 잠수정의 나머지 대부분은 아래쪽으로 가라앉기 위한 9톤의 철제 구슬들과 부상하는 데 필요한 126,000리터의 가솔린으로 채워져 있었다. 12.7센티미터의 철벽이 엄청난 외부 압력(1제곱인치당 약 8톤)으로부터 그들을 보호해주었고, 그들은 투명한 아크릴 원뿔을 통해서 바깥의 낯선 세계를 보았다. 하강하는 데에는 초속 1미터로 4시간 48분이 걸렸다.

모든 것이 잘 흘러가다가 갑자기 커다란 쾅 소리가 불길하게 선체 전체에서 울리고 잠수정이 요동쳤다. 두 남자는 황급히 소음의 원인을 찾으려 했고, 9,000미터라는 이 깊이에서 잠수정에 틈이 생기면 외부 압력으로 인해서 완전히 납작해질 것임을 깨달았다. 하지만 그들의 장비는 제대로 기능하고 있으니까 심각한 문제는 아닐 것이다. 해저 근처에 도달한 후 그들은 원인을 찾아보았다. 입구 터널의 아크릴 창문에 금이 가 있었다. 그걸 처리할 방법은 전혀 없었다.

두 사람은 수중청음기를 통해 수면의 지원 함선에 상황을 설명하고 7초 동안 메시지가 전달되기를 기다렸다. 그다음에 나머지 20분 동안 그 깊이에서 주위를 관찰하고 기온이 겨우 섭씨 7도밖에 되지 않는 싸늘한 선실에서 에너지를 유지하기 위해서 초콜릿 바를 먹었다. 바닥짐을 버린 후 잠수정이 문명을 향해 다시 떠오르기 시작했다. 수면까지 올라가는 데에는 3시간 15분이 걸렸다.

유인 잠수정이 바닷속 더 깊은 곳을 탐험해본 적은 아직까지 없고, 로봇이 다녀온 적은 있으나 다시 그렇게 깊은 곳을 잠수한 사람은 딱 한 명뿐이다. 영화 〈타이타닉〉과 〈아바타〉로 유명한 감독 제임스 캐머런이 2012년에 홀로 들어갔었다. 캐머런의 이후 영화들이 인생에 관해 대단히 깊이 있는 새로운 통찰력을 보여주었으나 그렇게 깊은 곳에는 어떤 생명체도 존재할 수 없다는 당시의 믿음을 바꿔놓은 건 피카르와 월시의 관찰 결과였다. 그리고 두 남자는 아주 쉽게 재앙으로 끝날 수도 있었던 이런 도전에 나선 것만으로도 치하받을 만하다. 하지만 가장 큰 칭찬을 받을 사람은 이렇게 공학적으로 경이로운 업적을 설계해낸 오귀스트 피카르일 것이다. 이 잠수정은 해양 탐사의 획기적인 이정표가 되었다.

챌린저 해연 잠수 후 물 밖으로 끌어올려지고 있는 잠수정 트리에스테

마리아나 해구

길이 2,542킬로미터에 챌린저 해연 바닥까지 깊이 10.9킬로미터인 마리아나 해구는 그랜드캐니언의 5배 길이에, 해수면 아래로 에베레스트 높이보다도 2킬로미터가 더 깊다. 이 깊이에서는 압력이 해수면에서보다 1,000배 더 크다. 하지만 생명체는 그런 극단적인 압력을 견디도록 진화했다. 마리아나 해구는 (먹이를 통째로 삼키는) 덤보문어나 심해 용고기(*Pegasidae*), 분홍색 마귀상어(*Mitsukurina owstoni*)와 좀비벌레(*Osedax*)처럼 상당히 기괴한 생물들의 서식지다. 넓은 해구는 거대한 해양 지각판이 다른 지각판 아래로 들어가는 섭입대에 위치하고 있기 때문에 존재한다.

가장 가까운 육지는 미국령인 괌과 마리아나 제도로 미국의 연방국을 이루고 있다. 2009년에 조지 W. 부시 대통령이 마리아나 해구를 해양 국립 기념물로 만들었다. 이렇게 보호받는 해양 환경을 만드는 것은 언젠가 더 많은 해양 탐험가가 이 해구를 탐사하기 위해 필수일 수도 있다.

멕시코 만류 타기

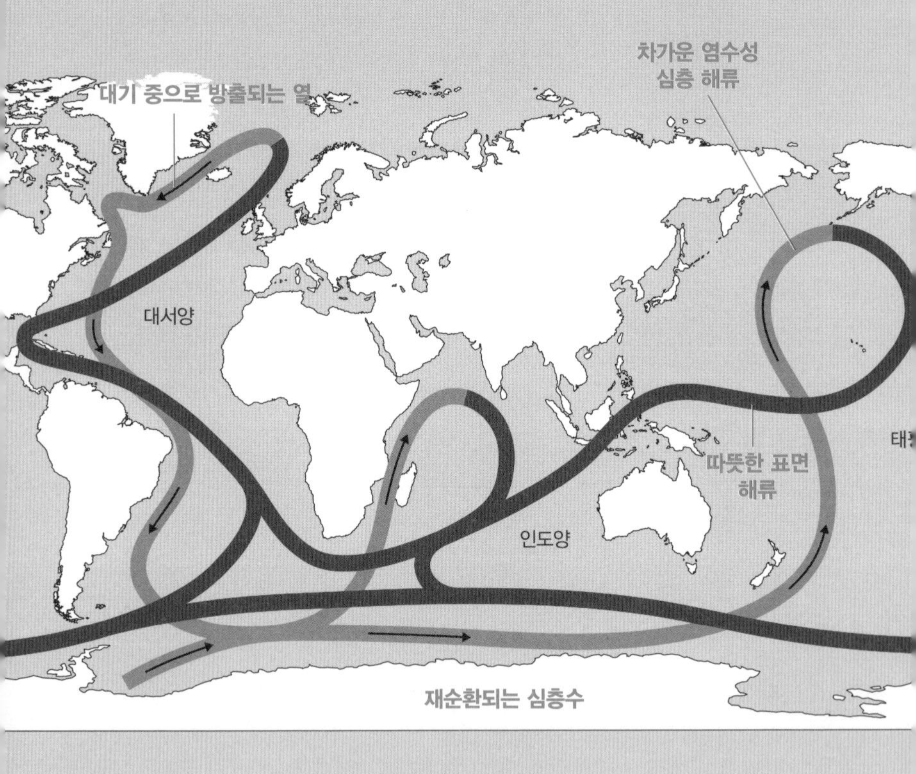

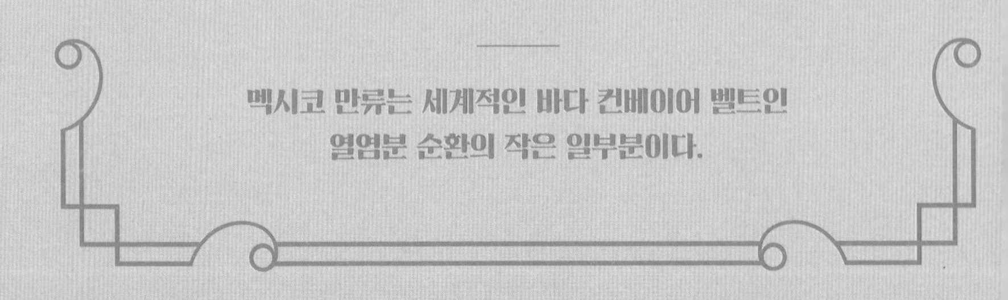

멕시코 만류는 세계적인 바다 컨베이어 벨트인
열염분 순환의 작은 일부분이다.

◆

1969년은 인간이 처음 달에 발을 디딘 해로 우리의 기억에 영원히 남을 것이다. 하지만 전세계의 시선이 아폴로 11호에 쏠려 있는 사이에 또 다른 나사의 임무가 한 번도 탐험한 적 없는 또 다른 세계에서 수행되고 있었다. 바로 심해다.

벤프랭클린호라는 이름의 15미터 길이의 잠수함이 미국 동쪽 해안에 흐르는 멕시코 만류를 따라 흘러가며 과학 데이터를 수집했다. 이 임무는 마찬가지로 대담하고, 마찬가지로 기술적으로 어려운 일이었으며, 마찬가지로 과학계에 귀중한 것이었다. 하지만 바닷속을 31일 동안 떠돈 후 벤프랭클린호에 탄 6명의 선원들은 환호나 TV 촬영 담당자들, 대통령의 축하의 말 같은 건 하나도 없는 상태로 수면으로 떠올랐다. 그들의 용감한 탐사는 달 착륙에 완전히 가려버렸다.

멕시코 만류 탐사가 역사 속에서는 잊혔다고 해도 이 임무와 아폴로 11호 사이에는 여러 가지 유사점이 있다. 둘 다 나사의 임무였고, 플로리다 동해안에서 출발했으며, 미지의 세계를 탐험했다. 하나는 우주의 어둠 속을 여행하며 휴스턴의 관제 센터와 연락하면서 험준한 달 위를 탐험했고, 또 하나는 심해의 어둠 속을 여행하며 호위선 프라이버티어호와 연락하면서 험준한 해저를 탐험했다. 잠수함 벤프랭클린호와 달착륙선 아폴로 11호 둘 다 그러먼(Grumman)사에서 제작했다. 두 임무 모두 몹시 위험했다. 뭔가가 잘못되면 되돌릴 수 있는 가능성은 거의 없었다. 그리고 우주와 해양 탐사 둘 다 1961년에 존 F. 케네디 대통령이 핵심 국가 목표로 선언한 것이었다. 그는 "우리는 이번 10년 안에 달에 가기로 했습니다", 그리고 "해양에 대한 기초 및 응용 연구에 국가적 노력을 기울일 것입니다. (…) 바다에 대한 지식은 단순히 호기심 문제 이상입니다. 우리의 생존 자체가 여기에 달려 있습니다"라고 말했다.

임무는 동시에 수행될 예정은 아니었다. 멕시코 만류 탐사 임무를 시작할 가장 좋은 타이밍은 5월이었다. 하지만 기술 문제로 잠수함은 2주 더 플로리다 팜비치의 부두에 묶여 있었다. 결국에 1969년 7월 14일에, 아폴로 11호가 발사되기 전에 출항했다.

임무 책임자는 스위스의 해양학자이자 공학자인 자크 피카르였다. 그는 돈 월시와 함께 챌린저 해연 바닥에 들어갔던 것으로 이미 유명했다('심연 속으로' 장을 볼 것). 나머지 선원들은 해군 대령, 공학자, 음향 전문가, 해양학자, 장기적인 고립이 우주에 있는 인간에게 어떤 영향을 미치는지 알기 위해서 배 안의 사회적 역학 관계를 관찰하는 것이 임무인 나사 과학자였다.

7월 14일 아침에 선원들은 한 명씩 앞으로 31일 동안 집이 될 잠수함으로 들어갔다. 프라이버티어호는 천천히 잠수함을 바다로 끌고 갔고, 오후 10시 30분에 마지막 해치가 잠기고 밸러스트 탱크에 물이 들어가며 벤프랭클린호가 파도 아래로 잠겼다.

처음에는 모든 것이 다 괜찮아 보였다. 하지만 잠수함이 더 깊이 가라앉으면서 선원들은 조그만 누수가 생기는 것을 알아채기 시작했다. 퓨즈 몇 개가 터지고, 기온이 섭씨 12도 밑으로 떨어지고, 프라이버티어호와의 통신이 끊겼다. 선원들에게는 걱정스러운 시간이었다. 하지만 결국에 그들은 문제를 바로잡았고, 모두 함께 안도의 한숨을 쉬었다.

7월 20일, 아폴로 11호의 우주비행사들이 인류를 위한 큰 걸음을 내디뎌 미국 국기를 꽂는 동안 벤프랭클린호의 해저 탐사자들은 며칠째 작업하느라 바빴다. 수온과 염도를 측정하고 해양 생물을 관찰하고 음향 실험을 하고 자기 변화를 기록하고 사진을 찍고 해저의 지도를 만들었다.

벤프랭클린호 모습(밴쿠버 해양 박물관) © Urbankayaker

한가한 시간에는 동결건조 음식을 먹고, 단어 만들기 게임과 포커, 다트 놀이를 하고, 책을 읽거나 음악을 들었다. 윌리 넬슨의 '다시 길 위로(On the Road Again)'가 선원들이 가장 좋아하는 음악이 되었다.

항해하는 동안 사건은 더 일어났다. 한번은 잠수함이 거대한 소용돌이에 휘말려서 멕시코 만류 바깥으로 튕겨 나갔다. 중심 해류에 다시 들어가기 위해서 에너지가 부족한 엔진을 사용해보려고 애쓰다가 선원들은 포기하고 프라이버티어호에 얹혀서 가기 위해 수면으로 떠올랐다. 기온이 빠르게 올라가고 습도가 100퍼센트에 이르렀지만 해치가 잠긴 채 열리지 않았다.

아폴로 11호가 태평양에 떨어지고 3주 후인 8월 14일에 마침내 벤프랭클린호가 노바스코샤 해안 앞에 다시 떠올랐다. 선원들은 31일 만에 처음으로 해치를 열었다. 그들은 힘든 임무에서 살아남았을 뿐만 아니라 바닷속에서 2,600킬로미터가 넘게 움직였고, 멕시코 만류와 만류가 지나는 해양 세계에 관해 수많은 과학 데이터를 모아왔다. 그 결과는? 우리의 기후에 영향을 미치는 해류에 관한 상세한 지식이다.

멕시코 만류

멕시코 만류는 플로리다부터 미국과 캐나다의 동해안을 따라 올라갔다가 대서양을 가로질러 유럽까지 가는 따뜻하고 빠른 해류다. 멕시코 만류가 없었으면 서부 유럽의 기후는 훨씬 추웠을 것이다. 해류는 수온 차이와 염분 양 때문에 존재한다. 적도의 따뜻한 물이 기후가 더 추운 북쪽으로 흘러올 때 순수한 물이 증발되어 바다의 염도가 더 높아져서 밀도가 높아지고, 그러면 물이 심해 해류 위치까지 가라앉는다.

멕시코 만류는 열염분 순환, 혹은 자오선 역전 순환이라고 하는 훨씬 큰 전세계 순환 체계의 일부다. 전세계의 심해 분지들을 한 바퀴 돈 다음에 무거운 물은 '용승(upwelling)'이라는 과정을 통해서 다시 위로 올라온다.

타이태닉호 찾기

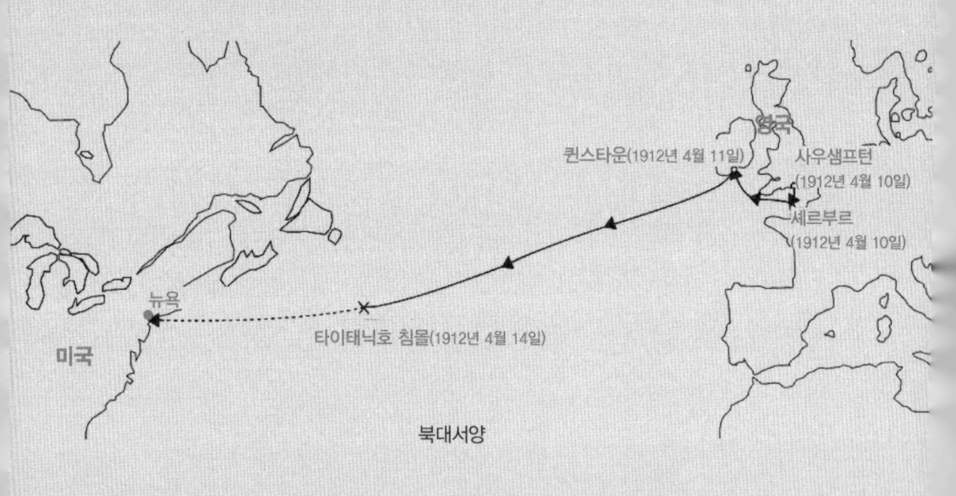

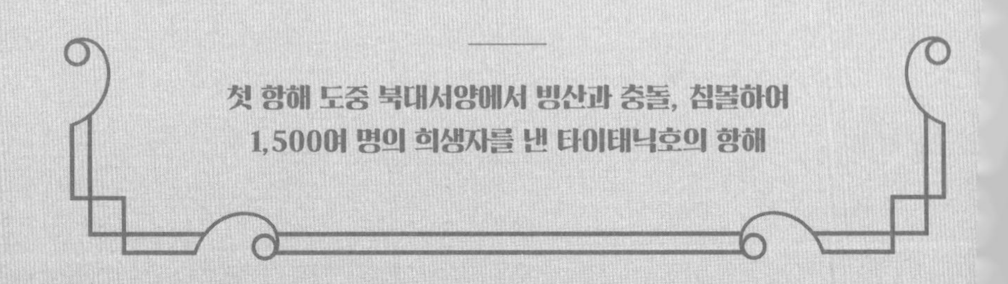

첫 항해 도중 북대서양에서 빙산과 충돌, 침몰하여
1,500여 명의 희생자를 낸 타이태닉호의 항해

◆

자주색 문어가 수박 크기만 한 거대한 조개들 무더기 위를 뒤진다. 그 옆을 게가 종종걸음으로 지나간다. 분홍색 물고기가 길쭉한 돌탑에 달라붙은 끝이 빨간 서관충(tubeworm)들 사이를 스쳐간다. 탑 꼭대기에서 연기를 내뿜는 굴뚝처럼 검은 구름이 뿜어져 나온다. 흥미를 느끼고 잠수정이 좀 더 잘 보기 위해서 빙 돌아간다.

2.5킬로미터 위의 수면에서는 해양학자 로버트 밸러드(Robert Ballard, 1942~)가 연구선 룰루호 위에서 잠수정 조종사 잭 콜리스(Jack Corliss)가 앞에 있는 바다 풍경을 묘사하는 내용을 받아 적고 있다. "심해는 사막 같아야 하는 거 아닌가요? 허, 여기에는 온갖 생물이 다 있는데 말이죠." 콜리스가 말한다.

이것은 잠수정 앨빈호의 713번째 잠수이지만, 갈라파고스 단층 바닥까지 사람이 들어간 것은 처음이다. 갈라파고스 단층은 태평양 중앙해령의 돌출부로 세계에서 가장 큰 해저 산맥이다. 1977년 이 탐사 이후로 이 외딴 지역은 해양과학에서 가장 중요한 발견 지역 중 하나로 알려졌다.

해저가 '해저 확장'('판구조의 발견' 장을 볼 것) 때문에 갈라지면 소위 '열수구(熱水口, hydrothermal vent)'를 통해서 솟아오른 마그마가 빠져나온다. 마그마가 차가운 바닷물에 닿으면 잠수정 팀이 본 것 같은 검은 구름이 형성된다. 구름 속 입자 일부는 가라앉아서 결국에 굴뚝 같은 모양을 만든다. 이 '검은 연기 굴뚝' 주위의 바닷물 온도는 섭씨 300도까지 이른다. 차가운 바닷물을 데워서 근처에 있는 해양 생물체들에게 아늑한 환경을 만들어주는 것이다.

생물들을 표면으로 끌어올린 다음 룰루호 안쪽에 있는 작은 실험실로 가져간다. 일부는 배에 있는 한정된 포름알데히드에 담가두고,

잠수정 앨빈호 © Jholman

나머지는 그냥 파나마에서 구입한 독한 러시아산 보드카에 넣는다. 그것도 다 떨어지면 생물들을 그냥 공기 중에 놔둔다.

나중에 이 생물 표본들을 검사하면서 그들은 생명체가 그렇게 깊은 바닷속에서 어떻게 존재할 수 있는지 알아챘다. 썩은 계란 냄새가 실험실을 채우기 시작한다. 현창이 활짝 열린다. 이 냄새는 딱 한 가지를 의미한다. 황화수소다. 이 악취 나는 기체의 존재는 열수구에서 특정한 광물이 뿜어져 나왔다는 것을 의미한다. 팀은 미생물들이 이 무기물에서 화학합성이라는 과정을 통해 화학 에너지를 확보한다는 것을 깨닫는다. 그다음에 다른 생물들이 이 미생물을 먹는다. 이것이 광합성을 할 빛으로부터 멀리 떨어진 그런 깊은 곳에서 어떻게 번성한 군집이 존재하는지를 설명해준다. 같은 탐사에서 잠수정 앨빈호의 후속 잠수를 통해 다른 열수구들 주위에 있는 생물체들의 풍부한 다양성이 밝혀진다.

열수구 주위의 이 활기찬 생물 군집의 발견은 심해가 황량한 사막일 것이라는 당시의 인식을 완전히 바꾸어놓았다. 그리고 최초의 생명체 형태는 열수구 주위에서 태양이 아니라 지구의 에너지를 이용하여 진화하지 않았을까 하는 아이디어가 탄생하게 만들었다. 이후 몇 년 동안 인터뷰에서 밸러드는 자신이 보았던 가장 매혹적인 것은 심해 열수구 안과 주위에서 사는 생물체들이었다고 말했다. 이것은 타이태닉호의 잔해를 발견한 남자가 한 말이다.

밸러드는 어릴 때 영화 〈해저 2만 리〉에 나오는 네모 선장이 되고 싶은 꿈을 갖고 있었다고 말한 것으로 유명하다. 그는 누구보다도 그

꿈에 가까이 다가간 것 같다. 역사상 가장 위대한 해양 탐험가 중 한 사람이 되었으니 말이다.

해양지질학과 지구물리학 박사학위를 딴 다음 그는 해군에서 경력을 시작했고 우즈홀 해양학 연구소에서 30년 동안 일했다. 그곳에 있는 동안에 그는 당시 해군의 잠수함 전투작전 담당 부사령관을 설득해서 타이태닉호를 찾는 데 필요한 자동 잠수정 기술을 개발하는 데 필요한 돈을 대달라고 설득하는 데에 성공했다. 부사령관은 한 가지 조건 아래 동의했다. 탐사의 가장 중요한 목표는 미 해군전함 스레셔호와 스콜피언호의 잔해를 찾는 것이라는 거였다. 이것은 두 가지를 알아보기 위해서였다. 첫째는 배의 동력원이었던 원자로가 환경 문제를 일으키는지 조사하는 것이었다. 만약 환경 문제가 없다면 다른 핵 원료들도 심해에 버릴 수 있을 것이다. 두 번째는 비열한 수작에 의해 배가 가라앉았는지 확인하는 것이었다. 어쨌든 당시는 냉전 시대였으니까. 그러고도 시간이 남는다면 밸러드는 그 주변 지역에 가라앉았을 것으로 여겨지는 타이태닉호를 찾아봐도 좋았다.

침몰한 잠수정들을 찾는 도중에 밸러드는 해류가 무거운 물체를 더 빨리 가라앉힌다는 사실을 깨달았다. 그래서 타이태닉호를 찾으면서, 그는 조각들이 멀리까지 흩어졌을 거라고 가정하고 작업했다. 그가 옳았다.

1985년 9월에 밸러드는 강력한 음파탐지기를 이용해서 타이태닉호를 발견했다. 바닷속 3킬로미터 깊이에 73년 동안 있었던 난파선의 흐릿한 사진이 전세계에 방송되었을 때 엄청난 흥분을 불러일으켰다.

이 발견 이후로 밸러드는 JFK의 배였던 PT-109호와 1941년 영국 해군이 침몰시킨 독일 전함 비스마르크호, 그리고 지중해와 흑해에서 고대 전함의 잔해 등 다른 많은 난파선을 찾아냈다.

평생 동안 밸러드는 120번이 넘는 해양 탐사를 나갔고, 지구상의 그 누구보다도 깊은 바닷속에서 오랜 시간을 보냈다. 심해에 대한 그의 사랑은 그 자신이 개발을 도운 원거리 통신을 통해서 지구상의 모든 사람이 그의 심해 대모험을 함께할 수 있도록 만들어주어서 심해의 경이를 사람들 앞에 드러내주었다. 그의 수많은 책과 과학 논문은 밸러드가 단순한 탐험가가 아니라 위대한 과학자이기도 했음을 보여주는 증거다.

80대의 해저 탐사자

실비아 얼이 '심해의 여왕'이라는 별명을 얻은 오아후 섬.
하와이 제도는 미국의 50번째 주이자
태평양 가운데에 있는 122개의 섬 무리다.

◆

크고 번거로운 슈트의 몸 부분을 입는 데 약간의 도움을 받은 후 실비아 얼(Sylvia Earle, 1935~)은 커다란 헬멧을 머리 위로 쓰고 잠금장치를 채웠다. 슈트는 다소 우주비행사의 우주복처럼 보이지만, 단단한 플라스틱과 금속으로 만들어졌고 팔다리 부분이 다관절로 된 데다가 집게발 같은 손과 뭉툭한 부츠가 달려 있다. 배가 하와이의 오아후 섬 해안가에서 파도 때문에 위아래로 들썩인다. 하지만 이건 휴가철 여행은 아니다. 얼은 심해로 역사적인 잠수를 하려는 참이다.

얼은 1935년 뉴저지에서 태어났으나 야생동물에 대한 그녀의 관심은 가족이 플로리다로 이사를 간 후부터 자라났다. 플로리다 주립대학에서 식물학 학위를 따기 위해 공부하던 중에 그녀는 처음으로 스쿠버다이빙을 해보았다. 그 시절에는 PADI(Professional Association of Diving Instructors) 과정은 고사하고 교육조차 받지 않았다. 얼은 자연스럽게 숨을 쉬라는 말만 듣고서 물속으로 들어갔다. 이것이 심해와 평생에 걸친 사랑의 시작이었다.

1970년에 그녀는 미국 버진아일랜드의 세인트존 해안 앞쪽으로 위치한 텍타이트 II호라는 특수 잠수함 시설에서 일주일이 넘게 15미터 깊이의 수중에서 지내는 최초의 전원 여성팀 팀장이 되었다. 이것은 일부는 심리학 실험이고, 일부는 해양 연구 프로젝트였다. 얼과 그녀의 팀은 시간을 나누어서 잠수함 시설에 머물거나 해양 생물들을 관찰하고 기록하기 위해서 주변 물속으로 여행을 했다. 임무를 마치고 수면 위로 나온 후 얼은 미디어의 스포트라이트 세례를 받았다. 암스트롱과 올드린이 달 위를 걸은 지 겨우 1년 후, 언론과 대중은 물속에서 산 이 과학자들에게 거의 비슷하게 매료되었다.

그 후 1979년, 얼은 그녀의 이름을 전세계적으로 유명하게 만들 잠수를 준비했다. 9월에 얼과 그녀의 팀은 오아후로 날아갔다. 그녀는 전에는 짐 슈트(Jim suit, 대기압 잠수복의 일종-역주, 이 장의 마지막 설명을 볼 것)를 써본 적이 없었다. 사실 이것은 산업계에서 주로 쓰이고 과학용으로는 거의 쓰이지 않았다.

짐 슈트를 입은 후 얼은 평평한 갑판 같은 운송 장치에 고정된 채 배 옆쪽으로 내려졌다. 갑판은 파도 아래로 점점 들어가서 17미터 깊이까지 내려갔다. 그런 다음 작은 잠수정이 임무를 넘겨받아 얼을 해저까지 마저 데리고 갔다. 바닥에 도착한 후 잠수정의 두 남자 중 한 명이 핸들을 돌려 안전벨트를 풀어주었다. 발을 앞으로 질질 끌면서 그녀는 해수면에서 380미터 아래 있는 해저에 발을 디뎠다.

이 깊이에서는 대기압 잠수복이 없으면 1제곱인치당 600파운드 가까운 압력으로 사람의 몸이 즉각 으스러질 것이다. 하지만 짐 슈트가 그녀를 보호해주었다. 슈트 팔에서 손을 빼고 눈앞에 보이는 심해 세계의 경이적인 것들을 공책에 적을 만한 공간도 안쪽에 있었다. 두 시간 반 동안 얼은 천천히 언덕을 올라가고 골짜기를 넘고 달 표면

같다고 여겨지는 지역을 따라 걸어가며 해저를 탐험했다.

아무도 수면까지 밧줄을 연결하지 않고 이렇게 깊이 잠수한 적이 없었다(이후도 없다). 하지만 잠수하는 내내 얼은 5미터짜리 줄로 잠수정과 연결되어 있었다. 시간이 다 되자 잠수정이 위로 올라가며 이 줄을 통해서 그녀를 수면까지 다시 끌어올렸다.

짐 슈트는 가압형(加壓型)이라서 얼은 어떠한 감압 증세, 즉 '잠함병(潛函病)'도 느끼지 않았다. 배로 돌아와서 머리에서 헬멧을 벗고 그녀는 미소를 지으며 신선한 바다 공기를 들이켰다. 1979년이었고, '심해의 여왕(Her Deepness)'(후에 그녀의 별명이 된다)이 전세계 표제가 되었다.

이제 80대인 얼은 평생 동안 100번 이상의 탐사를 지휘했고 7,000시간 이상을 수중에서 보냈다. 이것은 평생 중 거의 1년에 가깝다. 해저를 걸은 이후 공학자 그레이엄 호크스와 함께 그녀는 심해 탐사선을 만드는 두 개의 회사를 설립했다. 그리고 1990년대 초에 미국해양대기청(NOAA)에서 여성으로서는 최초로 수석 과학관이 되었다.

그녀는 현재 미션 블루(Mission Blue)에 자신의 시간을 집중하고 있다. 미션 블루는 그녀가 2009년에 시작한 비영리단체로 2020년까지 바다의 20퍼센트를 법적 보호지로 만드는 것을 목표로 한다. 2016년에 오바마 대통령이 하와이의 파파하나우모쿠아케아 해양 국립기념물을 확대하고 낚시 금지구역으로 만들겠다고 선언했을 때 얼이 그의 옆에 있었다.

바다에 대한 얼의 사랑은 해양 보존을 위해 그녀가 수년에 걸쳐 행한 수많은 일에서 드러난다. 그리고 노령에도 불구하고 그녀는 스쿠버다이빙을 조만간 그만둘 생각이 전혀 없다. 그녀는 이렇게 말한다. "숨을 쉬는 한 난 잠수를 할 겁니다."

대기압 잠수복의 진화

실비아 얼이 1979년 수면에서 380미터 아래의 해저를 걸어갈 때 그녀가 입었던 짐 슈트는 잠수 기술에서 가장 최신의 것이었다. 대기압 잠수복(ADS)은 20세기 초에 난파선 구조 같은 심해 잠수 임무에 처음 사용되었다. 1932년 공학자 조지프 페레스(Joseph Peress)가 발명한 트리토니아는 유연한 관절을 가진 최초의 잠수복이었다.

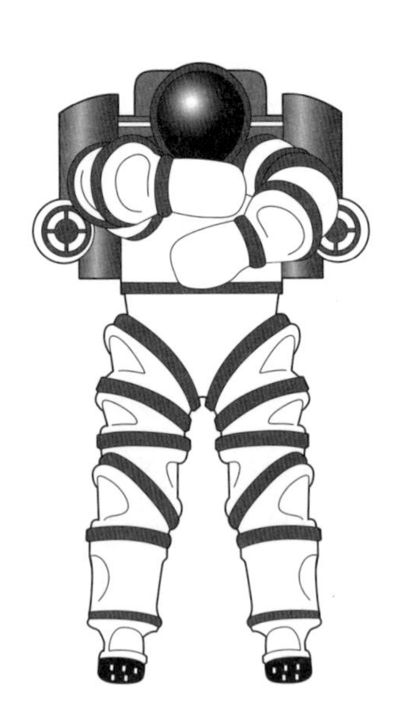

페레스는 또한 1970년대에 짐 슈트를 개발하는 데에도 관여했다. 이 잠수복의 이름은 트리토니아를 입고 네스 호에서 123미터 깊이까지 잠수한 그의 조수 짐 재럿(Jim Jarret)의 이름에서 땄다. 짐 슈트의 후계자는 엑소슈트다. 1.8미터 크기에 무게는 240킬로그램이고, 팔다리에 회전식 관절이 달리고, 발에 추진기가 있고, 광섬유 라인으로 된 쌍방향 통신기가 있는 이 ADS는 엄청난 깊이에서 해양 생명체들을 탐사하기 위해서 만들어졌다.

공룡이 죽던 날

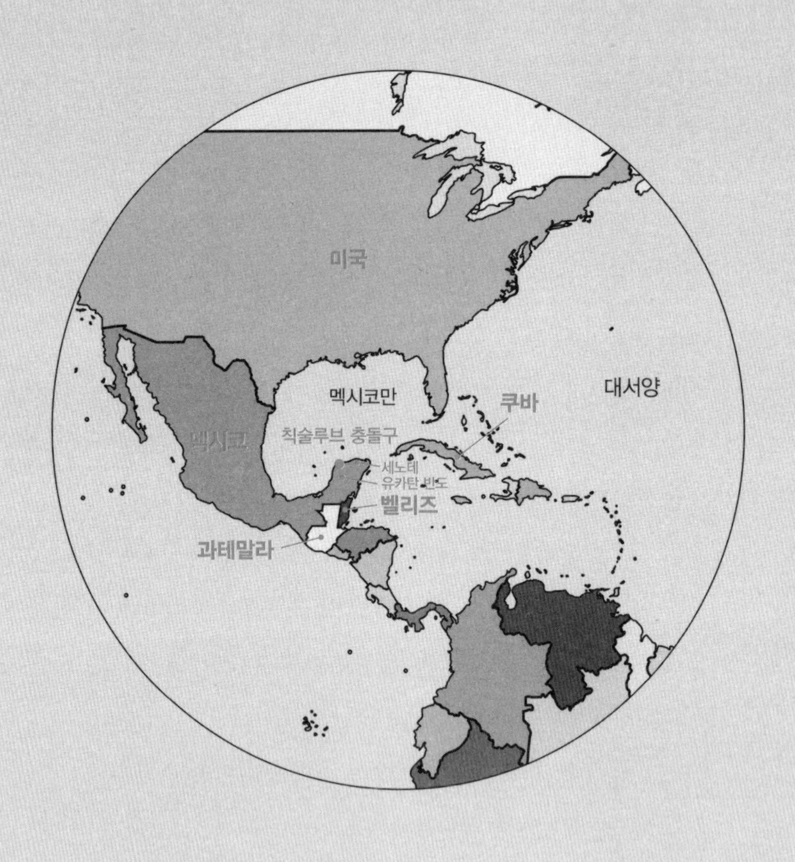

멕시코 유카탄 반도의 칙술루브 충돌구는 소행성이 45도 각도로 부딪쳐 움푹 팬 것이며, 그 결과 공룡들이 절멸했으리라 보고 있다.

◆

공룡 디노는 점심거리로부터 고개를 들 때만 해도 그날이 끔찍한 날이 될 줄은 전혀 짐작도 하지 못한다. 사실 끔찍한 수년 중 끔찍한 하루일 뿐이다. 그의 눈이 하늘을 가르는 불타는 공들을 따라간다. 대부분의 소행성들은 지구 대기를 지나치며 타버리지만, 이 우주의 돌덩이는 지름 10킬로미터로 거대하고 초속 20킬로미터로 현대의 유카탄을 향해 떨어지다가 요란한 쾅 소리를 내며 해안선에 부딪힌다. 그 충격은 히로시마 원폭 힘의 100억 배의 효과를 낳는다.

지름 180킬로미터의 충돌구 안에서는 모든 것이 즉시 증발한다. 두꺼운 먼지가 대기 속으로 날아오른다. 이후 몇 주 동안 먼지가 행성을 뒤덮고 태양을 가린다. 끝없는 밤이 지속되는 몇 달간의 시작이다. 햇볕이 없어서 기온이 떨어지고, 식물은 시들고, 공룡들이 하나 둘 쓰러진다. 6,600만 년 전의 이 사건으로 1억 8천만 년에 걸친 공룡의 지배는 종말을 고했다.

공룡은 운이 나빴다. 소행성이 30초만 늦게 떨어졌어도 상황은 완전히 달라졌을 수 있다. 심해에 떨어졌다면 대형 쓰나미를 일으켰겠지만 대부분의 생물을 몰살할 정도로 큰 규모는 아니었을 것이다.

이 지역의 암석들은 탄화수소와 황으로 가득했다. 이 충돌로 엄청난 양의 먼지와 함께 325기가톤의 황과 425기가톤의 이산화탄소가 대기 속으로 증발했다. 이것은 2014년에 인간이 방출한 이산화탄소량의 10배가 넘는다.

이후 수년 동안 75퍼센트의 생물종이 멸종했다. 남은 것은 몇 종의 강인한 생물들뿐이었다. 마침내 현대의 조류와 파충류, 포유류로 발전하는 생물들이다. 우리 인간으로서는 다행스러운 일이다.

용감한 여러 과학자가 공룡이 어떻게 멸종했는지 실마리를 찾아 수년 동안 추적했다. 하지만 어떤 가설도 받아들여지지 않다가 1980년에 부자지간인 루이스 앨버레즈(Luis Alvarez, 1911~1988)와 월터 앨버레즈(Walter Alvarez, 1940~)가 세운 가설이 마침내 인정받게 되었다. 이탈리아 구비오로 현장 조사를 나갔던 부자는 대량의 이리듐이 몰려 있는 6,600만 년 된 퇴적암을 발견했다. 이리듐은 지구상에서는 흔치 않은 금속이다. 운석우가 지구에 소량을 흩뿌려놓는다는 게 밝혀졌으나 이 층에는 보통 수치의 10배나 들어 있었다. 거대한 소행성이 날아온 게 분명했다. 그리고 대기권을 통과해서 처음 충돌 장소에서 한참 떨어진 곳에 이르렀을 것이다. 덴마크의 스테운스 클린트의 암석도 갑작스러운 이리듐 증가를 보여주었다.

하지만 충돌 장소는 어디일까? 1991년, 끈질긴 박사과정 학생이었던 앨런 힐더브랜드(Alan Hildebrand, 1955~)는 보물 사냥을 따라가서 충돌 장소를 추적했다. 그는 앨버레즈가 연구했던 이탈리아와 덴마크의 암석층이 이후에 텍사스와 아이티 같은 카리브 해 섬에서 발견된 것들보다 더 얇다는 것을 깨달았다. 힐더브랜드는 점점 접근하고 있었지만 칙술루브(CHicxulub) 충돌구는 한동안 그에게 발견되지 않았다. 부분적으로는 빽빽한 정글이나 바다 밑에 숨겨져 있거나 퇴적층으로 가려져 있었기 때문이다. 하지만 운석 충돌 장소를 추적하고 난 뒤 힐더브랜드는 석유 시추공에서 나온 증거를 이용해서 충돌구가 존재한다는 걸 입증했다. 과학계는 마침내 소행성이 공룡을 죽였다는 사실을 인정하게 되었다.

좀 더 최근에 국제팀이 대재앙에 관해 더 세세한 것을 알아내기 위해서 칙술루브 충돌구 한가운데를 파냈다. 2014년, '탐사 364(Expedition 364)'가 멕시코 해안에서 30킬로미터 떨어진 시추 설비에 캠프를 차렸다. 이후 두 달 동안 그들은 충돌구 더 깊이까지 파고 들어가서 수백 미터 아래 있는 암석 중추를 파냈다. 탐사대가 문제에 부딪히지 않았던 것은 아니다. 200미터 길이의 파이프 조각이 시추공 속으로 빠졌던 때처럼 말이다. 하지만 일주일 안에 업무가 재개되었고 하루 24시간 내내 지표면으로 암석 중추부가 끌려 올라왔다.

대부분의 중추부는 기다란 흙과 가루로 된 튜브처럼 보인다. 하지만 각각이 각기 다른 이야기를 해준다. 40번 중추는 특히 흥미로운데, 그 앞의 석회암으로 된 39개의 중추들과 조성이 다른 암석 조각으로 돼 있기 때문이다. 부서지고 녹은 조각들 뭉치는 '각력암(角礫巖)'이라고 하는데, 충돌 몇 분이나 몇 시간 후에 그 지역에 흩어진 것이다. 결정적으로 이 층 바로 위에 미화석(微化石)이 있었다. 이것은 이 충돌에서 살아남았거나 그 후에 번성한 생물의 유령이다. 그리고 10만 년 이내에 다른 수십 종이 나타났다. 생명이 되돌아온 것이다.

심해 채굴

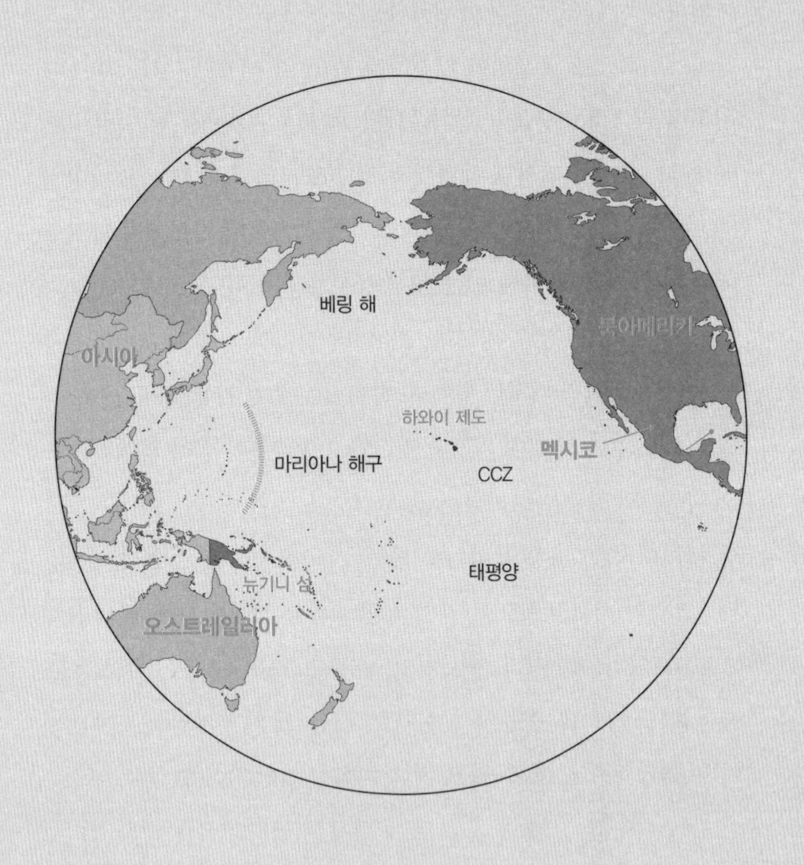

CCZ는 하와이부터 멕시코까지 태평양에 펼쳐진 지역으로 단괴와 해저산, 열수구가 풍부하다.

◆

달이 바다를 가로질러 배를 비춘다. 갑판 위에서는 호흡 장비에 대한 막바지 개조가 진행되고 있다. 이것은 고리 모양 금속 테에 고정시킨 약 20개의 오렌지색 부낭(浮囊)으로 만들어진 거대한 장비다. 모든 게 준비되었다는 신호를 받은 후 장치를 배 옆으로 들어 올려 바다로 던진다. 이것의 임무는 해저에서 표본들을 갖고 돌아오는 것이다.

때는 2015년 봄이다. 이것은 어비스라인(ABYSSLINE) 프로젝트의 두 번째 탐사다. 어비스라인은 아주 깊은 심해의 '다금속단괴(多金屬團塊, polymetallic nodule)'라고 하는 암석 주위 해저와 그 아래에서 어떤 생물체들이 사는지 알아내려는 국제 연구 프로그램이다. 전 세계에서 발견되는 이 광물 퇴적층은 콩알만 한 것부터 축구공 크기까지 이르고, 스마트폰부터 태블릿에 이르기까지 모든 종류의 전자제품에 사용되는 귀중한 금속인 코발트, 구리, 철, 망간, 니켈, 희토류 금속들이 풍부하다.

새로운 도구에 대한 우리의 갈증을 만족시키기 위해서 육지에서 이 귀중한 금속들을 대단히 많이 시추한 끝에 선구적인 발굴자들은 이제 다금속단괴가 있을 만한 추정 지역을 찾기 위해 먼바다를 탐험하고 있고, 해저산이라고 하는 해저의 산맥과 열수구라고 하는 높은 굴뚝 같은 형태의 구조물도 탐사 중이다.

회사들은 현재 130만 제곱킬로미터의 해저를 탐사하고 있다. 이것은 알래스카 정도의 크기다. 심해는 누구의 것도 아니면서 모두의 것이기 때문에 국제 바다의 해저 활동을 통제하기 위해 국제해저기구(International Seabed Authority, ISA)가 1994년 창설되었다. 현재 이 기구는 CCZ(Clarion-Clipperton Zone, 클라리온-클리퍼턴 구역)에 30개의 광구를 보유하고 있다. CCZ는 하와이부터 멕시코까지 태평양에 펼쳐진 75,000제곱킬로미터의 지역으로 단괴와 해저산, 열수구가 풍부하다. 현재 CCZ에서의 모든 활동은 실험적이거나 탐사적 단계이지만 이는 조만간 바뀔 수 있다. 새로운 규칙이 협상 중이고, 조만간 공표되면 해저 채광업의 시작을 알리게 될 것이다. 하지만 과학자들은 채광이 끔찍한 결과를 가져올 수 있다고 심각하게 우려한다.

문제는 우리가 심해에 대해서 아는 것이 아주 적다는 점이다. 종종 우리가 달에 대해서 더 많이 안다고들 말한다. 심해의 많은 생물종이 아직 발견되지 않은 것으로 보인다. 어떤 종은 새로운 약을 만들 귀중한 자원을 갖고 있을 수도 있다. 또 어떤 종은 심해 먹이그물에서 핵심 종으로 우리의 어업과 대체로 더 얕은 물에 사는 다른 많은 종을 지탱하고 있을 수도 있다. 실제로 한 조사팀은 4킬로미터 아래 있는 진흙 재질의 해저에서 홈이 파인 흔적을 발견했는데, 이것은 고래들이 먹이를 찾아 이 깊이까지 잠수하기도 한다는 걸 암시한다.

해저산과 다금속단괴는 형성되는 데에 수백만 년이 걸릴 수 있다. 채광을 신중하게 감독하지 않으면 겨우 수십 년 만에 그 위나 주위에 사는 생물들이 서식지에서 멸종할 수 있다. 예를 들어 단괴는 산호와 해면이 심해에서 자랄 수 있는 유일하게 단단한 표면이다. 정해진 양만큼의 단괴를 채광하는 것처럼 상황이 잘 관리된다고 해도 해저산과 열수구의 채광이 허가되면 조용하고 어두운 심해의 물속에서 살도록 진화한 생물들이 갑자기 빛과 소음, 진동하는 장비에게 노출될 수 있다. 자동으로 작동되는 거대한 채굴기는 해저를 가로질러 기어가며 흙먼지를 일으키고 침전물로 생물체들을 뒤덮을 수 있다. 해저가 탄소를 고정시키고 바다의 산도(酸度)를 통제한다는 걸 고려하면 채광 활동은 기후변화에 완충 효과를 하던 바다의 능력에 영향을 미칠 수 있다. 그래서 채광이 허가를 받기 전에 심해 생물체들을 조사하는 경쟁이 시작되었다.

해저에 도착해서 어비스라인 호흡 장비는 산소가 시간이 흐르며 어떻게 감소했는지를 측정하기 위해서 퇴적층에 하얀 플라스틱 상자 세 개를 밀어 넣었다. 산소량은 이 지하에서 생명체가 얼마나 활동적인지를 알려준다. 퇴적층의 많은 생물체가 맨눈으로는 보이지 않지만, 그들이 산소와 탄소를 얼마나 사용했는지를 주시함으로써 과학자들은 이런 깊은 곳에 있는 생명에 관해 귀중한 통찰력을 얻고 바다의 다른 지역에서 얻은 데이터와 비교해볼 수 있다.

탐사대는 또한 심해에서 플랑크톤과 불가사리처럼 온갖 종류의 더 큰 생물종들을 끌어올렸다. 이 생물체들의 절반 이상이 과학계에 알려지지 않은 새로운 종이라는 사실은 채광이 시작되어 아직까지 발견되지 않은 종들이 영원히 사라지기 전에 이들의 존재를 기록하는 것이 상당히 중요하다는 것을 알려준다.

어쩌면 언젠가 우리는 우리 장비에 있는 금속을 더 재활용하게 되거나 포장 뒤쪽에 재료들이 어디서 왔는지를 알려주는 꼬리표가 붙을 수도 있다. 하지만 심해 채굴은 태양광 패널, 풍력 터빈, 전기차 배터리를 만드는 재생가능에너지 산업계의 커져가는 수요를 맞추기 위해서는 꼭 필요하기도 하다. 미래에 행성이나 소행성처럼 우주에 있는 별들을 시추하게 되면 해저를 파헤치는 행위에 의지하지 않아도 될지도 모른다. 하지만 그사이에는 어비스라인 같은 프로젝트가 신비롭고 귀중한 심해 세계에 채광이 미칠 영향을 이해하는 데 핵심이다.

냉전의 속임수

심해 채굴은 수십 년 동안 진행 중이었다. 하지만 한때는 스파이 행위를 위한 핑계로 사용되기도 했다. 1974년 여름, 캘리포니아 주 롱비치에서 시추선이 출항했다. 휴스글로마익스플로러호(Hughes Glomar Explore)는 다금속단괴를 찾기 위해 해저를 탐사할 예정이었으나, 이 항해는 실은 전혀 다른 임무를 위한 거대한 위장이었다. 바로 사라진 소련의 잠수함을 찾는 것이었다.

당시는 냉전시대였다. 그보다 6년 전에 K-129가 하와이 해안에서 2,400킬로미터 떨어진 곳에서 가라앉았다. 거기에는 핵탄도 미사일이 실려 있었고, 미국은 소련의 기술을 확인하기 위해서 그것을 열렬하게 찾고 싶어 했다. 러시아는 잃어버린 잠수함을 되찾으려 했으나 실패했고,

미국은 해저 청음초소망(聽音哨所網)을 통해 위치를 파악했다. 영리하게 날조된 PR 캠페인이 작업을 시작했다. 백만장자 발명가 하워드 휴스(Howard Hughes)가 탐사에 돈을 대는 척하는 역할로 뽑혔다. 시추 장비를 갑판에 눈에 띄게 실으면서 아래로는 배에 4,800킬로미터 아래 있는 물속의 무덤에서 2,000톤의 잠수함을 끌어올리기 위해 거대한 발톱 모양 장치가 설치되었고, 선체의 문은 활짝 열려서 이것을 안으로 끌어들여 숨길 수 있게 만들어졌다. 하지만 부상할 때 재앙이 벌어져서 발톱 일부가 부서졌다. 선원들은 배의 절반만 회수할 수 있었고 미사일은 결국 발견되지 않았다.

프로젝트 모홀

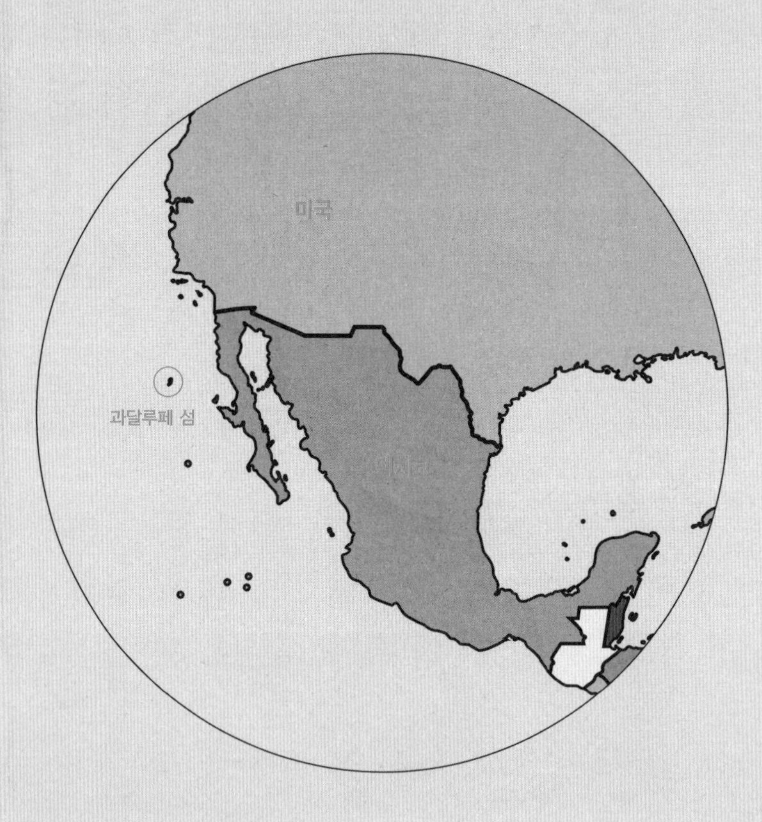

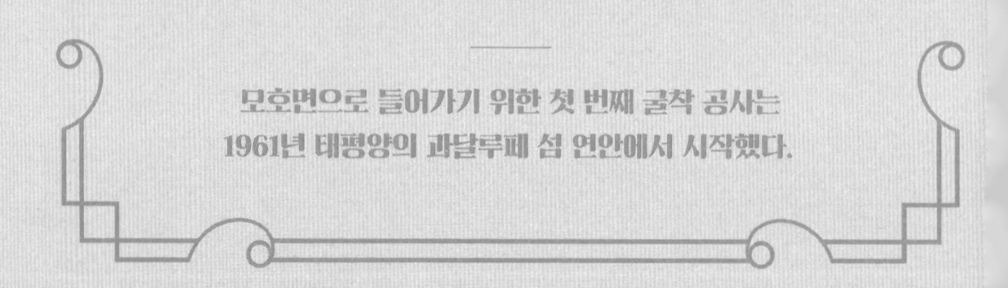

모호면으로 들어가기 위한 첫 번째 굴착 공사는
1961년 태평양의 과달루페 섬 연안에서 시작했다.

◆

1950년대에 우주 경쟁이 치열해졌다. 하지만 다른 사람들이 더 높은 곳을 탐사하는 동안에 여러 전공의 과학자 한 무리가 지구 표면 깊은 곳까지 파고 들어갈 계획을 세웠다. 술을 왕창 곁들인 아침식사를 하던 중에 소위 미국잡학협회는 맨틀 위쪽의 암석층, 즉 모호로비치치 불연속면까지 지각을 뚫고 들어가자는 아이디어를 내게 되었다.

'모호(Moho)'라고 흔히 부르는 이 층은 크로아티아의 지질학자 안드리야 모호로비치치(Andrija Mohorovičić, 857~1936)가 1909년에 발견했다. 그의 연구는 지진으로 발생한 지진파가 지면 아래 약 30킬로미터 깊이부터 훨씬 빠르게 움직인다는 것을 보여주었다. 이는 그 아래 있는 암석층이 위쪽 암석층과 다르다는 것을 암시했다.

아폴로 11호의 승무원들이 최초의 달 착륙으로부터 표본을 갖고 돌아온 것처럼 모호면까지 굴착하면 지질학자들에게 말끔한 암석 표본이 생길 것이다. 우리는 이미 맨틀에서 나온 암석을 갖고 있지만, 우주를 지나 지구까지 날아온 운석과 비슷하게 이것은 표면까지 올라오는 동안 오염되었다. 감람석과 휘석처럼 화산에서 터져 나온 아주 희귀한 소위 '맨틀단괴'가 맨틀에는 마그네슘이 풍부하고 규소가 부족하다는 사실을 알려주긴 한다. 그리고 해저에 노출되어 있는 이전의 맨틀 암석 구멍도 있지만, 이것들은 바닷물로 인해서 완전히 상태가 바뀌어버렸다. 맨틀의 생생한 견본이 없다는 것은 지질학자들이 맨틀이 정확히 무엇으로 조성되며 어떻게 작용하고 형성되는지와 같은 기초적인 사실을 확정하는 것조차 힘들다는 뜻이다.

맨틀이 지면으로부터 30킬로미터에서 60킬로미터 깊이에 있긴 하지만, 바닷속에서는 겨우 5킬로미터 남짓한 깊이이기 때문에 프로젝트 모홀 팀은 바다에서 적당한 지역을 찾았다. 하지만 굴착을 시작하기 전에 우선 넘어야 하는 중대한 과제가 있었다. 자금을 마련하고 굴착선이 흔들리는 바다 위에서 안정적으로 머물 수 있는 기술을 개발해야 했다. 그 시절에는 아직 심해 굴착장치가 없었기 때문이다.

그래서 적당한 위치에 프로펠러와 추진기를 달아서 배가 지각을 뚫을 수 있게 안정적으로 유지시키는 '동적위치유지(dynamic positioning) 시스템'이라는 것이 개발되었다. 이것은 사소한 업적이 아니었다. 인간의 머리카락 굵기의 줄을 2미터 깊이의 수영장 바닥까지 내린 다음 바닥면을 3미터 뚫고 들어간다고 상상해보라.

1961년 태평양의 과달루페 섬 연안에서 시작한 첫 번째 굴착 공사에서 팀은 183미터까지 뚫고 들어가는 데에 성공했다. 하지만 그 후에 재앙이 일어났다. 자금이 끊겨서 임무가 중단된 것이다.

약 60년 후에 새로운 팀이 다시 모호면까지 뚫고 들어가려는 시도를 했다. IODP(International Ocean Discovery Program, 국제해양시추탐사프로그램)은 영국, 미국, 독일, 일본의 과학자들로 구성되었다.

현재 IODP 팀이 판 가장 깊은 깊이는 해저로부터 3,262.5미터다.

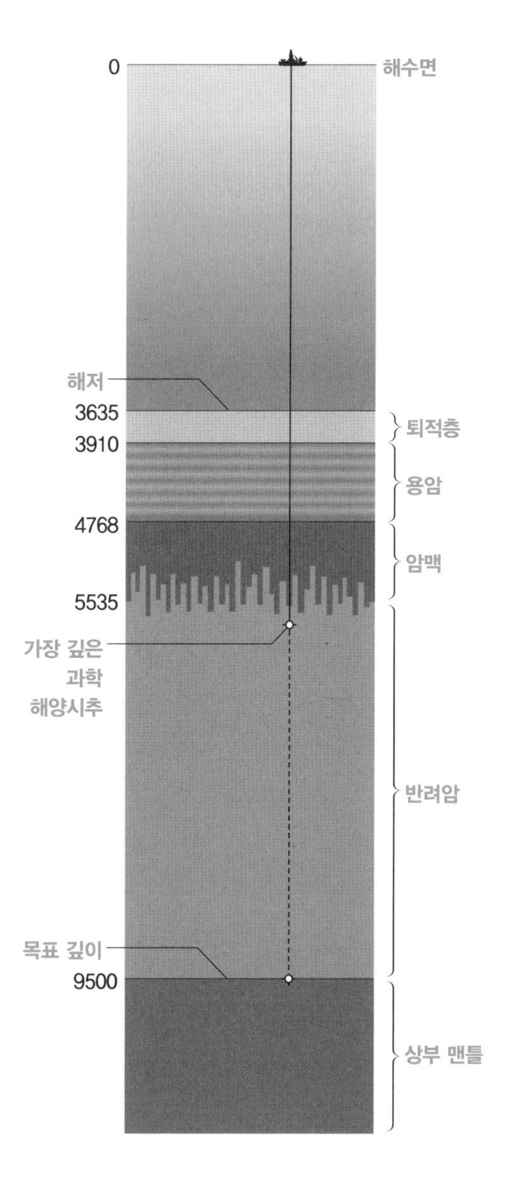

지금까지 지큐호가 해저 3,262.5미터 깊이까지 팠다.
목표는 모호면에 도달하는 것이다.

가장 깊은 과학 해양시추로 세계기록에 올라 있다. 지큐(Chikyu)호가 이룬 것으로, 이것은 라이저(riser) 모드로 해저에서 7,500미터 깊이까지 팔 수 있도록 제작된 시추선이다(비라이저 모드로는 10,000미터까지). 라이저는 퇴적물과 암석을 끌어올리는 일종의 파이프다.

모호면에서 암석 표본을 건지는 것 외에도 지질학자들은 지하 미생물에 관한 증거를 찾을 수 있기를 바란다. 깊은 곳에 사는 '극한미생물'은 극도의 열과 압력, 사실상 존재하지 않는 영양분에 맞춰 살기 위해서 아주 놀라운 도구들을 가져야 한다. 하지만 단세포 미생물이 화끈한 섭씨 121도까지 올라가는 해저 열수구에서 발견되었고, 또 다른 종은 산소가 없이도 살 수 있다. 또 어떤 종은 암석의 방사능으로 물을 쪼개서 간접적으로 방사능으로 살아간다. 또 다른 종은 자동차 배터리의 산보다도 더욱 산성인 조건에서 자란다. 그중에는 궁극적인 다중극한생물이 있다. 데이노코쿠스 라디오두란스(*Deinococcus radiodurans*)는 고선량의 UV, 건조, 인간을 죽일 만한 수치보다 천 배쯤 높은 이온화방사선 등 다양한 극단 조건에서 살아남을 수 있다.

실험실의 미생물들이 1,000기압이라는 놀라운 압력을 견딜 수 있다는 사실은 밝혀졌지만, 온도가 이들을 죽일 수도 있다. 생물체의 온도 상한치는 섭씨 122도지만 지질학자들은 모호면의 온도가 최저 120도 정도일 것이라고 생각한다. 즉 지각 아래 깊은 곳에서 무엇을 발견할지는 알기 어렵다. 쥘 베른이 《지구 속 여행(Journey to the Center of the Earth)》에서 꿈꾸었던 거대한 선사시대 괴물은 아니겠지만, 지질학자들이 지구상의 생명이 처음에 어떻게 시작되었는지 이해하는 데에 도움이 될 만한 미생물을 찾을 수 있을지도 모른다.

해저를 넓힌 사람

가장 깊은 심해 해구부터 가장 높은 산에 이르기까지 지표면의 특성은 어느 정도는 중심부 깊은 곳의 힘에 의해서 생긴 것이다. 지구의 외피를 구성하는 지각판이 맨틀 위에서 미끄러지다가 서로 쪼개지거나 만나는 지점에서 충돌하게 된다.

1912년에 알프레트 베게너는 대륙이동설이라는 가설을 제안했으나('지구를 움직인 남자' 장을 볼 것) 아무도 그 과정의 원동력을 몰랐다. 그 세기 중반에 프린스턴 대학교의 지질학 교수 해리 헤스가 납득할 만한 가설을 생각했다.

제2차 세계대전 때 미 해군과 함께 외양을 항해하다가 헤스는 태평양 해저의 지도를 만들기 위해서 비교적 신기술인 음향측정기를 사용했다. 그는 그 결과에 깜짝 놀랐다. 바다의 가장 깊은 곳 일부는 대륙 경계 근처에 위치한 반면에, 가장 얕은 중앙해령은 지각판 한가운데에 있었기 때문이다.

헤스는 뜨거운 액체 마그마가 중앙해령에서 솟아 나와서 식으며 점점 넓어지고, 현재는 해저확장이라고 하는 과정을 통해 해저를 양옆으로 밀어낸다는 가설을 생각했다. 자신의 이론이 맞는다는 걸 증명하기 위해 헤스와 그의 동료 월터 뭉크는 말끔한 맨틀 표본을 채취해야겠다고 생각하고 모호면까지 굴착하는 것을 목표로 하는 팀을 구성했다. 이것이 바로 실패하게 되는 프로젝트 모홀이다.

약광층(弱光層)으로

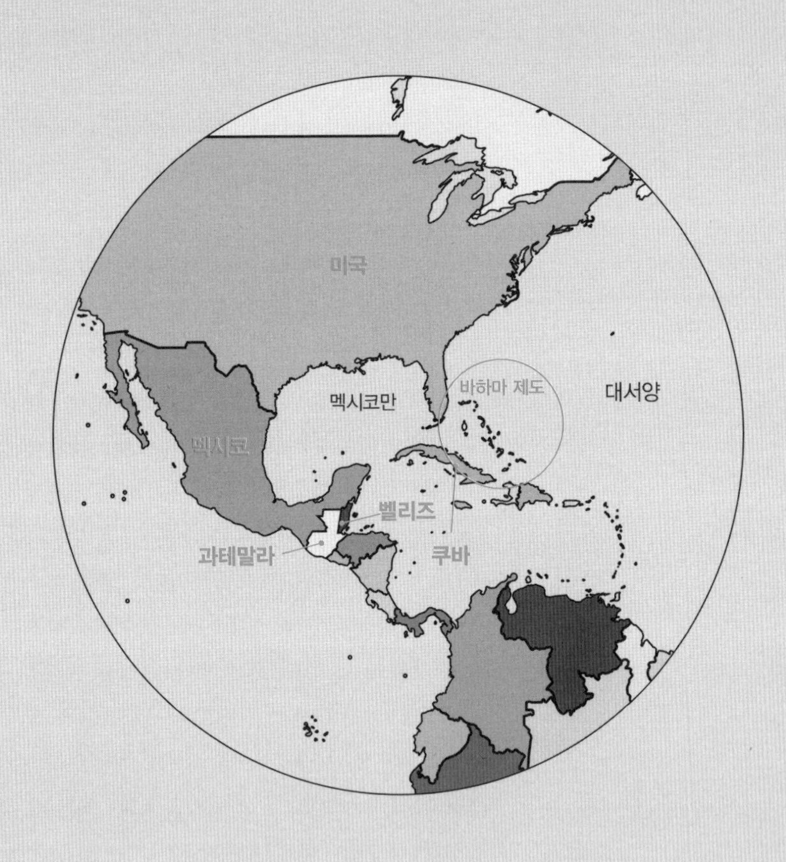

수심 100미터 아래를 탐험하게 해주는 CCR 덕분에
야생동물이 풍부한 바하마의 열대 바다를 탐사할 수 있었다.

◆

잠수부들이 수면 아래로 들어가서 천천히 밝은 색깔의 물고기 떼와 화려한 산호초가 있는 암석 노두를 지나 가라앉는다. 이 고요한 열대 세계에서는 가끔 물고기가 물에서 첨벙거리는 소리만 들릴 뿐이다. 더 깊이 내려가면서 빛이 서서히 줄어들기 시작한다. 잠수 시계는 20미터, 25미터, 30미터를 가리킨다. 이 깊이 아래로는 중광대(中光帶, mesophotic) 지역이 있다. 깊이 150미터까지 이르는 음울하고 신비로운 세계로 햇빛의 0.1퍼센트만이 여기까지 뚫고 들어온다.

최근까지 중광대에 관해서는 알려진 게 거의 없었다. 스쿠버 장비는 30미터 아래로 내려갈 만큼 발전하지 않았고, 무인해중장비와 잠수정 같은 심해 기술은 그곳에서 작업하기에는 너무 크고 비쌌다. 하지만 최근에 모험심 넘치는 잠수부들이 수심 100미터 아래를 탐험하게 해주는 기술들의 도래로 상황이 바뀌었다. CCR(closed-circuit rebreather, 폐쇄식 재호흡기)은 잠수부의 날숨으로부터 이산화탄소를 재활용해서 순수한 산소에 섞기 때문에 공기의 공급이 보통의 잠수장비보다 오래 지속된다. 게다가 CCR은 시끄러운 물방울 줄기를 만들지 않아서 잠수부들이 야생 생태계를 덜 망가뜨린다.

2016년 캘리포니아 과학아카데미의 과학자들이 주도한 바하마의 열대 바다 탐사는 연구자들이 이러한 깊이까지 들어간 첫 번째 탐험이었고, 비교적 알려지지 않은 데다 놀랄 만큼 야생동물이 풍부한 바다의 이 지역을 이해하는 핵심이 되었다.

중광대는 바다의 0.1퍼센트 정도밖에 차지하지 않지만 생물다양성의 약 3분의 1가량이 이곳에 산다. 많은 생물종이 이 깊이에만 유일하게 존재하지만 얕은 암초에 흔한 일부 산호 종이 여기서도 발견된다. 그리고 어떤 물고기 종들은 두 지역 사이를 헤엄치거나 유전적으로 얕은 물에 사는 종들과 비슷하다.

세계 산호초의 약 75퍼센트가 현재 물고기 남획과 서식지 파괴, 수질오염과 기후변화의 위협에 직면해 있다. 과학자들은 지구온난화가 전세계 얕은 물 산호초에 심각하게 영향을 미치고 있다는 것을 안다. 폭풍우가 더 잦아져서 산호초 체계에 더 큰 해를 입힌다. 해류의 변화는 평소의 먹이공급과 새끼들의 확산을 방해한다. 늘어난 강수량은 육지에서 더 많은 민물이 흘러 내려와서 바다로 오염물을 퍼붓고 적조현상을 일으켜서 중요한 햇빛을 차단시킨다는 의미다. 높아지는 해수면 높이는 더 많은 퇴적물을 쓸어내 산호를 질식시켜 죽인다. 바다가 산성화되면 산호의 성장률이 감소하고 그 구조에도 영향을 미친다. 그리고 따뜻해진 온도는 소위 '백화현상'을 일으킨다.

대부분의 암초를 구성하는 산호초의 폴립은 그 조직 안에 사는 주산텔라라고 하는 광합성 조류와 공생 관계를 이룬다. 산호는 광합성을 하기에 안전한 안식처 겸 거주지를 제공하고, 그 대신 조류는 광합성 산물을 제공한다. 하지만 스트레스를 받으면 산호의 폴립이 조류를 내쫓을 수 있는데, 이는 산호가 색깔을 잃고 하얗게 되는 '백화'를 일으킨다는 뜻이다. 이것은 산호를 죽게 만들 수도 있다.

희망 사항은 산호가 수면에서 더 가까운 곳에서 죽어가게 되면 바로 이 중광대가 이 얕은 물 산호 종 일부의 구원자가 되어 피신처를 제공해주는 것이다. 하지만 최근 연구는 이 가설에 의문을 제기한다.

30미터 깊이에서 잠수부들이 작업을 한다. 방형구(方形區, 생물종과 개체 수 등을 조사하기 위해 만든 네모난 테두리-역주)를 놓고서 그 안에 있는 생물종의 숫자를 센다. 그들은 수영을 해서 자리를 옮겨 이 과정을 반복한다. 수면으로 돌아와서 그들은 첫 번째 관찰 결과를 논의한다. 그들이 본 깊은 물 산호 어류와 얕은 물 산호 어류에는 일부 겹치는 종도 있지만 대부분은 특정 깊이를 선호한다. 두 구역 사이에서 헤엄치는 상어 같은 최상위 포식자들은 빛 속에서 먹이 먹는 것을 선호하기 때문에 깊은 곳을 피신처로 택할 가능성은 낮다.

산호가 더 잘 살아남을 가능성도 있다. 폭풍우의 증가처럼 인간과 자연이 가하는 똑같은 위협으로 고통받고 있긴 해도 산호 편린을 재배치하는 또 다른 연구가 이 지역에서 생물종을 살리는 것을 도왔다.

산호가 다른 종들에게 서식지만을 공급하는 것이 아니라 인간에게도 이로운 새로운 항생제나 다른 약으로 이용할 만한 미지의 화합물을 갖고 있을 수도 있다. 이러한 연구 탐사는 이전까지 알려지지 않았던 깊이의 중광대를 처음으로 조사한 것이다. 현재의 거의 모든 산호 관리는 얕은 물 산호 쪽에 치우쳐 있지만, 이런 탐사를 더 많이 하면 깊은 곳의 산호를 보호하는 데에도 도움이 될 것이다.

생물 탐사

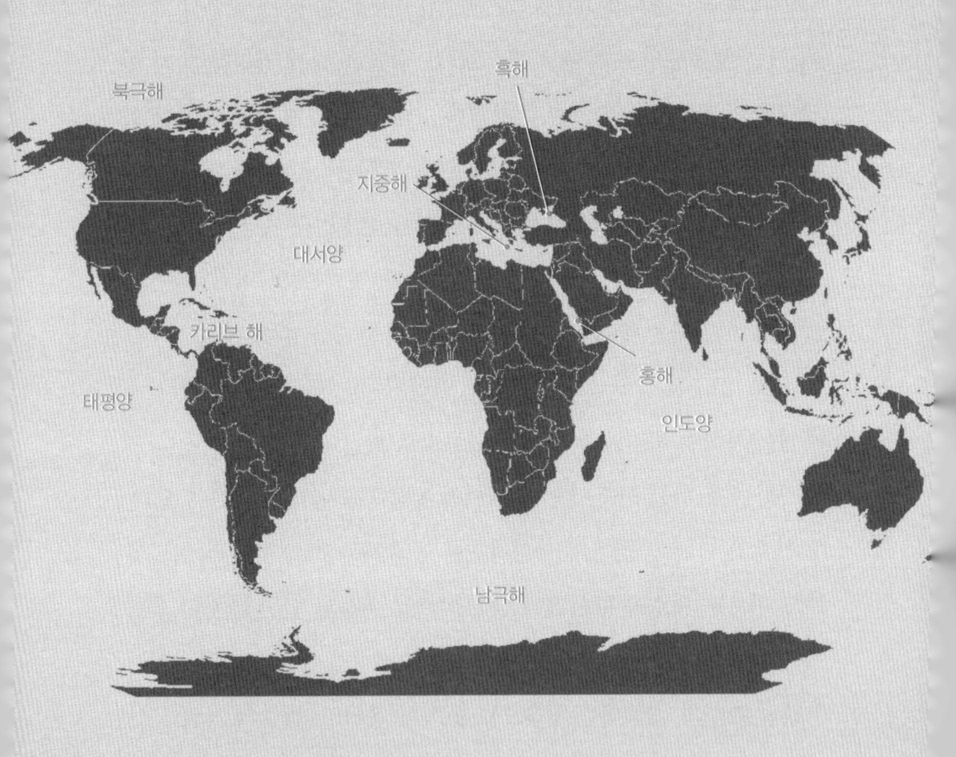

약성 화합물을 가진 생물들을 찾기 위해 연구자들은 극지방과 바다의 가장 깊은 지역으로 시선을 돌리고 있다.

◆

얼음장처럼 차가운 북극의 물에 뛰어들어간 잠수부가 마스크를 고쳐 쓴 다음 파도 아래로 들어간다. 드라이슈트는 가장 끔찍한 냉기를 막아준다. 물은 깊은 곳으로 갈수록 흐려진다. 그는 바닥을 뒤지며 해면을 찾아내 노란색 그물가방에 넣고 나중에 실험실에서 분석할 표본을 좀 더 수집한다.

이렇게 차가운 물에 들어가기 위해서는 정말 훌륭한 이유가 있어야 한다. 그리고 이유가 있다. 이것은 EU가 후원하는 프로젝트의 일부로, 노르웨이 트롬쇠 대학의 연구팀이 수행한 탐사 여행의 여러 번에 걸친 잠수 중 한 번일 뿐이다. 딱 어울리는 프로젝트 파마시(PharmaSea)라는 이름의 이 탐사는 슈퍼박테리아에 대항하기 위한 새로운 약을 거의 사람 손이 닿지 않은 바다에서 찾으려는 것이다.

박테리아는 항생제에 점점 더 강한 내성을 쌓아가고 있다. 우리가 항생제를 더 많이 쓸수록 박테리아가 더 많은 내성을 갖게 되고, 더 많은 사람에게 항생제를 써야 되고, 우리가 더 많은 항생제를 쓸수록 박테리아가 더 많은 내성을 갖게 되고… 악순환이다. 지금으로서는 박테리아가 우위에 서 있다. 한 연구자는 이것을 페니실린이 발견되기 전 시대처럼 되어가고 있다고 묘사했다.

미국에서 1997년에서 2010년 사이에 인후염 환자의 60퍼센트가 항생제 처방을 받았다. 실제로는 겨우 10퍼센트만이 박테리아 감염으로 인한 것이었는데 말이다. 항생제 사용을 제한하는 대처가 필요하다. 하지만 새로운 항생제도 찾아야 한다. 유럽과 미국에서만 한 해에 50,000명이 병원 입원 도중에 감염된 내성 박테리아로 인해서 사망한다. 2050년에는 1,000만 명이 매년 항생제 내성으로 죽을 수도 있다(대략 3초에 한 명). 이것은 당뇨와 암 사망자를 합친 숫자보다 많다.

육지와 얕은 바다로 쉽게 건너갈 수 있는 지역에서는 유용한 가능성이 있는 약성 화합물을 가진 생물들을 이미 다 찾아보았다. 그래서 일부 연구자들이 극지방과 바다의 가장 깊은 지역으로 시선을 돌리는 것이다.

당연하게도 해양 생물 탐사는 누가 무엇을 갖느냐 하는 문제를 불러온다. 공해는 육지에서 200해리부터 시작되고 누구의 소유도 아니다. 현재 UN 해양법협약(UNCLOS)은 심해 채굴과 케이블 깔기 같은 활동들은 포함하고 있지만 생물 탐사는 아니다. 상황을 검토하는 중이니 아마도 곧 바뀔 것이다. 중요한 문제는 이것이다. 심해 생물탐사로 얻은 이익은 각각의 국가에 돌아가야 할까, 인류 전체에 돌아가야 할까?

트롬쇠 대학 실험실로 돌아가서, 잠수부들이 수집한 표본들은 항균 효과가 있는지 판단하기 위해서 여러 가지 특성 검사를 한다. 항균 효과가 있으면 활성물질을 분리하고 신약으로 개발할 가능성을 보기 위해 구조를 분석한다. 물론 여기에는 시간이 걸린다. 그리고 남은 시간은 점점 줄어들고 있다. 파마시는 새로운 화합물을 찾는 전 세계의 수많은 프로젝트 중 하나일 뿐이다. 우리 목숨은 문자 그대로 자연의 약장을 뒤지고 있는 이 용감한 탐험가들의 손에 달려 있다.

식물의 힘

몇몇 연구자는 새로운 치료제를 찾는 임무를 위해 육지에 남아 있다. 민속식물학자 커샌드라 퀘이브(Cassandra Quave, 1978~)는 이탈리아 시골에서 그 지역 사람들에게 수 세기 동안 전통적인 약으로 사용되었던 식물에 대해 물어보며 탐색하고 있다. 그녀가 발견한 식물 추출물 몇 가지는 개발된 보통의 항생제와 약간 다르게 작용한다. 목표물을 죽이는 대신에 미생물 통신 메커니즘을 방해한다. 박테리아가 임계치에 도달하면 화학물질로 서로 소통해서 숙주를 공격하기 시작한다. 이 '대화'를 막음으로써 박테리아를 쓸모없게 만들 수 있다. 예를 들어 퀘이브와 그녀의 팀은 메티실린 내성 황색포도알균 감염(MRSA)의 유독한 영향을 일부 가로막는 밤나무 잎 추출물을 찾아냈다.

지진대로 뚫고 들어가기

유라시아와 필리핀 해양지각판이 만나는 난카이 해구 섭입대에서 지진이 만들어지는 암석층을 뚫고 들어가는 연구가 진행되고 있다.

◆

길이 210미터에 높이 130미터의 시추선 지큐호는 거대하다. 선상에는 95명의 선원과 105명의 과학자, 헬기 착륙장, 실험실, 생활공간, 그리고 가장 중요한 착암기와 라이저가 실릴 공간이 있다. (라이저는 퇴적물과 돌을 끌어올리는 일종의 파이프다.) 배는 라이저 모드로 해저 7,500미터 깊이까지 뚫을 수 있고, 비라이저 모드로는 10,000미터까지 뚫을 수 있다. 후지산 높이의 거의 3배다. 배에 탄 과학자들은 지진의 원인을 조사하는 국제팀의 일부다.

난카이 해구 지진발생대 실험(NanTroSEIZE) IODP는 여러 시추지(試錐地)에서 10년이 넘게 진행 중이다. 지큐호는 일본 남서쪽 해안 근처에 정박하고 유라시아와 필리핀 해양지각판이 만나는 난카이 해구를 시추 중이다. 이곳은 지구상에서 가장 지진 활동이 많은 지역 중 하나이고 수많은 격렬한 대규모 지진의 근원지이기도 하다. 전세계의 다른 프로젝트들이 지진이 일어나기 쉬운 지역을 시추하고 있지만, 이 프로젝트는 섭입대에서 지진이 만들어지는 진짜 암석층을 뚫고 들어가는 첫 번째 연구가 되는 것을 목표로 한다(이 장의 마지막 설명을 볼 것).

섭입대의 단층은 상당히 넓기 때문에 거대한 지진을 일으킨다.

1944년에 필리핀 해양판의 섭입으로 격렬한 도난카이 지진이 일어났다(리히터 규모로 8.1로 추정된다). 이 지진은 거대한 쓰나미를 일으켜서 일본 해안을 쑥대밭으로 만들었다. 지진은 지구의 이 지역에서 흔한 일이고, 또 다른 거대한 지진이 일어날 가능성이 있는 곳이다. 그러니까 지진에 대해서 더 많이 이해할 필요가 있다.

거대한 기둥 같은 라이저가 심부(深部)에서 올라오자 선원 몇 명이 황급히 그 기단 부분으로 가서 여러 개의 케이블을 끌어당겨 최적의 위치로 옮긴 다음 갑판을 따라 평평하게 내려놓는다. 라이저는 임무를 다했고, 과학자들에게는 선상 실험실에서 연구할 새로운 소위 암편(巖片, cutting, 시추하는 동안에 생긴 바위 조각)들이 생겼다. 우선 암편을 세척하고 시추 이수(泥水)를 걸러내고 암석 조각들을 분리한다. 그런 다음 어떤 광물로 조성되어 있는지, 얼마나 구멍이 많은지와 같은 유용한 정보를 알아내기 위해서 세세하게 분석한다. 이렇게 하면 깊이에 따라서 암석이 어떻게 변하는지, 부가대(附加帶)의 구조는 어떤지(이 장의 마지막 설명을 볼 것) 밝힐 수 있다.

IODP는 또한 해저 깊은 곳에 센서를 설치해서 지진이 일어날 때 그것을 기록하고 섭입대에서 물과 암석이 어떻게 작용하는지를 밝혀내는 것을 목표로 한다. 암석에 구멍이 더 많을수록 암석 조각 사이에 물이 들어갈 빈 공간이 더 많을 것이다. 대체로 다공성은 더 깊이 들어갈수록 줄어든다. 하지만 과학자들은 지각판 경계에 예상보다 유동체가 더 많이 존재해서 판 사이의 마찰력을 줄여주고 서로 미끄러질 수 있게 만들어줄지도 모른다고 생각한다. 이것은 이러한 깊이에서 유동체의 압력을 측정하는 첫 번째 사례가 될 것이다. 또한 연구자들은 이런 데이터가 지진에 관한 새로운 통찰력을 주고 전세계의 지진 위험성을 더 잘 예측하는 데에 도움이 되기를 바란다.

지진이 어떻게 쓰나미를 일으키는가?

섭입대에서 두 개의 지각판이 서로 충돌한다. 대륙판이 해양판과 부딪치는 곳에서 해양판이 더 부력이 강한 대륙판의 아래로 밀려 들어가게 된다. 두 판 사이에서 생기는 마찰력으로 섭입되는 판의 위층이 벗겨지며 '부가대'라는 것을 형성한다. 대륙판은 압력으로 휘어져서 솟아오르다가 장력이 너무 강해지면 부서진다. 대륙판이 다시 밀려나면서 이것이 지진과 쓰나미를 만든다.

1

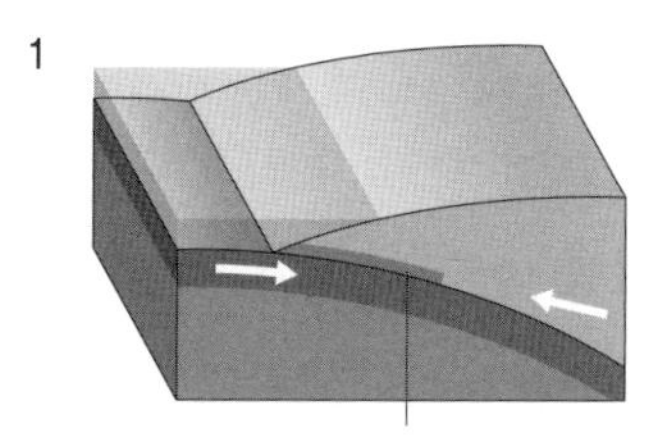

마찰력으로 두 판이 단단히 맞물린다.

2

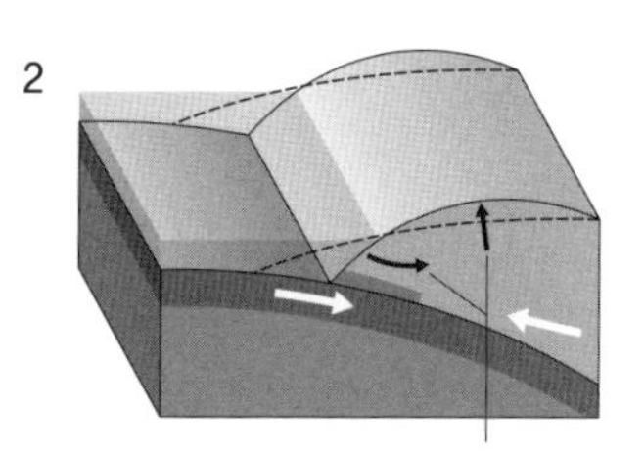

위로 올라오는 판이 천천히 구부러진다.

맞물린 부분이 파열되며

3

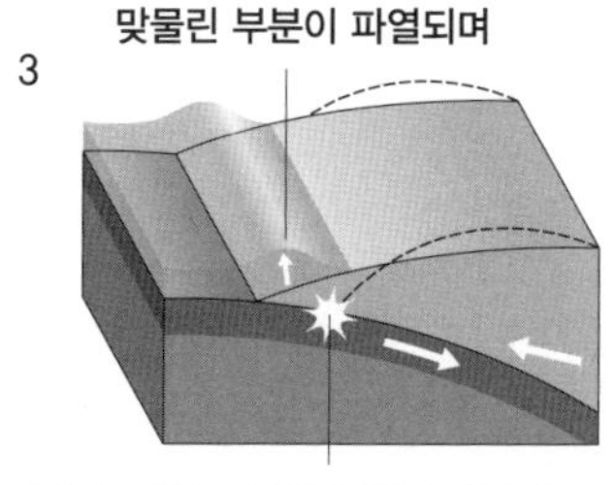

지진의 형태로 에너지가 방출된다.

4

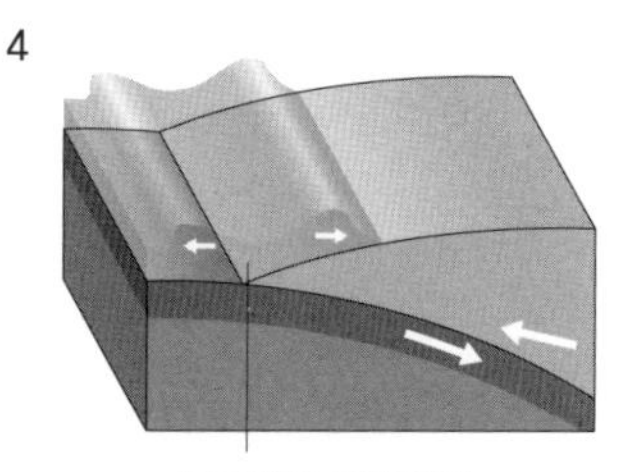

쓰나미가 확산된다.

Part 4

우주 탐사 임무

우리의 이웃 천체들에 관해서 대단히 많은 것을 알기 때문에 그것들이 얼마나 멀리 있는지 잊어버리기 십상이다. 가장 가까이 다가왔을 때에도 달은 지구에서 363,104킬로미터 떨어져 있었다. 1957년 스푸트니크 1호의 발사 이래로 인간은 우주로 수천 대의 우주선을 보냈고, 태양계와 그 너머에 관한 지식을 혁신했다. 최초의 달 착륙 같은 상징적인 임무들이 뉴스 머리기사를 장식했으나 덜 알려진 다른 탐사들 역시 우리의 우주 이웃들에 관한 흥미로운 식견을 제공했다.

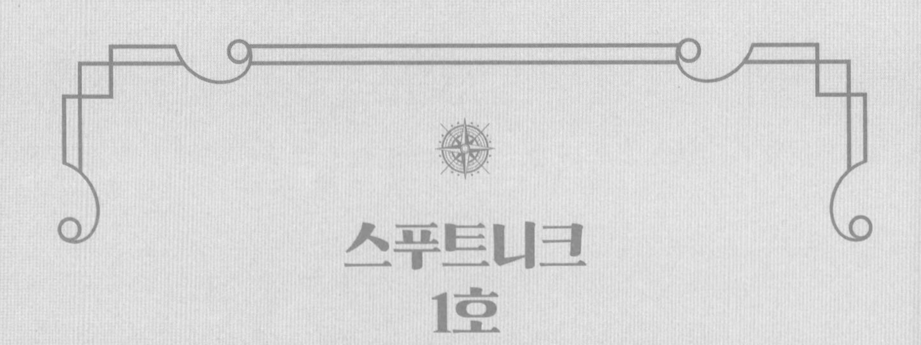

스푸트니크 1호

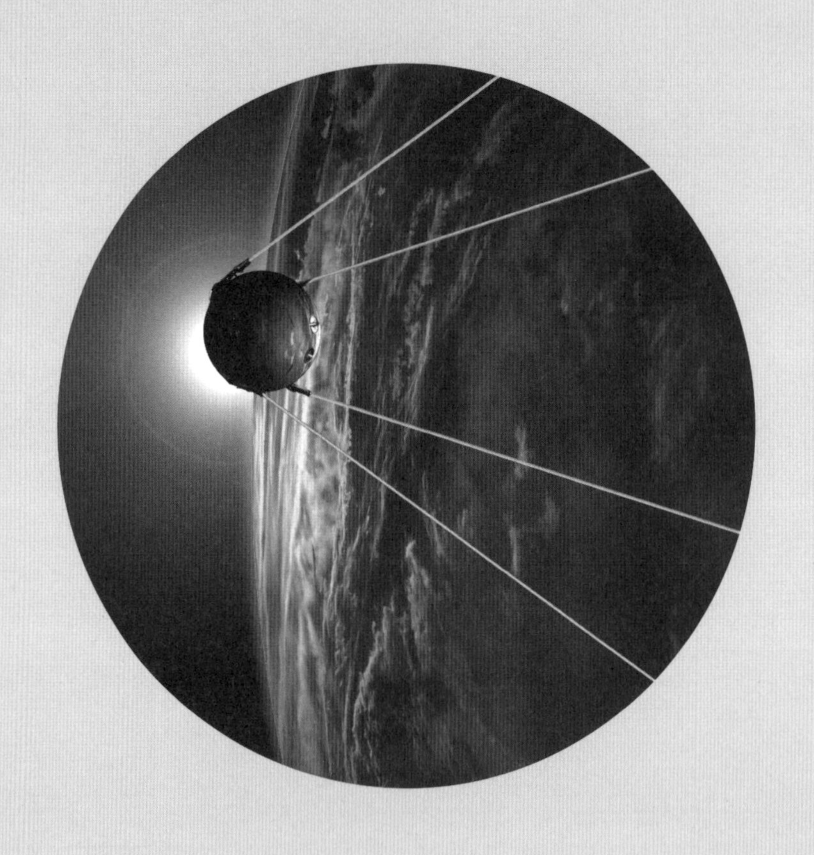

스푸트니크 1호 50주년 기념 작품(2007년 10월 4일)

◆

카자흐스탄 튜라탐의 로켓 발사장은 자정이 막 넘은 시간이다. 1957년 10월 5일이고 소련의 가장 유명한 로켓 과학자 중 몇 명이 관제실에서 그들의 최신 프로젝트가 발사되기를 기다리는 중이다. 버튼을 누르자 로켓의 엔진이 요란하게 켜지며 몇 달 동안 만든 새로운 종류의 인공위성을 싣고 밤하늘로 날아오른다. 정확히 314.5초 후에 위성이 분리되고 지상에 있는 소련의 무전기가 긍정의 신호를 받는다. 스푸트니크 1호는 지구 궤도에 도달한 최초의 인공위성이 된다. 우주 시대가 시작된 것이다.

스푸트니크 1호의 성공은 상당 부분 동서 간의 냉전으로 인한 경쟁 덕분으로 돌릴 수 있다. 이것은 양측의 기술 발전에 큰 촉매 역할을 했다. 독일 과학자 베르너 폰 브라운(Wernher von Braun, 1912~1977)이 제2차 세계대전 때 개발한 V-2 로켓에서 영감을 받아 소련 과학자들은 전쟁이 끝날 무렵에 그 나름의 ICMBs(intercontinental ballistic missiles, 대륙간탄도유도탄) 개발에 착수해서 미국을 공격 거리 내에 두려고 했다. 소련의 로켓 공학의 주요 인물 중 한 명은 혁신적인 R-7 ICMBs를 설계한 세르게이 코롤료프(Sergei Korolev, 1907~1966)였다. R-7은 후에 오늘날까지도 미국의 우주비행사들과 러시아 우주비행사들을 국제우주정거장까지 실어 나르는 데에 사용되는 소유즈(Soyuz) 로켓으로 발전하게 된다.

스푸트니크 1호에 대한 아이디어가 떠오르기 전에 소련은 오브젝트 D라는 더욱 야심 찬 위성을 개발하려고 시도했었다. 이것은 지구의 대기와 태양의 방사선, 성간공간(星間空間)에서 방출하는 우주선(宇宙線)으로부터 데이터를 추출하는 위성이었다. 하지만 1956년 말에 미국의 비슷한 야망에 관해 알게 되고 프로젝트를 시간 내에 성공시킬 수 없다는 사실이 명백해지자 좀 더 단순한 위성을 만드는 데로 의견이 모였다. 소련의 OKB-1 설계부의 책임 제작자였던 미하일 호마코프(Mikhail Khomyakov)가 스푸트니크 1호의 설계를 지휘하게 되었고, 이 위성 개발의 또 다른 핵심 인물은 코롤료프와 미하일 티혼라보프(Mikhail Tikhonravov, 1900~1974)였다. 티혼라보프는 소련의 초기 인공위성 발사 지지자 중 한 명이었다. R-7의 맞춤 버전이 개발되었고, 이번에는 핵탄두 대신에 구형 과학정보 수집 위성이 실렸다.

그 모든 정치적·과학적 중요성을 고려할 때 스푸트니크 1호는 돌이켜보면 꽤나 수수한 디자인이었다. 형태는 두 개의 금속 반구를 밀봉하고, 36개의 볼트로 강력하게 박아놓은 결과물이었다. 2밀리미터 두께의 금속을 1밀리미터 두께의 열 차폐막으로 강화했고, 네 개의 무선 안테나가 지구로 무선 파동을 방출하고, 자동화 공조 시스템이 과열을 방지했다. 오브젝트 D의 과학 데이터 수집이라는 야망은 달성하지 못했어도 스푸트니크 1호는 지구 대기 밀도에 관한 데이터를 수집할 수 있었다. 이것은 우주여행로켓 공학계에 있는 사람들에게 귀중한 정보였다.

스푸트니크 1호의 타원형 궤도는 지구를 96분마다 한 번씩 돌고, 소련 과학자들은 21일 동안 그것을 계속 추적했다. 그러다가 1957년 10월 26일에 배터리가 다 됐다. 1958년 1월 4일, 스푸트니크 1호는 지구로 떨어져서 대기권을 통과하며 불에 탔다.

숫자로 본 스푸트니크 1호

발사 일자: 1957년 10월 5일

무게: 83.6킬로그램

지름: 58센티미터

궤도 속도: 시속 29,000킬로미터

지구 궤도를 돈 횟수: 1,400번

여행한 거리: 70,000,000킬로미터

스푸트니크 1호의 성공에 대한 소련의 반응이 처음에는 조용했던 반면, 미국의 반응은 예상대로 편집증적이었다. 미국은 그들 나름의 위성인 익스플로러 1호를 한창 만드는 중이었고 이것은 1958년 1월 31일에 발사되었지만, 그 전에 소련의 후속 위성인 스푸트니크 2호도 1957년 11월에 발사에 성공했다.

한편 1957년 12월 6일에 미국 시민들은 자국의 첫 번째 지구 궤도 위성일 예정이었던 뱅가드 TV3호의 발사가 실패하는 것을 지켜보았다. 소련의 성공에 뒤지는 기분이었던 미국에서는 다음 해 8월에 아이젠하워 대통령이 미국항공우주법에 서명했다. 이것은 후에 NASA를 존재하게 만든 법이고, 9월에 국가방위교육법이 통과되어 수학과 과학을 공부하는 학생들에게 저금리 대출을 해줄 수 있게 되었다. 덕분에 새로운 세대의 젊은 미국인 과학자들과 공학자들이 탄생하게 되었다.

스푸트니크 1호는 전세계에 충격파를 던졌다. 비교적 낮은 궤도 덕분에 쌍안경이나 소박한 망원경을 가진 아마추어 천문학자들도 그것을 찾을 수 있었고, 무전에 필요한 장비를 가진 사람들은 위성이 머리 위를 지나갈 때면 그 독특한 '삑삑' 신호를 들을 수 있었다. 영국 체셔의 조드럴 뱅크 천문대에서 전파천문학자 버나드 러벌(Bernard Lovell, 1913~2012)은 스푸트니크를 궤도에 올린 R-7 로켓을 추적하며 자신의 새 장비를 시험해볼 수 있었다. 한편 전세계의 신문은 새로운 우주여행 시대의 여명을 선언했다.

많은 면에서 스푸트니크 1호는 소련과 미국 사이에 우주 경쟁을 촉발한 촉매였다. 소련의 성공은 인공위성을 발사하는 것이 가능하다는 것을 입증했고, 비교적 현실에 안주했던 미국에게 소련의 기술이 어디까지 갔는지를 보여주었다. 스푸트니크 1호의 파문은 오늘날 지구 궤도 국제우주정거장과 허블 우주망원경, 또 우리의 태양계와 그 너머의 행성들을 탐사하는 여러 우주선에서도 나타난다. 소련은 세계사의 방향을 바꾸었고, 그 도구는 비치볼 크기의 삑삑거리는 금속 위성이었다.

러시아의 로켓맨

세르게이 코롤료프

세르게이 코롤료프는 살아생전에는 거의 알려지지 않았지만, 소련 로켓공학의 아버지이자 소련 우주 경쟁에서 핵심 인물로 여겨진다. 1907년 우크라이나에서 태어난 코롤료프는 항공역학과 로켓공학 분야에 몰두하게 되었고, 1931년 로켓을 개발하는 반응동작 조사 그룹(group for investigation of reactive motion)을 공동 설립했다. 당시 이 분야는 거의 실험적이었을 뿐이지만, 코롤료프는 이 분야가 미래로 나아가도록 힘썼다.
스탈린주의자들의 숙청 속에서 코롤료프는 위업에도 불구하고 반역과 파괴공작 혐의를 받고 1938년 강제노동형을 받았다. 하지만 감옥에 있는 동안에도 그는 로켓공학 연구를 계속했다. 1950년대에 코롤료프는 R-7 로켓 개발을 주도했다. 이 로켓은 그 유명한 보스토크와 보스호트, 소유즈 모델로 발전하며 우주비행을 완전히 바꾸게 된다. 그의 연구는 1966년 그가 대장암으로 사망할 때까지 소련이 엄청난 우주여행의 성공을 즐기게 만들어주었다. 그가 죽고 겨우 3주 후에 소련의 루나 9호가 R-7의 개조형에 실려서 달에 연착륙하는 최초의 무인 우주 탐사선이 되었다. 소련이 미국보다 먼저 달에 사람을 보내는 데 실패한 것이 코롤료프가 없었기 때문이라고만은 할 수 없지만, 그의 죽음은 확실히 엄청난 타격이었다. 소련이 코롤료프의 존재를 기밀로 유지했기 때문에 그의 업적은 전세계적으로 널리 찬사를 받았으나 코롤료프 그 자신은 죽을 때까지 거의 알려지지 않았다.

우주에 나간 최초의 인간

세계 최초의 우주비행사, 유리 가가린(1961년 7월)

◆

"날개 안에 저녁식사와 야참, 아침식사가 있어요. 소시지도 있고 캔디도 있고 차에 곁들일 잼도 있죠. 63개나요. 당신 뚱뚱해질 거예요! 오늘 돌아오거든 그거 전부 다 당장 먹어치워야 할 거예요." 코롤료프가 말한다. "중요한 건 소시지가 있다는 거죠. 밀주(moonshine)랑 곁들일 수 있게 말이죠." 가가린이 농담을 던진다. 이것이 러시아의 수석 로켓 설계자 세르게이 코롤료프와 유리 가가린(Yuri Gagarin, 1934~1968) 사이의 마지막 대화다. 이어서 가가린이 소리친다. "포예할리!(갑시다! 출발해요!)" 날짜는 1961년 4월 12일이다. 보스토크 R-7 로켓 꼭대기의 캡슐 안에서 벨트를 맨 채 가가린은 우주에 나가는 최초의 인간이 되어 역사를 만들려는 참이다.

스푸트니크 1호의 성공으로 소련은 우주 경쟁에서 첫 번째 승리를 거머쥐고 최소한 몇 년 동안은 성실한 노력으로 미국을 앞선다. 이것은 젊은 소련의 조종사 가가린의 업적에서 가장 확실하게 드러난다.

하지만 후에 받게 되는 그 모든 축하와 명성에 비해서 가가린은 꽤나 소박한 출신이었다. 1934년 3월 9일 그자츠크(후에 그를 기려 '가가린'이라고 이름을 바꾼다) 근처의 작은 마을에서 태어난 유리는 집

유리 가가린이 첫 번째 우주 비행에서 사용한 보스토크 1 캡슐(러시아 국영 우주선 제조업체 'RKK 에너지아' 박물관 전시) © SiefkinDR

단농장에서 일하는 부모의 네 자녀 중 셋째였다. 10대 시절 초반에 러시아의 야크 전투기가 가가린의 집 근처에 긴급 착륙을 하게 되었고, 이 일로 그는 항공학에 관심을 갖고 그 지역 비행클럽에 가입했다. 나중에 그는 소련 공군에 입대해서 1959년에 대위가 되었다.

소련 우주 프로그램은 스푸트니크 1호로 큰 성공을 달성했지만, 소련의 공학자들은 이미 새로운 목표를 준비하고 있었다. 지구 궤도에 사람을 보냈다가 안전하게 데려오는 것이었다. 이 우주 프로그램 분야는 캡슐과 로켓 이름과 똑같이 보스토크(Vostok)라고 불렸고, 나사의 머큐리 프로그램(Mercury programme)과 정면으로 경쟁했다.

소련은 공군 전투기 조종사 중에서 우주비행사 후보를 찾았다. 그들이 이런 어려운 일에 필요한 경험과 체력, 정신적 강인함을 갖고 있기 때문이었다. 20명의 후보자가 보스토크 프로그램에 들어오게 되었고, 결국에 '소치 식스(Sochi Six)'만이 남게 되었다. 모든 면에서 가가린은 동료 사이에서 눈에 띄었고, 높은 지성과 강인한 성격, 차분한 태도와 따뜻한 미소가 특히 높은 평가를 받았다. 보스토크 캡슐이 어딜 봐도 넓다고는 할 수 없었기 때문에 157센티미터라는 비교적 작은 키도 장점이라고 볼 수 있었다.

가가린의 지구 궤도 비행은 108분 동안 지속되었고 궤도를 완전하게 한 바퀴 돌 수 있었다. 이것은 미국의 우주비행사 앨런 셰퍼드(Alan Shepherd, 1923~1998)의 준궤도 비행보다도 3주 빨랐다.

하지만 최근에 기밀이 해제된 서류를 보면 비행이 아무 문제가 없었다고 하기는 어려울 것 같다. 이륙 직전에 엔지니어들이 고장 난 센서를 고치기 위해서 우주선 해치를 잠시 떼어내야 했었고, 비행 도중에는 R-7의 엔진 중 하나가 정해진 시간에 꺼지지 않아서 예정된 230킬로미터가 아니라 목숨이 위험할 정도의 높이인 327킬로미터까지 가가린을 싣고 갔다. 서면 기록을 보면, 가가린이 임무가 어떻게 되어가느냐는 자신의 물음에 지상 관제센터로부터 회피적이고 모호한 대답만 듣자 그가 점점 더 좌절해가는 상황을 확인할 수 있다. 어쨌든 임무는 성공이었다. 지구 궤도를 따라갔다가 가가린은 6,100미터에서 우주선에서 탈출해서 낙하산을 타고 지상으로 돌아왔다.

가가린이 영웅이 되어 돌아왔다고 말하는 것조차 현실을 묘사하기엔 부족할 것이다. 그는 소비에트 연방의 최고 입법기관인 소련최

고회의 대의원이 되었고 독일, 브라질, 캐나다를 포함한 세계 여러 나라에 순회를 다녔다. 가가린은 주조소(鑄造所) 노동자 교육을 받았고, 영국 맨체스터에 있는 주조 노동자 합병연합의 방문 초대도 받아들였다. 맨체스터의 길거리를 따라 환호하는 사람들 무리 사이를 지나갔는데 가가린은 쏟아지는 빗속에서도 차 지붕을 계속 열어둘 것을 고집하며 자신을 보러 와준 사람들에 대한 고마움의 뜻으로 꼿꼿이 서 있었다.

1967년 우주비행사 블라디미르 코마로프(Vladimir Komarov, 1927~1967)가 소유즈 1호 우주선 비행의 지휘관 자리에 앉았다. 죽을 수도 있는 안전 문제가 있다는 걸 잘 알면서도 그는 자신의 영웅이자 이 임무의 예비자인 가가린이 대신 비행하다가 혹시라도 죽을지 모른다는 걱정 때문에 임무를 맡았다. 코마로프는 재진입 때 낙하산이 고장 나고 우주선이 지상으로 추락하는 바람에 목숨을 잃었는데, 우주비행 역사상 최초로 죽은 사람이 되었다. 편집증에 사로잡힌 소련 수뇌들은 가가린을 앞으로 우주비행 임무에서 빼는 걸로 대응했으나, 이것도 허사였다. 소련의 영웅은 1968년 3월 27일 정기 훈련 비행에서 전투기가 충돌해서 사망했다.

가가린의 유산과 그의 놀라운 임무는 전 소비에트연방뿐만 아니라 모든 곳에서 이어지고 있다. 미국의 아폴로 11호 우주비행사 닐 암스트롱과 버즈 올드린은 가가린과 코마로프, 그리고 우주 경쟁에서 목숨을 잃은 다른 비행사들을 기리며 달 표면에 메달을 놔두었고, 4월 12일은 국제유인우주비행의 날이자 '유리의 밤', 두 가지 모두로

소유즈 로켓이 세워져 있는 바이코누르 우주기지(2009년) © NASA / Bill Ingalls

기념된다. 하지만 가장 기묘하면서도 감동적인 헌사는 수년 전 가가린의 로켓이 발사되었던 카자흐스탄의 바이코누르 우주기지로 미국과 러시아의 우주비행사들 모두가 여전히 찾아간다는 것이다. 가가린 자신의 비행 전 행동을 따라 하기 위해서 많은 우주 여행자가 차에서 잠깐 내려서 오른쪽 뒷바퀴에 소변을 보는 것으로 유명하다. 아마도 별을 향해 자신들의 여행을 떠나려고 벨트를 맬 때 가가린의 행운이 자신에게도 내리기를 바라는 것이리라.

최초의 우주유영

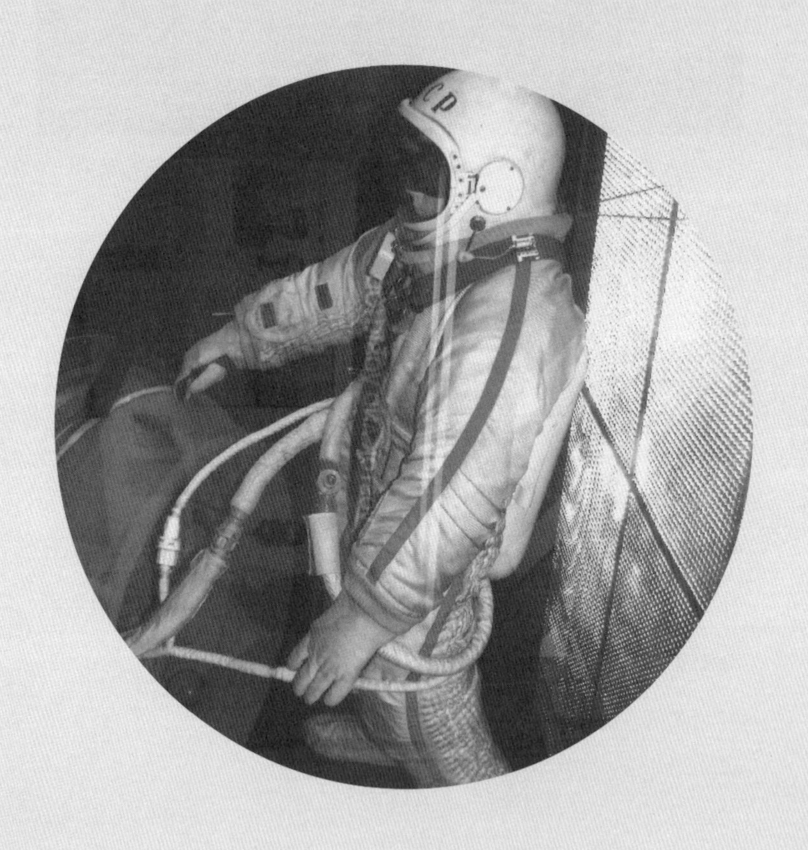

최초의 인간 우주유영에서 알렉세이 레오노프가 착용한 우주복(스미스소니언 국립항공우주 박물관 전시)

◆

지구 위 높은 곳에서 궤도 비행을 하고 있는 소련 우주선의 좁은 에어로크 안에서 우주비행사 알렉세이 레오노프(Alexei Leonov, 1934~2019)는 역사를 만들 순간을 기다리고 있다. 우주선의 얇은 외피 너머로는 우주가 펼쳐져 있다. 그는 해치를 열고 밖으로 나와서 그의 아래서 회전하는 밝고 새파란 지구를 쳐다본다. 대륙과 나라들이 천천히 지나간다. 드넓은 우주로부터 그를 지켜주는 것은 작은 우주선에 줄로 연결되어 있는 우주복뿐이다. 레오노프는 우주유영(宇宙遊泳)을 한 최초의 인간이 되었다.

선외(船外) 활동의 위험은 여전하지만, 오늘날 그것은 우주 임무의 중요한 일부다. 실제로 국제우주정거장은 우주유영을 못 하면 작동이 불가능하다. 하지만 1965년 3월 18일에 알렉세이 레오노프는 어떤 인간도 해낸 적이 없는 것을 이루었다. 보스호트 2호의 임무는 소련이 승리하고 미국의 자존심에 또 한 번 타격을 입힌 또 다른 우주 경쟁 선전이었다. 하지만 레오노프와 조종사는 거의 성공하지 못할 뻔했다.

알렉세이 레오노프는 1934년 시베리아에서 태어나서 20대 초반에 전투기 조종사로 졸업하고는 유리 가가린이 포함된 우주비행사 훈련반에 들어갔다. 1963년, 소련의 우주선 설계사 세르게이 코롤료프가 다음 단계는 우주비행사가 우주에 자유롭게 떠 있게 만드는 것이라고 선언했고, 레오노프가 그 적임자로 뽑혔다. 파벨 벨랴예프(Pavel Belyayev, 1925~1970)가 조종사로 뽑혔고 경쟁이 시작되었다. 나사가 같은 목적으로 우주비행사 에드 화이트(Ed White, 1930~1967)를 훈련시키고 있다는 것을 소련도 알고 있었기 때문이다.

R-7 로켓이 지구 궤도로 우주비행사들을 데려가기 위해서 바이코누르 우주기지에서 발사되었다. 레오노프는 생명유지장치를 입고 에어로크로 올라와서 감압이 되기를 기다렸다. 그다음에 해치를 열고 밖으로 나와서 바로 눈앞에서 우리 별 지구가 돌아가는 광경을 목격했다. 레오노프의 움직임은 우주선에 설치된 카메라에 녹화되었고, 약 10분 후에 그는 다시 돌아오라는 명령을 받았다. 하지만 그

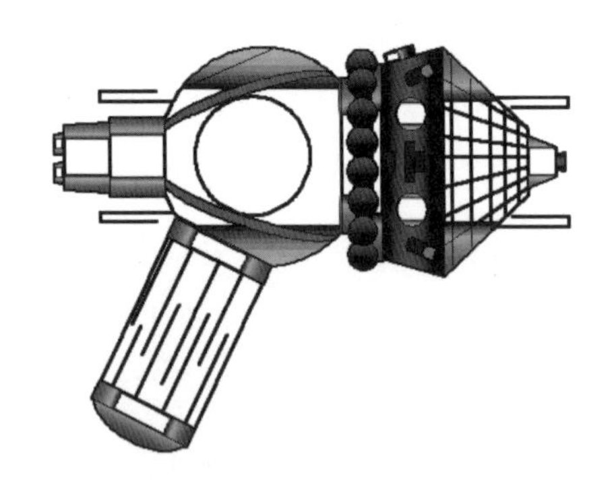

보스호트 2호의 다이어그램

1965년 최초의 우주유영 기념우표(소련)

는 앞으로 펼쳐질 여정에 대해서는 전혀 몰랐다.

문제는 레오노프의 우주복이 대기압이 없는 탓에 부풀어 오른 데에서 시작되었다. 그 말은 그가 해치 안으로 다시 들어갈 수가 없다는 뜻이었다. 관제 센터에서는 몰랐지만 레오노프는 우주복의 밸브를 열고 공기를 빼냈다. 이것은 위험한 행동이었지만 산소가 감소하기를 기다리는 것보다는 나았다. 그는 최소한 잠깐 동안은 안전했다.

우주선이 지구의 그림자가 진 부분으로 들어가면서 어둠 속에 잠겼다. 레오노프는 우주선 쪽으로 몸을 움직였으나, 감압증이 일어나기 시작해서 체온이 급격히 올랐다. 그는 해치로 몸을 던졌고, 머리부터 들어간 탓에 좁은 에어로크에서 해치를 닫기 위해 이제 몸을 돌려야 했다. 헬멧이 땀으로 흠뻑 젖었지만 레오노프는 문을 닫을 만큼은 볼 수 있었다. 그는 간신히 해냈다.

귀환이 시작되기 전에 에어로크를 버려야 했지만, 이 작업에서 발생한 힘으로 우주선이 빙글빙글 돌았다. 산소 수치가 빠르게 올라가서 불꽃이 하나만 튀어도 캡슐이 불덩어리가 될 만큼 상황이 악화되었다. 레오노프와 벨랴예프는 산소 수치를 통제했지만 그제야 그들의 자동 재진입 시스템이 고장 났다는 것을 깨달았다. 우주비행사들은 수동 조종으로 지구 대기에 들어가야만 했고, 조금만 실수해도 우주선은 지상으로 곤두박질칠 수 있었다.

재능 있는 두 사람은 과정을 완수했고, 그들의 낙하산이 안전하게 지상으로 그들을 데려다주었으나 예정된 착륙 지점에서 한참 떨어진 곳이었다. 레오노프와 벨랴예프는 비교적 안전한 모듈에서 주변을 살폈다. 바깥에는 눈이 두껍게 바닥을 덮고 있었다. 그들은 늑대와 곰이 사는 혹독한 얼음의 세계, 시베리아 황무지에 착륙한 것이었다.

그들이 모듈 해치를 열자 차가운 공기가 안으로 들어왔다. 두 사람은 구조 신호를 보냈고 몇 시간 안에 헬리콥터가 머리 위로 날아왔지만 고개를 들어보니 민간 헬리콥터였다. 다른 사람들이 그들의 신호를 듣고 도우러 온 것이었다. 헬리콥터에 매달린 줄사다리는 우주비행사들이 바라던 구조가 아니었다. 무거운 우주복으로는 거기를 올라갈 수 없었기 때문이다. 더 많은 비행기들이 도착했다. 응원꾼들은 코냑을 떨어뜨려주었고(병이 깨졌다) 따뜻한 옷(대부분은 나뭇가지에 걸렸다)과 도끼를 주었다.

레오노프와 벨랴예프는 우주선에서 밤을 보내야 한다는 사실을 깨달았으나 우주복 안에 고인 땀 때문에 동상에 걸릴 수도 있었다. 그들은 옷을 벗어서 안에 고인 물을 버리고, 속옷을 짜서 물을 털어낸 다음 도로 입었다. 다음 날 아침 구조대가 도착했지만 우주비행사들은 추운 숲에서 하룻밤을 더 보내야 했다. 구조대는 나무 오두막을 짓고 나무를 베어 불을 피워 우주비행사들이 씻을 수 있도록 물을 데웠다. 다음 날 그들은 스키를 신고 구조 헬리콥터까지 9킬로미터의 길을 가기 시작했다.

당시 소련의 기밀 유지 때문에 진짜 이야기는 처음에는 그리 널리 알려지지 않았다. 하지만 이것은 인간의 우주비행에 있어서, 그리고 이후 인간의 인내심에 대한 기념비적인 놀라운 이야기다.

지금까지 국제우주정거장에서만 우주유영이 200번 이상 이루어졌다. 우주유영이 미래에 어떤 업적을 이루든 간에 그 성공은 희생될 가능성과 싸늘한 추위, 야생 늑대라는 위협을 용감하게 견뎌내고 전 세계에 할 수 있음을 보여주었던 두 우주비행사 덕분일 것이다.

달에 선 인간

달에 선 버즈 올드린의 모습. 암스트롱이 촬영했다.
버즈 올드린의 헬멧에 비친 사람이 암스트롱이다.

◆

착륙 순서에 들어가기 겨우 몇 분 전에 달착륙선 컴퓨터에서 첫 번째 경고 신호가 깜박거리기 시작한다. 1202 오류: 데이터 과부하. 두 승객이 우주선 창밖을 바라보니 구멍이 파인 표면이 유혹적이리만큼 가까워 보인다. 더 많은 경고음이 울리고 임무 관제 센터에서 착륙해도 '좋다'는 확인을 보낸다. 지휘관이 수동 조종으로 바꾸지만 착륙선은 예정된 착륙 지점에서 335미터가 넘게 넘어간 상태다. 앞쪽으로는 거칠고 바위로 뒤덮인 표면이 펼쳐져 있다. 지휘관이 내려갈 안전한 장소를 찾는 동안 연료 부족 경고등이 깜박인다. 그는 써도 되는 45초 분량의 연료로 길을 비춘다. 시간은 1969년 7월 20일 20시 17분 39초다. 인간이 달 표면에 도착했다.

아폴로 11호의 달 착륙으로 이어지는 일련의 사건들은 우주 경쟁에서 첫 번째 승리를 거둔 소련의 스푸트니크 1호 위성에서부터 시작되었다고 단언할 수 있을 것이다. 그리고 소련의 유리 가가린이 우주에 간 최초의 인간이 되고 1년 후인 1962년에 미국 대통령 존 F. 케네디는 대담하게 선언했다. "우리는 달에 가기로 선택했습니다. (…) 그리고 다른 것들도 할 겁니다. 이게 쉬워서가 아니라 오히려 어렵기 때문입니다." 그는 옳았고, 젊은 미국인 세대에 대한 정부의 투자는 결국에 보상을 받게 된다.

아폴로 11호 사령관인 닐 암스트롱(Neil Armstrong, 1930~2012)의 첫 번째 우주비행은 1966년 달 착륙 프로그램의 전신인 제미니 8호를 통해서였다. 이 임무의 우주선 조종사는 마찬가지로 1966년에 제미니 12호를 조종했던 에드윈 유진 '버즈' 올드린 2세(Edwin Eugene 'Buzz' Aldrin Jr, 1930~)였다. 이전까지 올드린은 한국전쟁에서 전투기 조종사였고, 아폴로 11호의 사령선 조종사가 되는 마이클 콜린스(Michael Collins, 1930~)와 함께 나사의 우주비행사 그룹 3번에 들어오게 되었다.

이 프로젝트로 1969년 7월 16일 케네디 우주 센터에서 새턴 V 로켓이 발사되었다. 2시간 40분 후에 두 번째 점화로 아폴로 11호가 달 쪽으로 방향을 바꿨다. 임무 기간 동안 거주 구역 역할을 하는 CSM(the command and service module, 사령기계선)은 '독수리'라고 불리는 달착륙선을 실은 로켓단과 분리되어 있었다. 콜린스의 역할은 CSM을 조종해서 7월 19일에 달 궤도로 진입하기 전에 독수리에 다

아폴로 11호 승무원
(왼쪽부터 닐 암스트롱,
마이클 콜린스, 버즈 올드린)
© NASA

시 도킹하는 것이었다. 7월 20일에 CSM과 독수리가 분리되고, CSM은 달 궤도를 계속 돌고 암스트롱과 올드린이 탄 독수리는 달 표면으로 내려가기 시작했다. 콜린스는 이제 작은 우주선에 홀로 타고서 인류로부터 분리된 채 달 반대편에서 그 너머의 드넓은 심연만 바라보고 있게 되었다.

7월 21일 그리니치 표준시 2시 56분 15초에 암스트롱의 발이 달 표면에 닿았고, 전세계 약 5억 3천만 명의 사람들이 생방송으로 이 사건을 보았다. 그는 그 유명한 말을 했다. "인간에게는 작은 한 걸음이지만, 인류에게는 거대한 도약이다." 20분 후에 올드린이 뒤를 따랐다. 첫 번째 임무 중 하나는 긴급 상황으로 탐사가 중단될 경우에 대비해 갖고 돌아갈 소량의 달 표본을 수집하는 것이었다. 두 우주비행사는 총 2시간 31분 40초 동안 달 표면 위를 걸었고, 1킬로미터가량을 갔으며, 21.5킬로그램의 표본을 모았고, 달착륙선으로부터 겨우 60미터까지만 나아갔다. 카메라가 그들의 활동을 녹화했고, 암스트롱과 올드린은 임무 도중에 미국 대통령 닉슨으로부터 전화도 받았다. 그들은 미국 국기를 꽂았고, 다음과 같이 쓰인 명패를 세웠다. "지구 행성에서 온 사람들이 서기 1969년 7월에 달에 첫발을 내딛다. 우리는 전 인류를 대표해 우호적으로 왔다."

태양에서 방출되는 플라스마와 대전입자(帶電粒子) 줄기인 태양풍의 데이터를 수집하기 위하여 알루미늄 포일판을 설치했다. 과학자들은 달에 다량의 대기가 없기 때문에 훨씬 명확하게 안에 있는 화학물질 성분을 연구할 수 있었는데, 그 결과 지구의 자기장이 태양풍에 영향을 미친다는 것을 드러내서 우리의 행성에 관해 새로운 통찰력을 갖게 해주었다.

7월 21일 그리니치 표준시로 17시 54분에 달착륙선이 이륙해서 컬럼비아호와 재도킹했다. 기계선은 버려지고 우주선은 초속 11,032미터의 속도로 지구 대기에 재진입했다. 7월 24일 그리니치 표준시 16시 50분 35초에 낙하산으로 하강 속도가 점차 줄어들며 우주선이 태평양으로 떨어졌다. 격리 기간이 끝나고 우주비행사들은 영웅 대접을 받으며 뉴욕시를 행진했으나 다시는 우주로 날아가지 못했다.

나사의 유인우주프로그램이 아폴로의 영광스러운 나날을 다시는 재현하지 못했다고 많은 사람이 생각한다. 하지만 젊은 미국인 세대는 불가능한 것들을 감히 상상한다. 오늘날에는 달에 돌아가는 것에 관한 이야기가 나오고 있다. 심지어 영구적인 정착지를 만들자는 이야기도 나왔고, 덕분에 새로운 임무들이 시작되었다('달 기지' 장을 볼 것). 하지만 미래가 어떻게 흘러가든 간에 인류는 수십 년 전에 젊은 미국인 무리가 건방지게 또 다른 천체를 정복할 수 있을 거라고 생각하고, 제정신으로는 할 수 없는 일을 성공시킨 그해 여름을 영원히 되돌아보게 될 것이다.

달 위의 보행자 만들기

비행은 닐 암스트롱이 가장 열정을 가진 것 중 하나였다. 1930년 오하이오에서 태어난 그는 여섯 살에 아버지와 함께 처음 비행을 했고, 그 뒤 열여섯 살에 조종사 면허를 따서 1947년에 해군 조종사 후보생이 되었다. 항공공학을 공부하고 한국전쟁에 참전한 후 1955년에는 미국 국가항공자문위원회(후의 나사)의 연구 조종사가 되어 시속 6,400킬로미터가 넘게 날 수 있는 로켓 동력 비행기 X-15 같은 신형 항공기를 조종했다.

그는 1962년에 우주비행사가 되어 우주 프로그램에 들어갔다. 1966년 3월 16일 암스트롱은 두 우주선 사이에 최초로 수동 도킹을 하는 제미니 8호의 임무를 지휘했다. 임무 도중 우주선이 빠르게 회전하게 되었고, 암스트롱은 태평양으로 통제된 착수(着水)를 해야만 했다.

아폴로 11호 이후 암스트롱은 1971년에 나사를 그만두고 1979년까지 항공공학을 가르쳤다. 많은 아폴로 우주비행사들이 정계에 들어가거나 사인회 투어를 했으나 암스트롱은 대신에 새로운 세대의 조종사들에게 영감이 되는 편을 선택했다. 그는 또한 1986년에 우주 왕복선 챌린저호 사고('우주왕복선' 장을 볼 것)를 조사하는 팀에 뽑히기도 했다.

보이저 2호

우주에 있는 보이저 2호의 모습

◆

태양계 외부 행성들에 대한 인류의 유일한 탐사는 드문 행성 배열을 우연히 발견한 나사의 젊은 인턴이 아니었으면 결코 시도하지 못했을 것이다. 게리 플랜드로(Gary Flandro, 1934~)는 1965년 나사의 제트 추진 연구소에서 일하다가 1970년대 말에 목성, 토성, 천왕성, 해왕성이 전부 다 태양과 같은 쪽에 있을 것이고, 그런 일은 176년 동안 또다시 일어나지 않을 것임을 깨달았다.

1961년, 또 다른 나사의 인턴 마이클 미노비치(Michael Minovitch, 1936~)가 행성의 중력과 궤도 운동을 이용해 우주선을 추진시키는 '중력 도움(gravity assist)'이라는 획기적인 이론을 세우는 데에 성공했고, 플랜드로는 이 연구를 바탕으로 외행성 탐사 임무를 제안할 수 있었다. 중력 도움을 이용하면 목성과 토성에 도달하는 시간을 반으로 줄일 수 있고, 천왕성과 해왕성까지 가는 여정은 3분의 1로 줄일 수 있다. 네 별을 한 번의 탐사 여행에서 다 갈 수 있을 것이다. 나사는 설득에 넘어갔고 보이저호가 탄생했다.

원래는 두 쌍의 우주선이 사용될 예정이었지만, 예산의 제한으로 나사는 결국 목성과 토성을 탐사할 한 쌍으로 만족하기로 했다. 보이저 2호는 1977년 8월 20일에 발사되었고 보이저 1호가 9월 5일에

보이저 2호가 찍은 토성

그 뒤를 따랐다. 보이저 1호는 쌍둥이 형제를 앞질러서 목성과 토성을 탐사할 예정이고, 보이저 2호는 후속 관측을 하게 될 것이다. 보이저 1호는 토성 이후 태양계를 빠져나가지만, 제안된 탐사 확장안 덕분에 보이저 2호는 천왕성과 해왕성도 방문하게 된다. 1970년대 초에 파이어니어 10호와 11호의 탐사가 목성과 토성 관측의 초기 단계를 수행했으나 이 행성들(천왕성과 해왕성까지)의 더 상세한 모습을 보여주고 전에 본 적 없는 놀라운 현상들을 밝혀준 것은 보이저 시리즈였다.

보이저 2호는 네 개의 외행성 전부를 근거리에서 연구한 유일한 우주선이다. 2호는 1979년 7월 9일에 목성 옆을 지나며 보이저 1호가 본 이후에 일어난 대기의 변화를 보여주었다. 보이저 1호는 목성의 달 이오(Io)가 화산성(火山性)임을 밝혔고, 2호는 활화산에 관해 더 많은 정보를 수집할 수 있었다. 또한 보이저 2호는 목성의 달 유로파(Europa)의 더 상세한 이미지를 찍을 수 있었고, 보이저 1호가 보았던 줄무늬가 틈으로 변한 것을 목격했다. 이것은 후에 그 얼어붙은 지각 아래로 지하 바다가 있다는 증거로 해석되었다('유로파 탐사' 장을 볼 것).

목성의 중력 추진을 받아 보이저 2호는 토성으로 날아갔고, 1981년 8월 26일에 가장 가까이 접근해서 행성의 고리 사이에서 전갈자리 델타 항성을 관측했다. 반짝거리는 별빛은 보이저 2호가 조그만 고리들을 발견할 수 있게 해주었고, 우주선은 또한 히페리온(Hyperion), 엔켈라두스(Enceladus), 테티스(Thetis), 포이베(Phoebe)의 사진도 찍었다.

나사가 탐사 임무를 확장하기로 결정한 후에 보이저 2호는 1986년 1월 24일에 천왕성을 지나갔는데, 구름 꼭대기에서 800킬로미터 아래에 끓는 바다가 있다는 증거를 찾았고, 대기의 온도가 영하 216도로 엄청나게 춥다는 것을 측정했으며, 10개의 새로운 달과 2개의 고리를 발견했다. 하지만 가장 흥분되는 것은 행성의 극광(極光)을 관측한 것이었다. 극광은 지구의 극 주위에서 볼 수 있는 북극광과 남극광처럼 마술 같은 빛의 쇼다.

다음번 목표물은 해왕성이었는데, 보이저 2호는 행성을 1989년 8월 25일에 지나가며 5개의 달과 4개의 고리, 행성의 대기 속에 있는 커다랗고 어두운 폭풍을 발견했다. 우주선은 바람이 시속 1,100킬로미터임을 측정했고, 해왕성의 가장 큰 달인 트리톤(Triton)이 질소 얼음을 분사하는 얼어붙은 화산들을 가진, 태양계에 알려진 천체 중에서 가장 추운 곳임을 밝혔다.

마지막 만남을 마치고 그 쌍둥이 형제가 2012월 8월 25일에 했던 것처럼, 2018년 11월 5일에 보이저 2호가 태양계에 작별을 고했다. 두 우주선 모두 지금은 성간공간을 지나가며 데이터를 보내고 있다. 그리고 2025년경까지 그렇게 할 것으로 예측된다. 두 우주선은 각각 지구로부터 보내는 음악과 소리, 인사가 담긴 '골든 레코드'를 담고 있다. 거기에는 음향신호 속에 감추어진 우리 행성과 거주자들의 사진도 들어 있고, 레코드를 어떻게 트는지, 우주에서 우리 태양계의 위치가 어딘지에 관한 설명도 들어 있다. 그러니까 보이저 두 대의 연료가 다 떨어진 후에도 우주선과 골든 레코드들은 계속 그대로 흘러갈 것이다. 생명체가 사는 유일한 행성이 보내는 우주 유물이 별들을 향해 여행하는 셈이다.

보이저의 탐사 임무는 엄청난 성공으로 여겨졌다. 보이저 1호는 담당 과학팀에 수많은 최초의 정보들을 보내주고 목성과 토성, 그곳의 달들, 대기, 고리와 자기장의 전례 없는 모습을 보여주었으며 보이저 2호가 후속 연구를 할 만한 흥미로운 분야를 골라주었다. 또한 성간공간에 도달한 최초의 인공 물체가 되었고, 우주비행의 역사에서 그 탐사 임무를 중대한 이정표로 만들었다. 하지만 태양계에 있는 행성들과 다른 천체들을 찍은 근접 사진이 그들의 임무 중에서 가장 크게 찬사를 받았다. 비록 가장 많이 알려진 사진은 정반대의 것이지만 말이다. 바로 우리 행성이 우주를 배경으로 거의 알아볼 수 없는 점처럼 보이는 사진이다.

보이저 1호의 태양계 가족사진이라는 아이디어는 미국의 천문학자 칼 세이건(Carl Sagan, 1934~1996)과 후에 카시니 탐사 임무의 이미지 팀을 지휘하게 되는 캐럴린 포코(Carolyn Porco, 1953~ , '고리 행성 탐사' 장을 볼 것)의 합작이었다. 나사의 책임자들은 처음에는 귀중한 자원을 과학적으로 쓸모없는 지구와 그 이웃 행성들의 사진에 낭비하는 아이디어라고 코웃음을 쳤으나 세이건과 포코는 허가가 날 때까지 계속 압박했다.

결과물은 사진이라는 관점에서는 그다지 대단하게 언급할 만한 게 못되지만, 언제나 인도주의자였던 세이건은 이것을 지구와 그 거주자들의 연약함과 고립에 관한 논문으로 탄생시켰다. 1994년 세이건은 코넬 대학교에서 강연하며 '흐린 파란색 점'이라고 이름 붙인 지구 사진을 가리키면서 우리에게 생각해보라고 말했다. "여기 있습니다. 여기가 집이에요. 이게 우리죠. 이 위에서 여러분이 들어본 모든 사람, 세상에 존재했던 모든 사람이 자기 삶을 살았죠… 햇빛 속에 떠 있는 티끌 위에서요."

탐사 임무는 행성 과학자들에게 우리의 이웃 행성들의 초기 정찰 데이터를 알려주었지만, 세이건에게 이것은 우리 존재의 허무함을 상기시켜주어서 우리가 우리 자신에 관해 뭔가 깨닫기를 바라는 기회였다.

1977년 8월 20일, 타이탄 3E(ⅢE) 센타우르에 실려 발사되는 과학 위성 보이저 2호
© NASA / MSFC

우주 화산

린다 모라비토(Linda Morabito, 1953~)에게 1979년 3월 9일 아침은 보이저호 운항팀의 다른 사람들과 똑같이 시작되었다. 그녀는 나사의 제트 추진 연구소의 이미지 처리실에 혼자 앉아서 보이저 1호가 찍은 목성의 달 이오 사진을 분석하고 있다가 달의 가장자리에 있는 밝은 물체를 발견했다. 모라비토는 그게 뭔지 확실하게 몰랐지만, 그녀는 활화산을 발견한 것이었다. 그 귀중한 순간에 그녀는 또 다른 천체 위에서 다른 사람들은 본 적 없는 것을 보았고 그녀가 발견한 게 입증되는 것은 시간문제일 뿐이었다.

지금은 이오가 태양계에서 가장 화산활동이 심한 세계이고 이오의 수많은 화산 중 몇몇은 용암을 대기 속 400킬로미터 높이까지 쏘아낸다는 것도 안다. 하지만 용암 대신 물이나 암모니아, 메탄 같은 차가운 액체나 얼어붙은 기체들을 쏘아내는 소위 '얼음화산(cryovolcano)'이 있는 토성의 달 타이탄(Titan)처럼 다른 활화산들이 태양계의 다른 곳에서도 발견되었다.

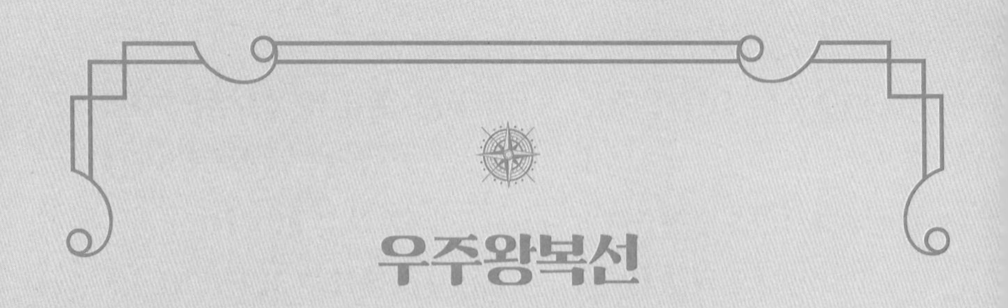

우주왕복선

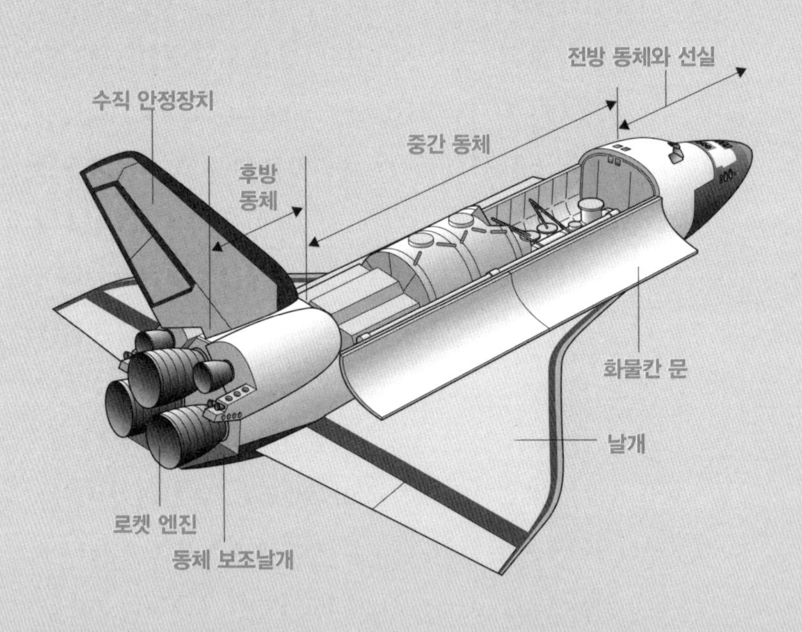

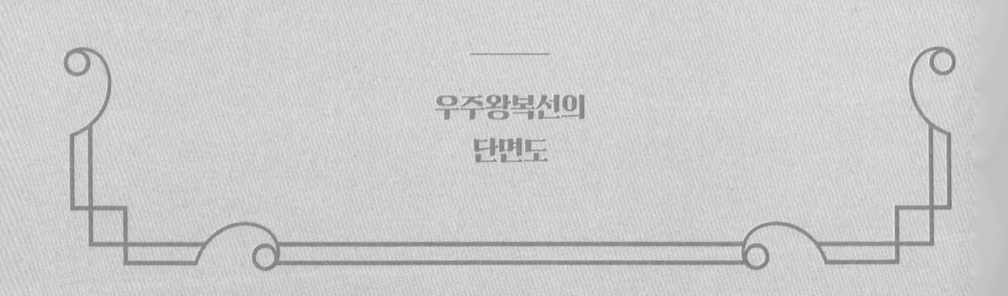

우주왕복선의
단면도

◆

1981년 4월 12일 이른 아침, 만드는 데에만 수십 년이 걸린 새로운 종류의 우주선이 케네디 우주센터 발사대에 올라 있다. 로켓 추진기가 우주선을 허공으로 밀어 올리고, 로켓의 앞머리는 하늘을 향한다. 약 8분 후에 우주선이 지구 궤도에 도착한다. 유리 가가린이 우주에 나간 최초의 인간이 된 지 20년이 지났고, 나사는 막 인류의 첫 번째 재사용 가능 로켓을 발사했다. 바로 우주왕복선이다.

아폴로 16호에 탄 것은 달에서 걸었던 존 영(John Young, 1930~2018)과 해군 시험비행 조종사 로버트 크리펜(Robert Crippen, 1937~)이다. 지금까지는 우주로 나갔던 사람들 전부 다 단일사용 로켓을 타고 가서 로켓은 충돌해서 타버리고 승무원들은 까맣게 그을린 우주 캡슐을 타고 지구로 돌아왔다. 반면 영과 크리펜은 왕복선을 탄 채 돌아올 계획이고 나사는 그것을 재발사할 생각이다.

시속 28,000킬로미터의 속도로 지구 궤도를 돌면서 컬럼비아호의 첫 번째 비행에 실린 컴퓨터들은 발사되는 동안의 온도와 압력, 궤도와 재진입을 기록한다. 비행사들은 짐을 옮기고 싣는 왕복선의 능력을 확인하기 위해서 왕복선 화물칸 문을 시험한다. 55시간 동안 36번 궤도를 돈 후에 영은 궤도선을 캘리포니아 주의 에드워즈 공군 기지에 착륙시킨다. 임무 STS-1이 완료되었고, 우주왕복선의 시대가 시작되었다.

왕복선은 우주여행의 새로운 시대를 열기 위해 만들어졌다. 여기에는 총 다섯 대의 기체가 사용되었다. 컬럼비아호, 챌린저호, 디스커버리호, 아틀란티스호, 인데버호다. 컬럼비아호가 1981년 4월 12일에 처음 발사되었고, 아틀란티스호가 2011월 7월 21일에 마지막으로 착륙한 기체다. 30년 동안 총 355명의 승무원이 135번의 임무를 맡아 날아올랐다.

왕복선은 찬드라 엑스선과 허블 우주망원경, 콤프턴 감마선 관측선을 발사했고, 비행사들이 허블을 다시 방문해서 수십 년 동안 하드웨어를 계속해서 업그레이드할 수 있게 해주었다. 또한 목성을 연구하기 위한 갈릴레오 탐사정을 발사하고, 금성에는 마젤란 우주선을, 태양을 관측하기 위해서는 율리시스 탐사선을 보냈다. 또 국제 우주정거장을 건설하고 점검하는 데에도 도움이 되었다.

왕복선 시대에 샐리 라이드(Sally Ride, 1951~2012)가 우주에 나간 최초의 미국 여성이 되고, 캐스린 설리번(Kathryn Sullivan, 1951~)이 우주유영을 한 최초의 미국 여성이 되고, 또한 메이 캐럴 제미선(Mae Carol Jemison, 1956~)이 왕복선을 타고 지구 궤도에 도달한 최초의 아프리카계 미국 여성이 되었다.

영과 크리펜의 최초의 비행 이후로 나사는 30년 동안 수많은 최초의 발사들을 했다. 하지만 이 중요한 임무에서도 변칙적인 상황이 앞으로 일어날 비극을 예고했다. 점검할 때 재진입 시 발생하는 최대

1984년 9월 에드워즈 공군 기지에 착륙하는 우주왕복선 디스커버리호 © NASA

1,600도의 온도를 막기 위해서 설계된 외부 열차폐 타일에 손상이 있다는 사실이 드러났다. 첫 번째 임무에서 16개의 타일이 없어지고 148개가 손상되었으며, 비슷한 문제가 프로그램 내내 계속되었다.

1986년 1월 28일, 챌린저호가 발사 73초 만에 허공에서 분해되며 승무원이 전원 사망했다. 오른쪽 추진장치의 O링 실(O-ring seal)이 제대로 작동하지 않아서 타는 기체가 새어 나왔던 것이다. 2003년 1월 16일, 발사할 때 컬럼비아호의 외부 탱크에서 단열재 조각이 떨어져 나와 왼쪽 날개에 붙어 열 차폐막을 깨뜨렸다. 2003년 2월 1일 재진입을 하면서 뜨거운 대기 중의 기체가 컬럼비아호의 깨진 차폐막을 뚫고 들어가서 우주선을 분해시켰다. 일곱 명의 승무원이 전원 사망했다. 두 번의 재앙으로 프로그램이 중단되었고, 컬럼비아호 사고 이후 처음으로 2005년 7월 26일에 디스커버리호를 발사한 후에 프로그램은 6년 더 지속되다가 다시 중단되었다.

프로그램에 대한 비난은 꽤나 많았다. 발사의 무게당 가격이 실제로 일회용 우주선의 가격보다 더 높았고, 몇몇은 나사가 반복적으로 왕복선의 안전에 관련된 경고 신호를 무시하고 예정에 맞춰 임무를 시작하는 것만 중요시했다고 주장한다. 그럼에도 왕복선은 1년에 평균 5번씩 발사되었다. 광고처럼 믿음직스럽고 정기적인 우주선이라고 하기는 상당히 어렵다. 그러나 왕복선이 어떤 식으로 기억되든 간에 프로그램은 인간의 우주비행에서 신기원이었고, 좋은 쪽이든 나쁜 쪽이든 그 반향은 앞으로 수십 년간 느껴질 것이다.

왕복선의 성공 이야기

챌린저호와 컬럼비아호 참사가 왕복선 프로그램의 수많은 성공을 가려서는 안 된다. 디스커버리호, 아틀란티스호, 인데버호는 각각 우주비행의 발전에 큰 역할을 담당했다.

39번의 임무 중에 디스커버리호는 최초의 여성 왕복선 조종사인 아일린 콜린스(Eileen Collins, 1956~)와 가장 나이 많은 우주비행사 존 글렌(John Glenn, 1921~2016), 최초의 아프리카계 미국인 우주유영자 버나드 앤서니 해리스 2세(Bernard Anthony Harris Jr, 1956~)를 태웠다. 또한 위성을 회수해서 지구로 다시 가져온 최초의 우주선이었고, 1994년 2월에는 러시아의 세르게이 크리칼료프(Sergei Krikalev, 1958~)가 왕복선을 타고 간 최초의 소련 우주비행사가 되었다.

아틀란티스호는 23번의 임무를 수행했고, 그사이에 ATLAS-1호 미소중력 과학관측선을 발사했다. 이것은 우주에서 우리 행성에 관한 내용을 연구하는 나사 프로젝트의 1단계였다. 그리고 러시아 미르 우주정거장과 최초의 왕복선 착륙장을 만들었다. 2009년 5월, 아틀란티스호는 마지막 임무로 허블 우주망원경을 수리하기 위해서 우주비행사들을 실어 날랐다.

인데버호는 발사된 마지막 왕복선이고 챌린저호 참사 이후 대체품으로 만들어졌다. 최초의 비행에서 인데버호는 처음으로 3인의 우주유영을 해냈다. 그리고 1998년 12월에 현대 우주비행의 마지막 족적을 남겼는데, 국제 우주정거장이 건설되는 동안 최초의 미국 모듈을 가져다놓은 것이다.

허블 우주망원경

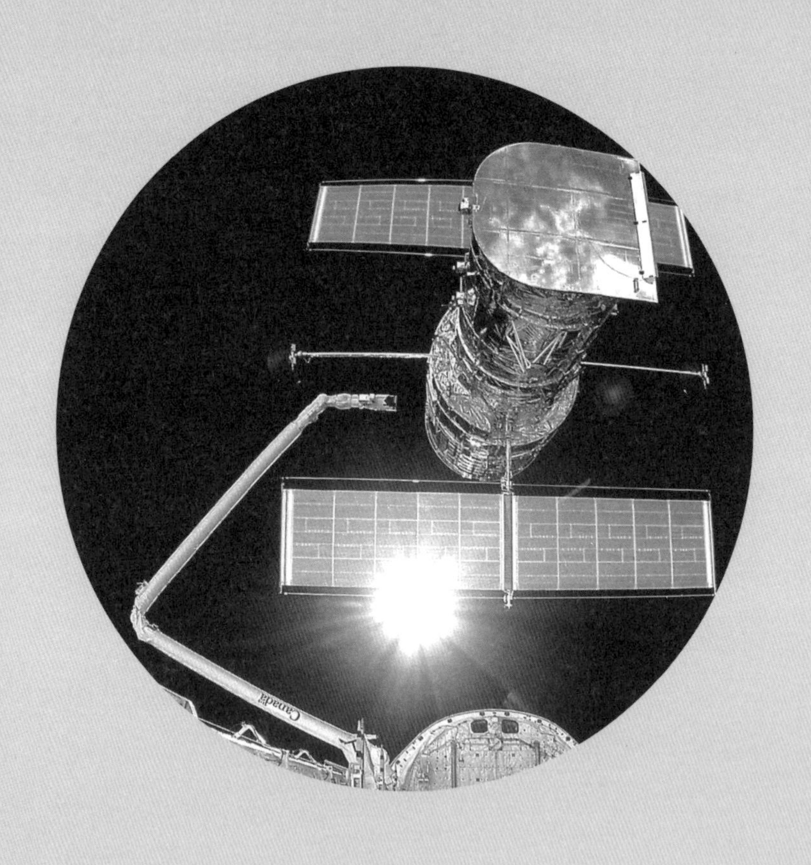

1990년 디스커버리호에서 분리된 허블

◆

1990년 4월 24일, 허블 우주망원경이 우주왕복선 디스커버리호에 실려 지구 궤도로 발사되었고, 다음 날에 제 위치에 놓였다. 그러나 첫 번째 사진을 보았더니 주거울에 문제가 있어서 사진이 전부 흐렸다. 지구 위 550킬로미터 지점에서 시속 27,350킬로미터로 돌고 있는 13미터 길이의 망원경을 어떻게 수리할까? 이것이 나사의 광학 공학자 제임스 크로커(James Crocker)가 유럽우주국과 협력하기 위해 뮌헨에 갔을 때 맡고 있던 임무였다. 크로커는 호텔 화장실의 샤워기 헤드를 쳐다보고서 이것이 위아래로 움직이며 필요한 대로 꺾이기도 한다는 것을 깨달았다. 그날 크로커는 그 깨달음으로 임무를 완수할 수 있었고, 이로써 이후 수십 년간 놀라운 천문학의 시대가 열리게 되었다.

지상에서의 천문학이 당면하는 주된 문제 중 하나는 지구의 대기다. 이 장벽이 지구상의 생명체를 보호하고 태양의 UV선을 흡수해서 낮과 밤 사이의 온도차를 줄여준다. 하지만 대기는 지상에 위치한 망원경에게는 골칫거리다. 멀리 있는 별과 은하에서 오는 빛을 왜곡시키기 때문이다. 1946년, 미국의 천체물리학자 라이먼 스피처 2세(Lyman Spitzer Jr, 1914~1997)는 대기 너머에서 작동하는 망원경의 이점에 대해 극찬했고, 1977년에 미국 의회는 후에 허블 우주망원경이 되는 것에 대한 예산을 승인했다. 1993년, 최초의 우주왕복선이 허블을 수리하는 임무를 맡아 크로커의 해결책을 적용했고, 천문학자들은 계속해서 우주를 관측할 수 있게 되었다.

허블은 우리가 우주에 관해 아는 많은 것을 바꾸어놓았다. 우주의 나이를 결정하는 것을 도와주었을 뿐만 아니라 아름다운 나선 은하에 있는 별들의 배열을 보여주고, 블랙홀이 존재한다는 증거도 제시했다. 최초의 성공 중 하나는 대마젤란운이라고 하는 은하수의 위성은하에 있는 폭발한 별인 초신성 1987A를 관측한 것이었다. 천문학자들은 초신성 주위에 있는 물질의 고리 지름을 측정하고 대마젤란운하까지의 거리를 5퍼센트 오차 내인 169,000광년으로 교정할 수 있었다.

1994년, 허블은 5천만 광년 떨어진 M87을 관측하던 도중에 은하의 중심에서 초대질량 블랙홀(supermassive black hole)을 처음으로 확실하게 발견했다. 2019년 4월에 천문학자들은 이벤트 호라이즌 망원경으로 찍은 똑같은 초대질량 블랙홀의 사진을 공개했다. 블랙홀이 최초로 사진에 찍힌 것이었다. 천문학자들은 이제 거의 모든 거대 은하에는 중심부에 초대질량 블랙홀이 존재한다는 가설을 세웠다.

1995년, 그 유명한 '창조의 기둥(Pillars of Creation)' 사진이 독수리 성운의 빛나는 우주 구름 안쪽에서 갓 태어난 별이 방출되는 모습을 보여주었다. 1996년에는 허블 딥 필드(Hubble Deep Field) 사진이 하늘의 작은 영역 안에 1,500개의 은하가 있음을 보여주었다. 이 업적은 2004년에 허블 울트라 딥 필드(화로자리의 작은 영역을 찍은 사진-역주)에 밀려났다. 이 사진은 10,000개 이상의 은하 모습을 보여주었는데, 그중 몇몇 은하는 거의 우주 그 자체만큼 나이가 많았다.

1998년에 허블 천문학자들은 Ia형 초신성에 대한 관측 결과를 출간했다. 이 폭발하는 별들은 같은 광도로 빛나기 때문에 그 분명한 밝기 정도가 우주에서의 거리를 계산하는 데 사용된다. 연구는 우주 확장이 느려지는 게 아니라 가속화되고 있다는 더 많은 증거를 보여주었다.

망원경은 아주 깊은 곳을 관찰해서 과거를 들여다보아 우주의 탄생에서 나온 빛까지 볼 수 있었다. 2016년에 허블 과학자들은 빅뱅의 40억 년 이후인 134억 년 전에 존재했던 아기 은하를 관측할 수 있었다.

허블은 또한 우리별에서 가까이 있는 물체도 관측했다. 1990년대 초에 허블은 목성의 대적점(Great Red Spot) 사진을 찍었고 슈메이커-레비 9 혜성 조각이 기체로 된 거대 행성에 충돌하는 것도 관측했다. 토성의 달 타이탄의 표면 특성을 처음으로 사진으로 찍었고, 목성의 달 유로파에서 산소의 흔적을 찾았으며, 2012년에는 유로파에서 수증기 기둥 같은 것도 발견했다. 이것은 지하 바다를 찾아볼 만하다는 것을 알려준다. 또한 허블은 명왕성 주위에서 달을, 천왕성 주위에서 고리를 발견했고, 2000년대 초에는 어린 별 주위의 궤도에서 행성의 구성요소들의 시각적 증거도 처음으로 찾아냈다.

2001년에 허블은 외계 행성, 즉 멀리 있는 별 주위를 도는 행성의 대기를 처음으로 직접 측정하는 데에 사용되었다. 2007년에는 또 다른 외계 행성의 대기에서 안개를 찾아냈고, 이것이 표면에서 생명체의 징후를 시사하는 생물지표를 찾는 데 사용될 수 있음을 보여주었다. 2016년과 2018년 사이에는 태양계 밖의 항성 TRAPPIST-1 주위를 도는 새로 발견된 지구 크기의 암석형 행성 7개의 대기를 관측하고, 우리 태양계를 지나가는 최초로 확인된 성간천체인 소행성 오우무아무아('멀리서 온 첫 메신저'라는 뜻의 하와이 말-역주)를 추적하는 데 성공했다.

수많은 과학적 발견뿐만 아니라 허블이 인류에 미친 영향력은 어마어마하다. 그 이름이 평범한 대화 속에서도 튀어나오고 사진은 대중문화 속에도 끼어들었다. 임무가 얼마나 더 오래 지속될지는 아직까지 확실치 않지만, 마침내 끝을 맞이할 때 허블은 1백만 개가 넘는 관측 자료와 15,000개 이상의 동료심사를 거친 과학논문, 그리고 앞으로의 발견의 바탕이 될 엄청난 양의 데이터를 유산으로 남기게 될 것이다. 우주는 넓은 미지의 세계이고 허블 우주망원경은 그것을 좀 더 작게, 좀 덜 신비롭게, 그러면서도 우리가 상상했던 것보다 훨씬 더 짜릿하게 만들어주었다.

우주를 바꾼 사람

에드윈 허블(1931년)
© Johan Hagemeyer

1919년 미국의 천문학자 에드윈 허블(Edwin Hubble, 1889~1953)은 캘리포니아의 유명한 마운트 윌슨 천문대에서 일하게 되었다. 여기서 그는 과학사에서 가장 큰 발견 중 하나를 하게 된다. 우리 은하가 우주에서 유일한 은하라는 것이 당시 일반적으로 용인된 지식이었다. 태양계 밖의 다른 흐릿한 물체들은 기체로 된 성운이라고 여겼다. 하지만 1923년 허블이 안드로메다 성운에서 세페이드 변광성이라고 알려지게 되는 것을 발견했다. 별의 절대등급과 겉보기등급을 비교하고서 허블은 이것이 백만 광년 떨어져 있다는 결론을 내렸다. 이것은 계산상의 우리 은하 경계를 넘어선다. 안드로메다 성운은 사실 안드로메다 은하에 있다. 우리 은하와 비슷한 이 은하가 있다는 것은 은하수 너머에 더 많은 은하가 존재할 것이라는 뜻이다. 그뿐만 아니라 이후 허블의 은하계 관측으로 우주가 확장되고 있다는 사실도 밝혀졌다. 1953년에 그가 죽고 약 40년 후에 미국의 새로운 세대 천문학자들이 새로운 우주망원경에 붙일 이름을 찾았고, 우주에 대한 우리의 시각을 근본적으로 바꿔놓은 천문학자를 존중하는 뜻에서 허블 우주망원경이 탄생했다.

새로운 고향 찾기

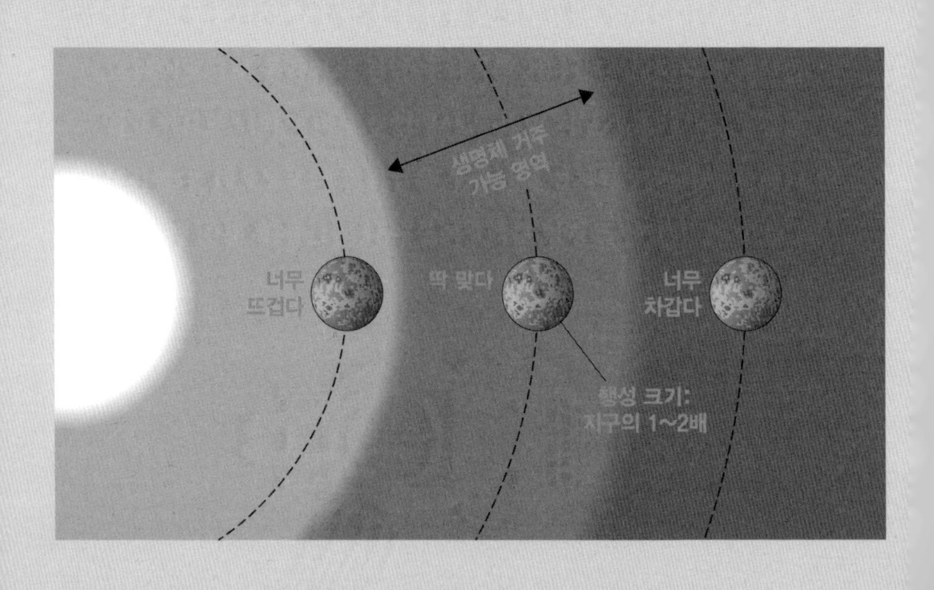

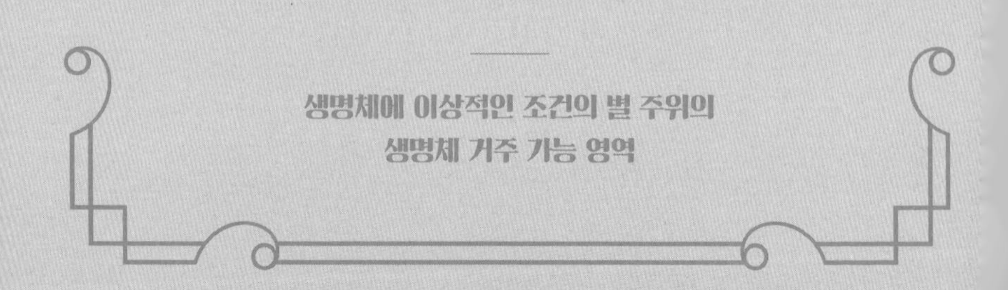

생명체에 이상적인 조건의 별 주위의
생명체 거주 가능 영역

◆

풍성한 열대우림에 둘러싸인 푸에르토리코 외딴 산자락의 자연적인 분화구 안에 놓여 있는 전파망원경은 제임스 본드 영화의 악당 소굴로 들어가는 입구처럼 보인다. 하지만 1992년에 300미터 너비의 이 접시는 폴란드의 천문학자 알렉산데르 볼시찬(Aleksander Wolszczan, 1946~)이 엄청난 발견을 하도록 도왔다.

당시 이 망원경은 고장이 나서 대부분의 연구에 사용하지 못하는 상태였다. 이것은 볼시찬에게는 행운이었다. 그가 펄서(pulsar) 연구를 자유롭게 할 수 있다는 의미였기 때문이다. 펄서는 정기적인 전파 펄스를 방출하는 별이다. 특정한 어느 별을 확인하다가 그는 뭔가 잘못되어 보인다는 것을 깨달았다. 그는 장비 문제라고 생각했지만, 얼마 후 무언가가 시야를 가리고 있음을 깨달았다. 흥미를 느낀 그는 무엇이 이런 훼방을 놓고 있는지 결국에 알아냈다. 두 개의 행성이 별 주위를 공전하고 있었던 것이다. 전에는 아무도 태양계 밖에 있는 행성, 즉 외계 행성을 '목격한' 적이 없었다. 이 놀라운 만남은 이후 수년에 걸쳐 수천 개의 외계 행성들을 발견하는 문을 열어주었다.

2009년에 발사된 케플러 우주망원경은 2013년에 작동을 멈출 때까지 145,000개의 별을 관찰했다. 그사이에 이 망원경은 수백 개의 외계 행성들을 확인하는 것을 도왔고, 과학자들은 그중 몇 개가 지구와 비슷할 수도 있다고 생각한다.

'골디락스 존(Goldilocks zone)' 또는 '생명체 거주 가능 영역(habitable zone)'은 공전하는 행성 중에서 액체 물이 존재하기에 딱 적합한 조건을 가진 항성 주위의 영역을 말한다. 액체 물은 생명체의 존재 가능성과 같은 뜻이다. 행성의 공전 궤도가 항성에 너무 가까우면 물이 증발해버릴 것이다. 너무 멀면 물은 얼 것이다. 그러니까 핵심은 물이 표면에 고여 있는 행성을 찾는 것이다. 지구 같은 암석형 행성으로 말이다.

이제 케플러가 떠난 자리에 새로운 우주선이 대체품을 싣고 가고 있다. 제임스 웹 우주망원경(the James Webb Space Telescope, JWST)은 2021년에 발사될 것이다('하늘의 눈' 장을 볼 것). 하지만 나사의 태양계 밖 조사위성인 테스(TESS, Transiting Exoplanet Survey Satellite)와 유럽 우주국의 외계 행성 특성화 위성인 키옵스(CHEOPS, CHaracterizing ExOPlanet Satellite)가 이미 작동하고 있다.

테스는 네 개의 광각 망원경으로 하늘을 스캔하여 지구와 비슷한 외계 행성 후보지를 찾기 위해서 수십만 개의 별들을 조사한다. 반면 키옵스는 이미 확인된 외계 행성들, 즉 지구 크기의 행성이나 목성과 토성 같은 거대한 기체 덩어리와 지구와 해왕성 같은 암석형 행성 사이의 크기인 것들을 더 자세히 살핀다. 소위 슈퍼 지구나 슈퍼 해왕성이라고 불리는 이들은 우리에게 물, 즉 생명체가 우리 지구보다 더 큰 암석형 행성에 존재할 수 있는지를 알려줄 것이다.

지구와 완벽한 쌍둥이는 아직까지 발견되지 않았다. 하지만 사촌일 가능성이 있는 행성을 여러 개 찾았다. 가장 지구와 비슷한 것은 케플러-186f와 케플러-62f이다. 케플러-186f는 지구의 약 1.1배 크기이고, 케플러-62f는 1.4배로 좀 더 슈퍼 지구다. 시간만이 이 임무가 우리 지구 같은 행성, 고향이라고 부를 수 있는 또 다른 거주 가능한 세계를 찾을 수 있을지 없을지를 알려줄 것이다.

외계 행성 ID

- **크기**

행성이 어미 항성의 앞을 지나갈 때 항성의 빛이 흐려진다. 키옵스 같은 우주에 위치한 망원경을 이용해서 천문학자들은 행성의 크기를 알아내기 위해 통과법을 사용할 수 있다.

- **조성**

행성이 어미 항성 앞을 지나갈 때 항성의 빛 일부가 행성의 대기를 통과한다. 통과법으로 빛의 각기 다른 색을 분석하면 행성이 무엇으로 만들어졌는지 알아낼 수 있다. 이산화탄소나 메탄은 생명체의 존재 가능성을 시사한다.

- **질량**

지구에 위치한 망원경은 항성이 얼마나 '흔들리는지' 보고서 행성의 질량을 계산할 수 있다. 이 흔들림이 행성의 중력을 알려주기 때문이다. 행성이 클수록 질량도 더 커지고 근처에 있는 다른 물체에 가하는 중력도 강해진다.

혜성에 착륙하다

혜성 표면에 있는
필래 착륙선의 근접 사진

◆

2014년 1월 20일, 목성 궤도에서 그리 멀지 않은 곳에서 작은 우주선이 3년 반의 동면에서 깨어난다. 태양계를 가로지르는 12년의 여행이 거의 끝났다. 곧 우주선은 고대의 4킬로미터 너비의 혜성에 도착하게 될 것이다. 로제타호는 혜성의 핵을 공전하는 최초의 탐사선이 될 것이고, 그러면서 태양계가 어떻게 생기게 되었는지를 밝혀줄 것이다.

혜성은 46억 년 전 태양계의 형성 때 남은 얼음과 돌로 된 유물이며, 그렇기 때문에 그 시기 동안 벌어진 물리적·화학적 과정을 연구할 수 있는 가장 좋은 대상 중 하나다. 행성이 어떻게 형성되었을까? 지구상에서 생명체의 발달에 혜성이 어떤 역할을 했을까? 혜성이 우리 행성에 물을 가져다주었을까? 수많은 근본적인 질문에 대한 답이 유럽우주국의 로제타 탐사선이 수집하는 데이터에 달려 있다.

2014년 8월 로제타호는 태양계의 차가운 바깥쪽에 있는 67P/추류모프-게라시멘코라는 혜성에 도착해서 혜성이 6년 반이 걸리는 타원형 궤도의 일부를 움직이며 태양에 가까워지는 동안 계속 함께 따라갔다.

2014년 11월에 우주선이 조그만 필레 착륙선을 발사했고, 이것이 혜성 표면으로 내려가서 연착륙을 했다. 하지만 계획했던 대로 되지는 않았다. 고정용 작살과 얼음송곳이 제대로 꽂히지 않아서 착륙선은 표면에서 튕겨 나갔다가 훨씬 어두운 다른 지역에 착륙했다. 기적적으로 착륙선은 비교적 손상을 입지 않았고, 여전히 데이터를 수집할 수 있었다.

임무가 끝나기 한 달 전에 로제타는 마침내 어두운 틈새에 박혀 있는 필레를 찾아냈다. 햇빛이 부족해서 착륙선은 태양열로 충전되는 배터리가 다 닳기 전에 데이터를 수집해야 하는 다급한 상황이었다. 하지만 필레가 여러 곳에 착륙했다는 사실이 일종의 보너스가 되었다. 두 지역을 비교해볼 수 있었기 때문이다. 필레는 혜성의 기체와 먼지, 그리고 첫 번째 착륙 때 수집한 표본들의 화학적 조성을 분석해서 16개의 유기화합물들을 밝혀냈다. 탐사선은 혜성의 코마 기체(혜성을 흐릿하게 보이게 만든다)에서 수증기와 일산화탄소, 이산화탄소를 감지했고, 생명체에 필수적인 구성요소를 형성하는 데 핵심 역할을 한다고 알려진 화학물질들도 발견했다.

필레의 미래는 확실치 않지만 로제타는 67P의 궤도에 머무르며 혜성을 연구하기 시작했고 그 표면 지형의 사진을 찍어서 커다란 절벽과 바위들을 찾아냈다. 67P에서 가장 눈에 띄는 것은 그 '고무 오리' 형태로, 로제타는 그것이 태양계 초기에 두 개의 더 작은 혜성이 충돌한 결과임을 밝혀냈다.

우주선은 67P에서 단백질과 관련된 아미노산 글리신, DNA와 세포막의 구성성분인 인을 포함해서 여러 유기화합물을 찾아냈다. 다시 말해서 이것들은 생명체의 구성요소다. 또한 산소, 질소, 물 같은 분자들도 찾았다. 지구나 다른 혜성에서 찾을 수 있는 물과는 달랐지만 말이다.

67P의 타원형 공전 궤도로 혜성이 태양에 가까워지면서 열이 얼음 상태의 물을 수증기로 승화시키고, 이것은 먼지 입자들을 우주로 방출시킨다. 로제타호는 이 기체와 먼지 입자들을 분석할 수 있었고, 혜성이 표면의 분화를 유발하는 역동적인 내적 과정을 일으키는 지질학적으로 활발한 천체일 수 있다는 사실을 알아냈다.

67P가 태양에 접근하는 것을 따라가면서 과학자들은 시간에 따라 혜성의 계절이 어떻게 변하는지 특별한 관측을 할 수 있었다. 궤도를 도는 대부분의 시간 동안 67P의 북반구는 5.5년의 여름을 보내지만, 근일점(태양에서 가장 가까운 위치)에 도달하기 전 몇 달 동안은 남반구가 짧은 여름을 보낼 차례다. 이 계절의 변화는 작은 먼지 입자들이 혜성을 가로질러 이동하게 만들어 먼지 소나기를 일으킨다. 로제타호는 이 입자들을 수집해서 연구할 수 있었는데, 이것은 혜성이 형성될 때처럼 행성 간 먼지가 초기 태양계에서 서로 합쳐져서 더 큰 입자를 형성한 사건과 관련이 있을 수도 있다.

로제타호는 풍화와 침식 같은 커져가는 균열과 표면의 변화, 기체의 방출과 혜성의 공전 때문에 혜성의 구조에 생기는 긴장을 모두 녹화했다. 이 모든 것이 풍광을 만들고 시간이 흐르며 변화하는 원인이 된다. 로제타호는 또한 과학자들에게 혜성의 냄새가 어떨지도 짐작할 수 있게 해주었다. 암모니아와 시안화수소, 황화수소의 조합은 거의 소변과 비슷하게 흥미로운 후각적 칵테일을 만들 것이다.

2014년 9월, 과학자들은 아스완(Aswan)이라는 134미터 높이의 절벽에 70미터 길이의 균열이 생긴 것을 발견했다. 혜성이 태양과 더 가까워지면서 승화량이 많아져서 더 많은 먼지를 우주로 끌어냈다. 분출은 2015년 7월 10일에 목격되었는데, 며칠 후에는 균열이 있었던 절벽 자리에 날카로운 가장자리가 생겼고 절벽 기단부에서는 커다란 바위가 보였다. 로제타호가 혜성의 절벽 하나를 무너뜨린 기체 분출을 목격한 걸까? 탐사 임무는 혜성이 먼지와 얼음으로 된 정적인 물체가 아니라 지질학적으로 흥미로운 세계라는 것을 보여주었다.

2016년 9월, 찌그러지고 긁히고 거의 연료가 떨어진 로제타호는 조심스럽게 하강해서 혜성 표면에서 필레와 합류했으며, 결국에는 지구로의 전송이 끊겼다. 아무도 무슨 일이 생긴 것인지 정확히는 모른다. 아마도 우주선은 우주에서 사라졌거나 아니면 아직까지 혜성에 남아서 태양 주위를 도는 태양계의 고대 파편으로부터 계절의 변화와 먼지 소나기를 겪으며 풍화되고 있을 것이다.

로큰롤 로제타

로제타호 같은 탐사 프로젝트가 과학적으로 큰 성공을 거두긴 했어도 대중에게 널리 알려지지 않았고, 태양계의 기원에 관해 밝혀낸 사실들을 고려할 때 마땅히 받아야 할 주류 미디어의 관심을 대체로 받지 못한다고 말하는 것이 맞을 것이다. 로제타호의 업적을 전면에 끌어낸 핵심 인물 중 한 명은 임무에 참여한 런던 태생 프로젝트 과학자였던 맷 테일러(Matt Taylor, 1973~) 박사였다. 테일러의 알록달록한 하와이안 셔츠, 문신, 발랄한 유머감각, 데스메탈 취향은 우주와 과학 팬들 사이에서 그를 유명인으로 만들었고, 천체물리학도 '쿨'할 수 있다는 것을 보여주는 데 적합한 인물이었다. 하지만 테일러의 성격과 패션 감각에 쏟아지는 관심은 종종 이 중대한 임무에 대한 그의 공헌을 가려버리곤 한다.

로제타 프로젝트 과학자로서 그가 맡은 일은 임무의 과학적 목표를 이루도록 다양한 팀과 접촉하고 지원하는 것이었고, 대부분은 두 대의 우주선이 수집한 엄청난 양의 데이터를 전하는 것이었다. 테일러는 또한 로제타의 성공을 더 많은 대중에게 알리는 핵심 인물이었다. 그의 재미있는 발표에 참석하는 사람이라면 누구든 혜성 과학에 관해 많은 것을 배우고, 트위터에 단체 사진을 올리고, 카니발 콥스와 네이팜 데스 같은 메탈 밴드의 음악 목록을 받아들고 떠날 것이라고 생각하면 된다.

뉴허라이즌스호

뉴허라이즌스호에서 찍은 하트 모양이 나타난 명왕성(2015년)

◆

나사의 뉴허라이즌스 과학자들은 2015년 7월 8일에 최초로 명왕성의 정말 감질나는 모습의 사진을 받았다. 800만 킬로미터 거리에 있는 뉴허라이즌스 우주선이 찍은 하트 모양이 나타난 흐릿한 사진이었다. 7월 14일에 우주선은 명왕성 표면에서 12,500킬로미터 위를 지나갈 것이고 이후 몇 달 동안 1,000킬로미터 너비의 빙하라는 장엄한 모습이 드러날 터인데, 태양에서 50억 킬로미터 떨어진 곳에서 작동하는 우주선이 우리 행성으로 그것을 쏘아 보낼 것이다.

우주선이 2006년 1월 19일에 발사되었을 때 그 목적지는 태양계에서 가장 멀리 있는 행성이었다. 우주선이 그곳에 도달할 무렵 명왕성은 왜소행성으로 재분류된 상태였다. 왜소행성은 태양 주위를 공전하는 행성 질량의 천체이지만 진짜 행성으로 규정하기 위한 기준에는 들어맞지 않는 것을 말한다.

어쨌든 탐사 임무는 태양계 바깥쪽 세계와 그 달에 관한 비밀을 드러내주었다. 이 임무를 통해 명왕성이 지질학적으로 복잡하고, 산맥 지대와 깊은 구덩이, 얼음 구조물을 가득 갖고 있음이 밝혀졌다.

왜소행성의 표면 여러 지역의 연대는 놀랄 만큼 다양하다. 충돌구들은 40억 년 된 지역으로 보이고, 이것은 행성 그 자체만큼이나 오래된 것이다. 반면에 스푸트니크 평원 같은 다른 곳은 더 매끈한 것으로 보아 더 젊은데, 1천만 년 정도 되었을 것이다. 이 지역은 명왕성의 하트 모양 빙하의 서쪽 절반에 형성되어 있으며, 뉴허라이즌스호는 그곳이 언 질소와 메탄, 일산화탄소가 가득한 깊은 분지임을 알아냈다. 이 분지는 큰 충돌로 만들어졌거나 얼음이 시간이 흐르며 점점 커져서 땅 깊숙이 가라앉으며 만들어졌을 것이다. 어느 쪽이든 그 젊은 연령은 명왕성이 지질학적 활동을 하고 있음을 암시한다.

뉴허라이즌스호는 세포 모양 얼음 구조를 발견했는데, 몇몇은 너비가 50킬로미터에 이르고 1백만 년이 안 되었을 것으로 추정된다. 이 세포 형태들은 가운데가 더 매끄럽고 가장자리는 거칠다. 열로 질소가 대류하며 중심에서 솟아올라 가장자리로 내려갔을 것이라는 증거다. 모래알만 한 메탄 얼음 입자들의 언덕이 스푸트니크 평원을 둘러싼 산지에서 발견되었다. 이것은 바람으로 형성된 후 얼음이 수증기가 되는 승화작용으로 알갱이들이 더 움직여서 만들어졌을 것이다.

언 메탄이라는 말이 기묘하게 들릴 수도 있지만, 명왕성에서는 아니다. 뉴허라이즌스호는 수십 미터 높이에 이르는 거대한 메탄 얼음 날을 발견했다. 과학자들은 메탄이 그 지역에서 얼어붙은 다음 일부 지역에서 승화되어 거대한 구조물만 남기게 되었을 것이라고 생각한다. 뉴허라이즌스호는 또한 하트 모양의 남서쪽 지역인 크툴루 마쿨라에서 꼭대기가 메탄 얼음으로 덮인 산들을 찾아냈다. 산들 사이에는 수 킬로미터 너비에 수십 킬로미터 깊이의 깊은 골짜기가 있다. 표면은 녹슨 빨간색이라서 햇빛이 언 메탄과 반응해서 톨린이라는 유기물질을 만든다는 사실을 알려준다.

똑같은 과정이 명왕성의 가장 큰 달인 카론(Charon)의 짙은 빨간색 극지 얼음을 설명해줄 수 있을 것이다. 뉴허라이즌스호는 또 달의 동쪽 가장자리에서 700킬로미터 길이에 9킬로미터 깊이로 그랜드캐니언보다도 큰 거대하고 깊은 협곡 체계를 찾아냈다. 명왕성의 좀 작은 달인 닉스(Nix), 히드라(Hydra), 스틱스(Styx), 케르베로스(Kerberos)를 관측하니 모두에 고체 물이 있어서, 이 달들이 수십억 년 전 모두 같은 충돌로 형성되었을 것임을 암시한다.

고체 물은 명왕성에서도 발견되었다. 정확히는 스푸트니크 평원에서 현재까지 발견된 것 중 가장 높은 산맥인 텐징 몬테스에 있다. 가장 높은 봉우리는 6킬로미터 높이에 달하고, 과학자들은 여기가 메탄이 아니라 고체 물로 만들어졌을 것이라고 추측한다. 물만이 무너지지 않고 그렇게 높은 구조물을 형성할 수 있기 때문이다. 라이트 몬스와 피카르 몬스라고 알려진 다른 높은 지형들은 정상에 구멍이 있어서 얼음을 분출하는 얼음화산일 수 있음을 암시하는데, 이것도 지질학적 활동을 하고 있다는 또 다른 증거다.

뉴허라이즌스호는 명왕성에서 아름다운 파란 대기를 발견했으며, 그 대기 중의 안개는 빛에 따라 30퍼센트 정도 달라지는 것으로 보였다. 이런 밝기의 변화는 명왕성의 산맥들 위로 움직이는 공기의 흐름 때문일 수 있다.

명왕성에서의 임무를 마치고 뉴허라이즌스호는 새로운 임무를 부여받았다. 울티마 툴레(현재 공식적인 이름은 아로코트로 바뀌었다-역주)라고 하는 카이퍼대 천체를 근접 통과하는 것이다. 그래서 2018년 12월 31일에 다른 사람들이 신년 파티를 준비하는 동안 나사 과학자들은 뉴허라이즌스호가 천체와 만나는 것에 대비했다. 2019년 1월 1일, 우주선은 시속 51,000킬로미터로 천체 옆을 지나갔다. 그것은 지금껏 한 중에서 가장 먼 근접 통과였다.

카이퍼대 천체는 암석형 천체들로 이루어진, 해왕성의 궤도 너머에 있는 고리다. 이것은 태양계가 형성되고 남은 것들로 이것을 연구하는 것은 행성들의 기원을 이해하는 데 있어서 핵심이다.

울티마 툴레에서 뉴허라이즌스호는 아마도 태양계 초기에 합쳐졌을 것 같은 평평한 두 개의 원반형으로 된 35킬로미터 길이의 눈사람 모양 천체를 발견했다. 한때는 서로의 주위를 돌았겠지만 시간이 흐르며 중력으로 점점 가까워졌을 것이다. 근접 통과를 하며 충돌한 결과이거나 울티마 툴레의 낮은 중력과 대기의 결여로 인해 우주로 얼음이 승화한 결과물일 수 있는 흥미로운 구덩이들을 발견했다. 그중 하나는 너비가 8킬로미터다. 표면에서는 메탄올과 고체 물, 유기 분자의 증거가 발견되었다. 그러니까 울티마 툴레와 카이퍼대의 친구들이 지구에 생명체가 어떻게 탄생했는지에 관한 실마리를 갖고 있을지도 모른다. 2020년경에는 모든 데이터가 완전히 전송될 것이고 과학자들은 이 원시 천체의 이야기를 완성시킬 수 있을 것이다.

뉴허라이즌스 우주선은 현재 우주 속으로 여행을 계속하고 있다. 결국에는 연락이 끊기고 지구에서 성간공간으로 흘러간 또 다른 과학 유물로 보이저호와 파이어니어호에 합류하게 될 것이다.

명왕성의 행성 축출

2006년에 국제천문연맹(the International Astronomical Union, IAU)은 우리 태양계에서 새로 발견된 수많은 천체 덕분에 '행성'이라는 단어를 재정의해야 한다고 발표했다. 그 결과 명왕성이 왜소행성으로 재분류되어 우리 태양계에는 겨우 8개의 행성만 남았으며 오늘날까지 이어지는 논쟁을 촉발했다. 이에 반대하는 사람 중에는 뉴허라이즌스 임무의 연구 책임자인 앨런 스턴(Alan Stern, 1957~)도 있다.

스턴은 우리에게 명왕성을 보라고 말한다. 명왕성에는 대기와 산맥, 지각판, 빙하, 산사태가 있다. 이것들이 행성의 특징 아닌가? 학생들이 외워야 하는 행성이 너무 많아질 수 있다는 걸 왜 걱정하는가? 이건 과학적인 태도가 아니라고 스턴은 주장한다. 세상에는 강이나 산, 화학원소도 8개보다 훨씬 많다.

국제천문연맹는 행성에 명확한 공전 궤도가 있어야 한다고 말하지만, 태양에서 멀어질수록 천체가 명확하게 공전하기는 더 어려워진다. 목성이 좀 더 멀었다면 행성에서 뺐을 거냐고 스턴은 말한다.

그는 지구 근처로 날아가는 소행성들을 가리킨다. 지구가 정말로 공전 궤도가 명확하다고 말할 수 있을까? 만약 아니라면 우리 행성을 계속해서 행성이라고 말할 수 있을까? 논쟁은 조만간 끝날 것 같지 않지만, 국제천문연맹의 정의가 유지되는 한 명왕성과 명왕성이 행성임을 지지하는 사람들은 계속해서 앨런 스턴을 자기들 편에서 싸우는 영향력 있고 유창한 대변인으로 여길 것이다.

돈호
탐사 임무

우주선 돈

◆

화성과 목성의 궤도 사이에, 태양으로부터 약 400,000,000킬로미터 거리에 소행성대가 있다. 이것은 태양계가 형성되고 남겨진 암석 유물로 된 너저분한 고리다. 몇몇 소행성은 바위 크기이고, 어떤 것들은 수 킬로미터 크기이지만 가장 큰 것은 지름이 1,000킬로미터에 살짝 못 미치는 세레스라는 왜소행성이다. 이 암석형 천체 주위로 지금은 기능하지 않지만 앞으로 수십 년 동안 공전할 운명인 외로운 우주선이 있다.

우주선은 이 우주의 구성요소 중 가장 큰 것 두 개를 연구하고 이를 통해 행성의 형성과 진화에 관해 실마리를 찾게 되기를 바라며, 심지어는 태양계 자체가 어떻게 형성되었는지 알아내기를 바라며 2007년 9월에 지구에서 발사되었다. 우주선은 우리의 우주적 기원에 관한 이야기를 끼워 맞추는 데에 도움이 될 것이며, 그래서 그에 어울리게 돈(Dawn, 새벽)이라는 이름이 붙었다.

세레스와 베스타는 각각 소행성대에서 가장 큰 천체와 두 번째로 큰 천체이고, 소행성대의 총질량의 45퍼센트를 차지한다. 하지만 이 둘은 근본적으로 다르다. 베스타는 태양계 내행성인 지구와 화성처럼 암석형인 반면, 세레스는 외행성계의 달들과 더 비슷하게 얼음으로 되어 있다. 돈은 2011년 베스타에 도착하며 화성과 목성 사이 지역의 천체를 공전하는 최초의 우주선이 되었다. 2015년에 세레스에 도착하면서는 왜소행성에 간 최초의 인공 우주선이 되었다.

우리가 아는 모든 다른 왜소행성은 해왕성 궤도 너머 태양계 가장자리에 존재하고 있기 때문에 세레스는 지구에서 훨씬 가까운 견본을 연구할 수 있는 특별한 기회를 제공한다. 돈은 세레스와 베스타 주위를 총 3,000번 돌았고, 흥미진진한 정보를 대단히 많이 알아냈다.

탐사 임무는 왜소행성들이 고대에 바다를 갖고 있었을 수 있고, 심지어 오늘날에도 존재할 가능성이 있음을 보여주었다. 탐사선은 세레스와 베스타의 충돌구 지역의 지도를 만들고 조성, 온도, 질량, 중력, 자전축, 그리고 표면에 존재하는 화학물질까지 완전한 모습을 그려냈다.

2011년 7월부터 2012년 9월까지 베스타 주위를 돌며 우주선은 충돌구와 협곡, 산맥의 사진을 전송했다. 돈호는 레아실비아 충돌구라는 500킬로미터 너비의 충돌구를 관측했다. 이곳은 10억 년 전에 다른 소행성과 충돌해서 형성된 것으로 추정된다. 이 충돌로 베스타로부터 잔해가 흩어졌고, 파편들은 결국에 운석의 형태로 우리 행성에 떨어졌다. 탐사선은 지구에서 발견된 모든 운석 중 5퍼센트를 이루는 하워다이트, 유크라이트, 디오제나이트(HED)라는 부류의 운석들이 베스타에서 온 것임을 입증했다.

돈호는 또한 베스타의 북반구에 예상했던 것보다 더 큰 충돌 흔적

베스타 궤도에서
돈호가 촬영한
베스타의 모습(2011년 7월)

들이 흩어져 있는 것을 확인했는데, 이는 소행성대 초기에는 이전에 생각한 것보다 더 큰 천체들이 있었을 것임을 암시한다. 태양계 다른 곳에서 온 탄소가 풍부한 물체와의 충돌 결과로 보이는 수수께끼의 검은 부분들도 발견되었다. 베스타는 가파른 언덕과 말끔한 구성 물질을 드러내는 산사태가 있는 다층적 암석형 세계임이 밝혀졌다. 고대 소행성으로서는 꽤나 매혹적인 지질학적 요소다.

베스타 다음으로 돈호는 세레스로 향해서 2015년에 도착했다. 그곳에 있는 동안 탐사선은 표면에서 밝게 보이는 물질로 된 곳 300여 개를 찾았는데, 대부분은 90킬로미터 너비의 오카토르 충돌구 같은 충돌구들과 관련이 있다. 이런 곳들은 왜소행성의 표면 아래로 소금물 얼음이 존재한다는 것을 가리키며, 세레스가 한때는 거대한 바다를 갖고 있었을 것임을 암시한다. 밝게 보이는 물질은 고체 물이 바로 수증기로 승화되며 생긴 것일 가능성이 높고, 오늘날에도 표면으로 염수가 솟아오르고 있을 수 있다.

세레스의 적도에 있으며, 과거에는 지구의 화산처럼 용암을 뿜어내는 대신에 염수와 진흙을 뿜어냈으나 현재는 활동하지 않는 얼음 화산 아후나 몬스에서도 밝은 줄무늬가 포착되었다. 아후나 몬스의 봉우리가 뾰족하다는 것은 이것이 비교적 젊다는 것을 암시한다. 아마 수백만 년 정도밖에 되지 않았을 것이다. 시간이 흐르며 침식되지 않았기 때문이다. 돈호는 또한 세레스의 내부 밀도가 층별로 다른 것을 밝혀냈는데, 이는 왜소행성이 진화하면서 물이 풍부한 지각 아래로 단단한 암석층이 자리를 잡았음을 알려주는 것일 수 있다.

하지만 무엇보다도 가장 흥분되는 것은 이 탐사 임무에서 에르누테트 충돌구 북쪽 주변에서 유기물을 감지했다는 것인데, 과거 세레스에 물이 있었다는 증거와 합쳐보면 이곳이 한때 생명체가 살 만한 조건이었다고 추측할 수 있으며 어쩌면 오늘날까지도 그럴 수 있다. 암모니아의 발견은 왜소행성에 있는 물질이나 심지어는 왜소행성 그 자체가 외행성계에서 생겨난 것임을 암시한다. 세레스가 소행성대로 밀려들어온 외행성계이었을까? 만약 그렇다면 이 사실이 세레스가 외행성계의 얼음 달들과 이렇게 비슷한 이유를 설명해줄까?

2018년 10월 31일, 돈호의 전송이 끊기고 다음 날에 나사 과학자들은 탐사선의 연료가 떨어졌다고 선언했다. 임무는 끝났다. 세레스에서 생명체가 살 수도 있다는 점을 고려해서 돈호는 최소한 20년 동안 궤도에 남아 있다가 마침내 왜소행성과 충돌할 것이다. 이것은 우주의 극한 조건으로 인해서 우주선에 남아 있던 지구의 박테리아가 전부 없어질 만한 시간이다. 나사는 세레스를 오염시킬 위험을 감수할 수 없었다. 정말로 귀중하니까. 이 천체가 우리의 태양계에서 생명이 어떻게 시작되었는지 핵심 실마리를 갖고 있을 가능성도 분명히 있다.

심우주 지도화하기

플랑크 위성 모델

© Mike Peel

◆

"디스, 뇌프, 위트, 세트, 시스, 상크, 카투르, 트루와, 듀, 엉…." 이륙. 로켓이 상승하기 시작하면서 거대한 불길이 로켓 아래로 뿜어져 나온다. 로켓은 하늘로 솟아올라 마침내 구름 뒤로 시야에서 사라진다. 로켓에 든 것은 우주에 대한 우리의 지식을 엄청나게 향상시키고 빅뱅 이후에 무슨 일이 일어났는지를 알려줄 장비다.

138억 년 전쯤에 우주는 입자로 가득한 플라스마로 이루어진 짙은 안개로 존재했는데, 그 안개는 하도 진해서 빛조차 뚫고 들어올 수 없었다. 우주는 계속해서 확장되고 식다가 380,000년 후에 최초의 원자들이 형성되고 그때부터 투명해지기 시작했다. 수억 년이 지난 후에 최초의 별들이 형성되었다. 이 시기로부터 남은 방사선은 우주 전역으로 계속해서 퍼졌고 지금은 CMB(the cosmic microwave background, 우주배경복사)라고 알려져 있다.

이 현상은 1964년에 미국의 전파천문학자 로버트 윌슨(Robert Wilson, 1936~)과 아노 펜지어스(Arno Penzias, 1933~)가 그들의 장비로 설명할 수 없는 잡음을 잡으면서 우연히 발견되었다. 두 사람은 그 원인을 밝히기 위해서 안테나에서 비둘기 똥을 치우는 등 온갖 노력을 했지만 소용없었다. 결국에 그들은 근처의 프린스턴 대학

과학자들에게 도움을 청했고, 그 출처가 CMB임을 알아냈다. 1978년 윌슨과 펜지어스는 이 발견으로 노벨 물리학상을 받았다. 오늘날 천문학자들은 CMB가 우주 전체를 채우고 있고, 이것의 분포를 관측하면 빅뱅 직후에 존재한 우주의 모습을 재구성할 수 있다는 것을 안다.

CMB를 이해하는 핵심 임무는 유럽우주국의 플랑크 관측선(독일의 물리학자 막스 플랑크의 이름을 땄다)가 맡았다. 대단히 예민한 이 우주망원경은 2009년 5월 14일에 발사되었고 150만 킬로미터의 거리에서 지구 주위를 돌았다. 이것은 2013년 10월 23일에 기능이 정지되었다.

CMB는 인간의 눈으로는 볼 수 없기 때문에 우리 대신 관측하는 임무가 플랑크 같은 망원경에 달렸다. 플랑크의 주요 목표 중 하나는 CMB 내의 파동을 측정하고, 이것이 결국에 오늘날 우리가 보는 거대한 은하와 은하단으로 성장하는 밀도의 다양성과 어떻게 관련이 있는지 알아내는 것이었다. 또한 암흑 물질의 본질을 조사하는 임무도 맡았다. 이 수수께끼의 물질은 직접 관측할 수 없으나 그 존재는 우주의 총 물질 중에서 겨우 5퍼센트만을 차지하는 별과 은하 같은 눈에 보이는 물질에 미치는 중력 효과를 통해서 추론 가능하다.

현재의 모형들은 빅뱅 바로 몇 초 후에 우주가 '팽창'이라는 빠른 확장기를 거쳤다고 제안하고, 플랑크의 과학적 목표 중 하나는 이것이 어떻게 촉발되었는지뿐만 아니라 이 과정이 중력파라는 시공간의 왜곡을 만들었는지도 알아보는 것이다.

플랑크가 CMB를 연구하는 첫 번째 프로젝트는 아니었다. 나사의 COBE(COsmic Background Explorer, 1989~1993)와 WMAP(Wilkinson Microwave Anisotropy Probe, 2001~2010) 관측위성이 이미 했었기 때문이다. 하지만 플랑크는 WMAP가 했던 것보다 10퍼센트 약한 신호까지도 측정하기 때문에 예전보다 훨씬 더 정확한 결과를 얻을 수 있을 것으로 여겨졌다.

플랑크는 평범한 망원경과 작동법이 그리 다르지 않았다. 1.9미터×1.5미터의 주거울이 CMB에서 나오는 희미한 빛을 모으고, 커다란 '배플'(일종의 차단막)은 망원경을 식히는 동시에 원치 않는 엉뚱한 빛을 방지했다. 두 개의 주된 기구인 고주파 장비와 저주파 장비는 빛을 하늘에 대한 마이크로파 지도로 바꾸었다. 플랑크는 CMB

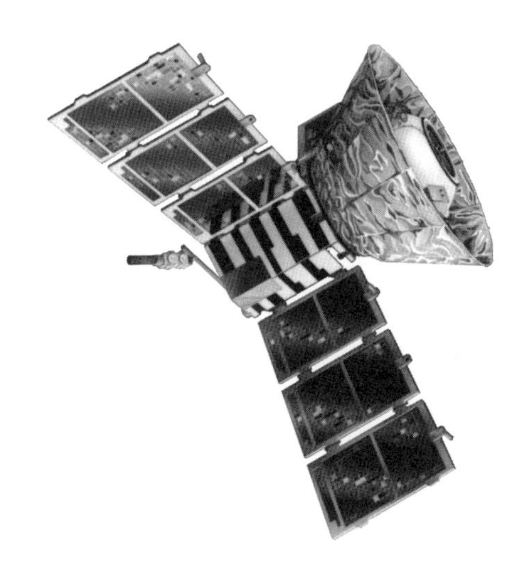

COBE 그림

WMAP 그림

온도의 변동을 1도의 100만분의 1까지 감지해서 결국에 은하와 은하단으로 성장하는 '씨앗'을 밝힐 수 있었다.

그러면 실제로 플랑크는 뭘 발견했을까? 가장 큰 업적 중 하나는 최초로 하늘 전체의 CMB 지도를 만든 것이다. 또한 암흑 물질이 알려진 우주의 26.8퍼센트를 이루고 있다는 것을 밝혀냈다. 이것은 이전에 계산했던 것보다 더 높은 수치다.

데이터는 최초의 빛이 우주를 가로질러 퍼졌던 순간인 소위 '재이온화의 시대' 기간을 바꾸었다. 2003년 처음 추정으로는 이것이 빅뱅 때부터 2억 년 후에 일어났을 것이라고 보았으나 플랑크의 데이터는 우주가 7억 살이 되었을 때 재이온화를 절반쯤 거쳤을 것임을 암시하여 이 날짜를 훨씬 이후로 옮기게 만들었다. 플랑크는 우주의 초기 확장기에 급속 팽창의 증거를 제공했고, 우리의 우주에 대한 현재 모형이 대체로 올바른 방향임을 알려주었다. 하지만 이례적인 부분들이 여전히 남아 있다는 것도 보여주었다.

중요한 발견 중 하나는 우주 전반에서 CMB의 평균 온도의 비대칭에 관한 것이다. 우주가 전체적으로 대부분 똑같을 것이라고 예상하기 쉽지만, 실은 그렇지 않다. 온도 면에서 비대칭적인 '냉점(cold spot)'은 이미 WMAP 임무 때 파악되었으나 플랑크의 더 예민한 장비는 이 변칙점을 확고하게 입증했다. 이것은 아직까지 해명되지 않았다.

더 나아가 플랑크의 허블상수(우주의 확장 속도) 측정치는 허블 우주망원경과 유럽우주국(the European Space Agency, ESA)의 가이아 임무에서 얻은 측정치와 딱 맞지 않는다. 아직까지 해결되지 않은 또 다른 불일치다.

과학적 데이터 수집 임무에서 연구는 항상 임무 그 자체가 끝나고도 오랫동안 계속되는 법이고, 앞으로 수년 동안 더 많은 것이 발견될 것이다. 플랑크의 마지막 데이터 세트는 2018년 7월 18일에 발표되었고, 이 풀리지 않은 변칙성 다수가 모두에게 공개되었기 때문이다. 가장 중요한 점은 이 임무가 천문학자들이 우주가 어떻게 형성되고 진화되었는지 알아내는 데에 많은 진전을 보였지만, 아직도 해야 할 일이 분명히 많다는 것을 보여준다는 사실이다.

화성 탐사

큐리오시티 로버

◆

초속 5,800미터로 우주를 가로지른 큐리오시티 로버를 실은 캡슐이 얇은 화성의 대기 속으로 들어간다. 지구의 임무 관제센터는 숨을 멈추고 기다린다. 이것은 그간 시도한 중에서 가장 복잡한 로버 착륙이다.

바위투성이 붉은 표면 위 10킬로미터 정도에서 낙하산이 펼쳐지고 캡슐이 초속 470미터까지 느려진다. 열 차폐막이 떨어져 나가고 낙하산과 뒤쪽 외피도 분리된다. 즉시 발화장치가 켜지며 하강이 초속 100미터까지 느려진다. 로버는 소위 '스카이 크레인(sky crane)' 아래로 위태롭게 매달려서 표면에 점점 가까워진다. 그러다가 화성 대기로 들어온 지 겨우 392초 후에 로버가 착륙한다.

바위투성이에 건조하고 엄청나게 추운 화성은 기계에게도 힘겨운 곳이다. 온도는 섭씨 30도에서 영하 140도 사이까지 오간다. 거대한 먼지 폭풍은 행성 전체를 휘감을 수도 있다. 하지만 2012년에 착륙한 이래로 큐리오시티는 화성의 지내기 어려운 표면을 탐사하고 지구로 엄청난 양의 데이터와 놀라운 사진들을 보내고 있다.

큐리오시티는 자동차 크기에 시속 144킬로미터까지 움직일 수 있으며 무게는 899킬로그램에 수많은 카메라와 붉은 행성의 표면을 분석하기 위한 여러 종류의 특수 장비가 달려 있다. 플루토늄으로 작동되는 이 로버는 화성 주위를 도는 여러 개의 작은 위성을 통해서 지구와 교신한다.

큐리오시티는 몇몇 큰 과학적 발견의 핵심이었다. 예를 들어 화성에 물이 있다는 확실한 증거가 되는 토양 분석이나 이 행성의 대기에 한때는 산소가 더 많았을 가능성이 높다는 사실 등이 큐리오시티를 통해서 밝혀졌다.

로버는 2년의 기대수명을 넘어서서 행성을 계속 돌아다니고 있다. 하지만 화성의 비밀을 더 많이 벗기려는 이 탐구를 큐리오시티 혼자만 하는 것은 아니다. 하늘에서는 마스 오디세이와 익스프레스 같은 화성 탐사선이 행성의 지질학, 기후, 광물학을 분석하고 있다.

우리가 가장 바라는 것은 언젠가 화성에 한때 생명체가 존재했다는 증거를 찾는 것이다. 지구에서는 모든 생명체가 물을 필요로 하기 때문에 한때 안정적으로 액체 물이 있었을 만한 장소를 찾고 있고, 특히 지금까지도 존재할 만한 표면 아래까지 살펴보는 중이다. 실제로 익스프레스 탐사선에 실린 레이더 장치가 행성의 남극 빙원의 표면 아래 갇힌 호수로 보이는 것을 찾아냈다. 생명체는 또한 살기 위해 에너지를 필요로 한다. 소위 '초과산화물(superoxide)'이 표면에서 유기분자로 분해되기 때문에 탐사 임무에서는 지하 깊은 곳에서 생명체를 찾고 있다. 햇빛이 아니라 화학 에너지나 지열 에너지를 에너지원으로 하는 생물을 찾는 것이다.

2021년에 지각 안으로 파고들어 생명체의 구성요소를 찾을 새

● 화성 대 지구

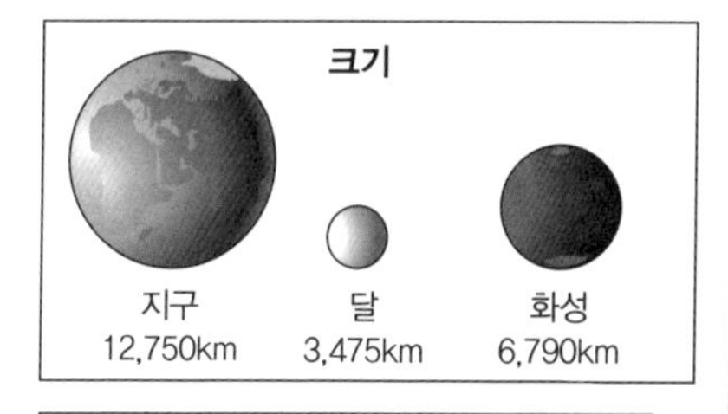

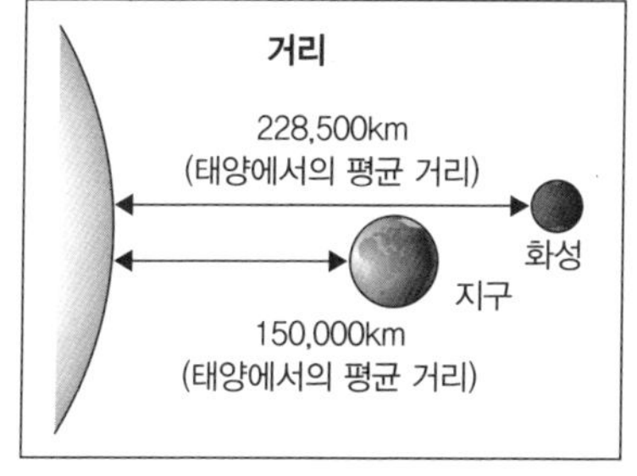

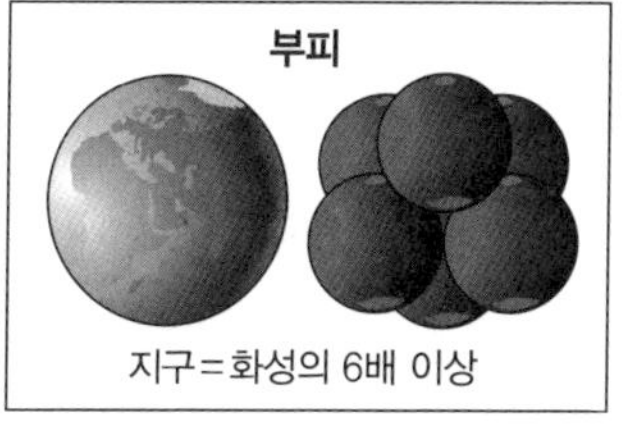

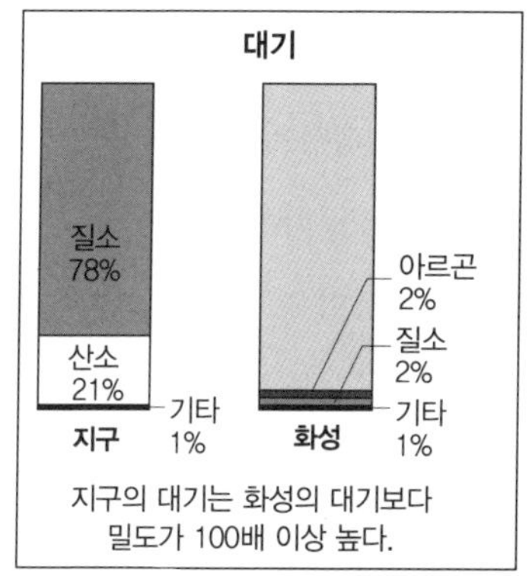

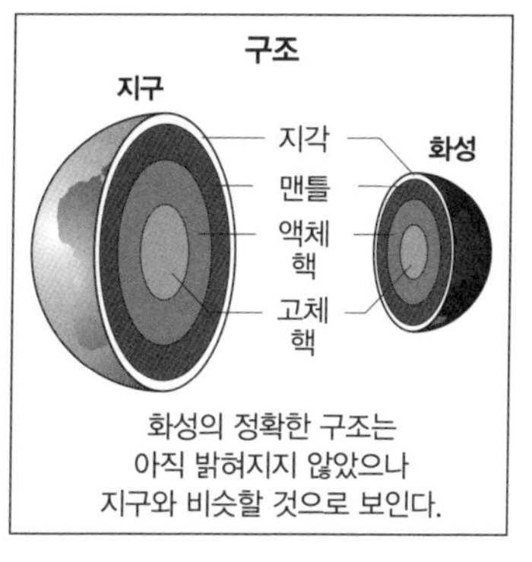

로운 로버가 화성에 상륙할 예정이다. 이 엑소마스(ExoMars) 로버는, 제임스 왓슨(James Watson, 1928~)과 프랜시스 크릭(Francis Crick, 1916~2004)이 DNA의 구조를 밝히는 데 도움이 되는 연구를 했던

과학자의 이름을 따서 로절린드 프랭클린(Rosalind Franklin)이라고 명명되었다.

그사이에 제일 최근에 도착한 탐사 착륙선 인사이트호는 화성의 깊은 안쪽을 조사하고 있다. 인사이트호에는 '펄스(지진학)' 같은 화성의 '활력 징후'를 측정하는 데에 사용되는 수많은 탐사 장비가 실려 있다. 2019년 4월, 탐사선의 내부구조 측정용 지진실험장치(the lander's Seismic Experiment for Interior Structure, SEIS)는 최초의 '화성 지진'으로 보이는 것을 기록했다. '달지진'이 아폴로 임무 때 남겨진 장치로 기록이 되었지만 붉은 행성은 우리 이웃 달과 다른 방식으로 형성되었다. 그래서 이 화성 지진은 태양계의 암석형 행성이 어떻게 형성되었는지에 관해 더 많은 것을 드러내주며 왜 화성에 자기장이 없는지에 관해서도 해명해줄 것이다.

지구의 지진 데이터를 통해 우리는 우리 행성이 액체로 된 외핵을 갖고 있고, 이것이 움직여 자기장을 만들며, 자기장이 우리 행성을 둘러싸고 치명적인 태양풍(태양으로부터 날아오는 플라스마와 입자의 흐름)의 방사선으로부터 우리를 보호한다는 사실을 안다. 화성은 국지적 자기장이 있는 지역이 드문드문 있는 것으로 보인다. 인사이트호의 지진 데이터는 붉은 행성에 액체 핵이 남아 있는지의 여부를 밝혀줄 것이다. 이 사실은 미래의 화성 이주자들을 치명적인 방사선으로부터 어떻게 보호해야 할지 생각하는 데에 핵심적이다.

화성으로의 유인탐사 임무도 조만간 시행될 것이다(이 장의 앞부분 설명을 볼 것). 어쩌면 언젠가 용감한 우주비행사 탐험가들이 붉은 행성에서 생명체의 증거를 찾아낼지도 모른다. 그때까지는 로버와 궤도 탐사선이 우리에게 이 흥미로운 이웃에 관한 놀라운 사실들을 전해줄 것이다.

우주에서의 1년

국제우주정거장(2011년 5월 STS-134에서 촬영)

◆

카자흐스탄 시골 지역 위쪽 높은 곳에서 우주선이 하늘을 가르고 떨어진다. 거기에는 미국의 우주비행사 스콧 켈리(Scott Kelly, 1964~)와 러시아 우주비행사 미하일 코르니엔코(Mikhail Kornienko, 1960~), 세르게이 볼코프(Sergey Volkov, 1973~)가 타고 있다. 그들의 소유즈 캡슐이 3시간 전에 국제우주정거장(the International Space Station, ISS)에서 분리되었고 현재 지구의 대기를 가르는 중이다. 착륙 15분 전쯤 낙하산이 펼쳐지고 소유즈가 지상에 부드럽게 착륙하는 것을 돕는다. 켈리와 코르니엔코에게는 특히나 중대한 일이다. 그들은 국제우주정거장에서 꼬박 340일을 지냈다. 이것은 2016년 3월 2일의 일이다.

국제우주정거장는 계속해서 자유낙하 하고 있다. 하지만 그 궤도 때문에 언제나 지구의 지평선 위로 살짝 내려왔다가 지구 주위를 원형으로 빙 돌게 된다. 그 결과 국제우주정거장에 탄 우주비행사들도 계속해서 자유낙하 하는 상태가 되고, 임무를 수행하는 동안 무중력 상태에 있게 된다. 우주산업계는 여전히 우주비행이 인체에 어떻게 영향을 미치는지 배울 것이 많다. 무중력에 관한 것뿐만 아니라 그에 동반하는 고립과 밀실공포증, 거기에 방사선에 긴 시간 노출되는 문제는 말할 것도 없다. 우주비행이 미치는 육체적·정신적 영향은 무엇일까? 순환기와 소화기, 혹은 이성과 의사결정에는 어떤 영향을 미칠까? 근육과 뼈의 약화 같은 많은 해로운 영향이 이미 알려져 있지만, 몇몇 우주비행사는 지구로 돌아와 보면 시력도 나빠져 있었다. 대부분의 국제우주정거장 임무는 6개월이지만, 화성에 가는 데에만 그보다 더 오래 걸린다. 태양계를 가로지르는 어마어마한 여정을 위해서 우주비행사들을 어떻게 대비시켜야 할까? 켈리와 코르니엔코의 1년짜리 임무는 이런 질문 몇 가지에 대한 답을 찾기 위해서 설계되었다. 이것이 우주에서 가장 오래 머문 여행은 물론 아니지만, 켈리의 입장은 특히 독특했다. 그와 그의 형제인 마크는 역사상 유일한

우주비행사 스콧 켈리(왼쪽)와 미하일 코르니엔코 © NASA

일란성 쌍둥이 우주비행사이기 때문에 획기적인 실험을 해볼 기회를 제공했다. 스콧과 마크 둘 다 임무 전, 중, 후에 테스트를 거쳤다. 마크는 지구에 남아서 대조군 역할을 했다.

1년 임무의 결과는 아직 완전히 해석되지는 않았으나 이미 몇 가지는 발견되었다. 스콧의 경우에 과학자들은 유전자 발현에서 변화가 있음을 확인했다. 유전자 발현은 유전자가 환경 변화에 어떻게 반응하는지를 보여준다. 지구로 돌아오고 6개월 후에도 스콧의 몸에서 이 변화한 7퍼센트가 정상 상태로 되돌아오지 않았는데, 이는 우주비행이 인체의 면역체계와 DNA 복구, 뼈의 형성에 중요한 결과를 일으킬 수 있음을 암시한다. 스콧은 또한 몸무게가 줄고, 머릿속에 액체가 차고, 안구 형태도 조금 달라졌다.

스콧의 몸에서 텔로미어(telomere)에 관한 연구도 이루어졌다. 텔로미어는 염색체 말단부로 나이가 들수록 점점 짧아진다. 하지만 스콧의 경우에는 더 길어졌다가 지구로 돌아오고 이틀 만에 대부분이 다시 짧아졌다. 과학자들은 임무 전후로 그의 인지수행능력은 딱히 줄지 않았음을 알아냈지만, 생각하는 속도와 정확성이 좀 떨어졌다는 것도 알아냈다.

까다로운 부분은 이 중 어느 정도가 우주의 환경 때문이고, 어느 정도가 생활방식의 변화 때문인지를 알아내는 것이다. 국제우주정거장의 우주비행사들은 제한된 칼로리를 섭취하고, 엄격한 운동 요법을 따른다. 또한 착륙 후의 피로와 지구의 중력에 재적응해야 하는 상황도 원인의 일부일 수 있다.

하지만 임무에서 이 연구에만 몰두한 것은 아니었다. 국제우주정거장의 비행사들은 우주비행과 우주에서 작업하는 것에 대한 우리의 지식에 기여하는 여러 가지 과학 실험을 수행했다. 켈리와 코르니엔코는 새로운 장비인 고에너지 전자감마선 관측장치(CALorimetric Electron Telescope)의 도착을 감독했다. 이 장비의 목적은 암흑 물질이라는 수수께끼의 물질을 연구하는 것이다. 그들은 미니 위성들을 배치하는 것을 도왔고, 켈리는 피와 소변 샘플을 제출하고, 작물이 자라는 것을 돌보고, 자신의 활동과 수면 패턴을 기록하고, 우주정거장을 물리적으로 업그레이드하기 위해서 세 번의 우주유영을 했다.

궁극적으로 켈리와 코르니엔코의 임무는 인체가 우주에서의 1년을 꽤 잘 견딜 수 있음을 증명해서 더 장기적인 임무의 문을 열어주었다. 사설 우주 회사들과 나사는 현재 인간을 화성에 보낼 계획을 세우고 있기 때문에 우주비행사들이 그런 장대한 여행을 견딜 수 있을지 알아보는 것은 대단히 중요하다. 어느 쪽이든 1년 임무는 붉은 행성 표면에 첫발을 디디기 위한 디딤돌이다.

누가 우주에서 가장 오랜 시간을 보냈을까?

스콧 켈리가 미국 우주비행사로서 우주에서 연속으로 보낸 시간의 최고 기록을 갖고 있긴 하지만, 세계 기록은 1994년부터 1995년까지 미르 우주정거장에서 438일을 연속으로 있었던 러시아의 발레리 폴랴코프(Valery Polyakov, 1942~)가 갖고 있다. 나사의 우주비행사 페기 윗슨(Peggy Whitson, 1960~)은 2016년부터 2017년까지 289일을 있었고, 전체 경력에서 우주에서 보낸 시간이 총 665일이 됨으로써 연속일수의 여성 기록과 누적일수의 미국 기록을 갖게 되었다. 우주에서 보낸 총 시간의 남성 기록은 534일이고, 제프리 윌리엄스(Jeffrey Williams) 비행사가 가졌다. 러시아의 우주비행사 겐나디 파달카(Gennady Padalka)는 5번의 임무를 수행하며 우주에서 총 879일이라는 엄청난 시간을 보내 세계기록을 보유했다. 켈리와 코르니엔코의 누적 총 시간은 각각 520일과 516일이다.

소행성 표본 탐사 임무

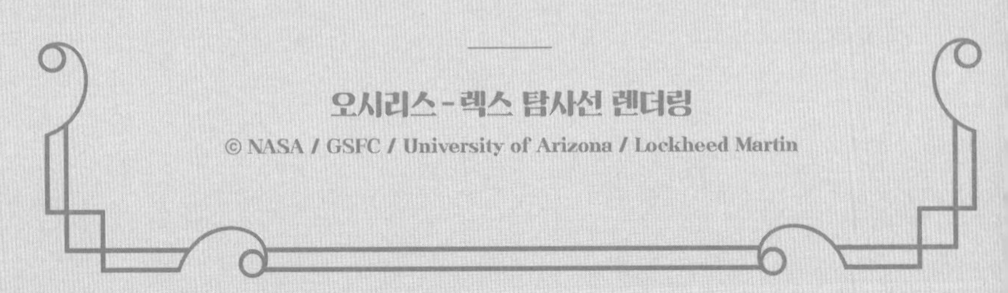

오시리스-렉스 탐사선 렌더링

◆

자율이동 로봇을 지구에서 3억 킬로미터 떨어진 소행성에 보낸다는 아이디어는 과학소설에나 나올 것 같지만, 일본우주항공연구개발기구(Japan Aerospace Exploration Agency, JAXA)의 현재 임무 중 하나에 주의를 기울여본다면 그렇지 않다는 걸 알게 될 것이다.

2014년 12월에 소행성의 표본을 수집하고 2020년 말까지 분석을 위해 지구로 갖고 돌아오기 위해서 JAXA에서 하야부사 2호가 발사되었다. 2018년 2월 26일, 하야부사 2호는 목표물인 지구 근처에 있는 소행성 류구의 첫 번째 사진을 보냈고, 2018년 6월 27일에 암석형 천체에서 20킬로미터 떨어진 '정위치'에 도착했다. 미국 역시 오시리스-렉스(OSIRIS-REx)라는 소행성 표본을 갖고 돌아오는 임무를 수행 중인데, 2023년에 소행성 베누에서 표본을 갖고 돌아올 예정이다(이 장의 마지막 설명을 볼 것).

소행성은 초기 태양계에서 나온 타임캡슐 같아서 이들을 연구하면 과학자들이 태양 주위를 도는 행성들의 기원을 알아낼 수 있다. 소행성의 작은 파편들이 지구에 혜성이 되어 떨어지지만, 지상에 도착할 무렵에는 오염된 상태다. 류구는 유기물질과 물을 갖고 있는 것으로 여겨지며, 46억 년 전 태양계 형성 이래로 별로 변하지 않은 것

하야부사 2호 © Go Miyazaki

으로 보인다. 우주의 유물을 순수한 상태로 연구하기 위해 로봇을 그곳에 착륙시키거나 오염되지 않은 표본을 지구로 가져오는 것보다 더 좋은 방법이 뭐가 있겠는가. 하야부사 2호는 두 가지 모두를 할 계획이다.

임무는 일본우주항공연구개발기구의 첫 번째 하야부사 임무의 후속 작업이다. 하야부사 1호는 2010년 6월 13일에 소행성 이토카와로부터 표본을 갖고 지구로 돌아왔다. 하지만 그 임무를 했던 미네르바(MINERVA) 착륙선은 목표물에 착륙하는 데 실패하고 우주선에서 발사된 후 우주로 튕겨 나갔다.

하야부사 2호는 소행성에 로버를 착륙시키는 최초의 탐사 임무다. 미네르바 II-1호 착륙선이 2018년 9월 21일에 배치되었는데, 이것은 각각 너비 18센티미터, 높이 7센티미터, 무게는 1.1킬로그램이 나가는 두 대의 로버로 이루어져 있었다. 이 로버들은 6미터 높이에서 우주선으로부터 떨어졌다. 류구의 중력이 상당히 약해서 바퀴 달린 로버는 작동하기 어렵기 때문에 이 로버들은 표면에서 깡충 뛰어서 허공에 15분 동안 떠 있다가 최대 15미터 거리까지 움직인다. 로버들은 어떤 데이터를 수집해서 하야부사 2호로 보내고 그다음에 지구로 전송할지를 독자적으로 결정할 수 있다. 이들은 소행성 표면의 사진을 만들고 온도를 측정할 광학 센서가 달린 카메라를 갖고 있다.

2018년 10월 2일, 하야부사 2호가 마스코트(MASCOT) 탐사선을 류구에 내려놓았다. 정육면체 모양의 10킬로그램짜리 깡충깡충 뛰는 로버는 사진을 찍고 온도를 측정할 수 있으며 소행성의 조성을 분석하기 위한 분광계와 자기장과 방사선을 측정할 장비를 갖고 있었다.

하야부사 2호는 탐사선들만 모든 재미를 보도록 놔둘 생각이 없었다. 2019년 2월 21일에 우주선이 류구에 착륙했다. 짧은 착륙 시간 동안 우주선은 소행성에 5그램의 탄탈럼 원소로 된 총알을 쏜 다음 튄 파편을 표본 수집기로 모았다. 하야부사 2호가 지구로 소행성 견본을 갖고 돌아왔을 때 과학자들이 견본에서 총알을 쉽게 구분할 수 있도록 탄탈럼으로 만든 것이었다. 하야부사 1호 임무 때 비슷한 총알이 작업에 실패했지만 그래도 우주선은 소행성 입자 약간을 갖고 돌아왔다. 하야부사 2호는 10그램의 물질을 모으는 게 목적이지만, 과학자들이 수집함을 열고 안을 봐야만 확인이 가능할 것이다.

2019년 4월에 하야부사 2호는 SCI(Small Carry-in Impactor, 소형 휴대식 충돌장치)를 작동시켰다. 류구 표면으로 폭발물을 던져서 커다란 구멍을 만들고 태양풍과 태양계의 방사선으로 오염되지 않은 깨끗한 물질을 드러내기 위한 탐사정이다. 하야부사 2호는 폭발에 휘말리지 않기 위해서 '안전한 퇴각'을 했다가 후에 충돌구를 검사하고 작전의 성공 여부를 확인하러 돌아올 것이다. 이것은 분석용의 순수한 물질을 채취하게 해줄 뿐만 아니라 과학자들이 소행성의 조성과 충격을 받았을 때 어떻게 반응하는지에 대해서 더 많은 것을 알 수 있게 해줄 것이다.

JAXA 과학자들이 2020년에 하야부사 2호의 표본 수집함을 열었을 때 무엇을 보게 될지는 아직 아무도 모르지만, 과학적으로 귀중하고 아마도 초기 태양계에서 나온 유기물질을 발견하게 될 것이다. 이것을 분석하면 우리 행성의 형성과 우리의 물이 어디서 나왔는지, 심지어는 생명체가 어떻게 지구에서 탄생하게 되었는지에 대한 실마리가 드러날 수도 있다. 결과가 어떻든 간에 미래 세대들은 태양계 속으로 들어가서 그 일부를 갖고 돌아온 용맹한 일본의 우주선을 존경의 눈으로 돌아보게 될 것이다.

오시리스-렉스

미국의 오시리스-렉스 탐사선은 2016년 9월 8일에 발사되었고 2018년 12월 3일에 소행성 베누와 만났다. 그 이래로 이 탐사선은 2020년에 표본을 수집할 적절한 장소를 찾기 위해 소행성 표면의 지도를 만들고 있다. 수집용 팔은 5초 동안 소행성 표면에 접촉해서 질소 가스를 뿜어내 표면 물질들을 뒤흔들어 표본 앞부분으로 끌어들일 것이다. 탐사선은 세 번의 샘플 수집을 시도할 수 있는 능력이 있고, 물질을 최대 2킬로그램까지 수집할 수 있다. 이 임무의 목표는 하야부사 2호와 거의 똑같지만, 소행성 베누가 22세기 말에 지구에 충돌할 가능성이 높기 때문에 이것을 연구하면 과학자들이 우주의 바위를 위험한 경로에서 밀어낼 방향 전환법을 고안하는 데 도움이 될지도 모른다. 오시리스-렉스는 2023년 9월 24일 지구로 돌아올 예정이고, 표본의 75퍼센트는 전세계적으로 연구하고 미래의 과학자 세대들도 연구할 수 있게 보존될 예정이다.

주노: 목성 탐사 임무

주노 렌더링

© NASA

◆

2016년 7월 4일, 미국 전역에서 가족과 친구들이 자국의 독립기념일을 축하한다. 하지만 캘리포니아 주 패서디나의 창문 없는 방에서는 일단의 행성 과학자들이 숨을 죽이고 앉아 있다. 현지 시간으로 오후 8시 53분, 사람들이 의자에서 펄쩍 뛰어오르며 방 안에 요란한 환호가 울리고, 모두가 서로 껴안고 기쁨으로 소리를 지른다. 여기는 나사의 제트 추진 연구소이고, 주노 임무 담당 과학자들은 막 자신들의 우주선이 5년의 여정을 마치고 목성의 궤도로 들어가는 것을 목격한 참이다.

목성은 매혹적인 세계다. 거대한 기체 덩어리는 우리 태양계에서 가장 큰 행성이고 다른 행성들을 다 합친 것보다 두 배 더 크다. 대기는 대부분 수소와 헬륨으로 이루어져 있고 폭풍으로 뒤덮여 있으며, 가장 큰 폭풍은 대적점이라고 하는 지구 두 배 크기의 어마어마한 사이클론이다. 겉에 보이는 줄무늬는 대기 중 기체의 화학적 조성의 차이와 움직임으로 인해 생긴 밝은색 지역과 어두운색 띠로 인한 것이다.

주노 이전에 목성을 연구하기 위한 목적으로 만들어진 유일한 탐사선은 갈릴레오로 1995년부터 2003년까지 거대한 기체 덩어리의 주위를 돌았다. 주노는 이전보다 훨씬 깊이 탐사해서 행성의 형성과 진화에 관한 통찰력을 얻기 위해 설계되었다. 우주선은 2011년 8월 5일에 지구에서 발사되었고 목성에 도착한 이래로 행성을 타원형 궤도로 돌면서 그 핵과 대기, 오로라 현상, 자기장과 중력장에 관한

주노에서 바라본 목성(2019년 2월)

실마리를 찾기 위해 구름 위와 지표면 아래를 탐사하고 있다.

목성의 비밀을 밝히기 위해서 주노는 행성을 광학적으로, 자외선으로, 그리고 적외선으로 사진을 찍을 수 있는 카메라를 비롯해 수많은 과학 장비를 탑재하고 있다. 주노는 분당 3회씩 회전하기 때문에 안정적으로 자세를 유지하는 동시에 각 장비들이 전부 목성 표면을 스치게 만들 수 있고, 태양열 패널은 태양에서 아주 먼 곳에서 임무를 수행하고 있지만 동력을 공급해준다.

53일 걸리는 우주선의 타원형 궤도는 목성의 북극과 남극 위를 지나고 구름 위에서 겨우 5,000킬로미터밖에 떨어지지 않은 아주 가까운 곳도 한 번 지난다. 이 위치로 가면 극에서 극까지 겨우 2시간밖에 걸리지 않는다. 그럼에도 우주선은 목성의 가장 방사선이 강한 지역은 피해간다. 처음에 주노는 2016년 10월에 더 가까운 14일짜리 궤도 경로로 갈 예정이었다. 그래서 2018년 2월에 임무가 끝날 때까지 계속 그렇게 움직여야 했다. 하지만 헬륨 확인 밸브에 문제가 생겨서 이렇게 기동하는 게 너무 위험해지자 나사는 53일 궤도를 유지하기로 했다. 이러면 데이터를 수집하는 데에 더 오래 걸리지만 궤도가 더 크면 우주선이 방사선에 노출되는 시간이 줄어드는데, 이 말은 임무가 2021년 7월까지로 연장될 수 있다는 뜻이다.

지금까지 주노는 사람들을 실망시키지 않았다. 행성의 폭풍우 치는 대기의 근사한 사진을 찍었고, 우리가 잘 아는 목성처럼 보이지 않는 소용돌이치는 구름과 흐릿한 파란 극지방 사진도 찍었다. 탐사 임무는 이 거대한 기체 덩어리가 시속 350킬로미터에 달하는 속도에 태양계에서 본 그 어떤 것과도 비슷하지 않은 지구 크기의 극지 사이클론이 있는 거친 행성임을 보여주었다. 또한 목성의 겉에 줄무늬를 만드는 띠와 지역은 표면 아래로 3,000킬로미터를 뚫고 들어가지만, 폭풍우 치는 대기 아래로 행성은 아마 거의 고체로 된 것처럼 자전하고 있을 것이라는 사실도 밝혔다. 2017년 7월에 우주선은 대적점 위 9,000킬로미터 지점을 날아가며 그 어느 때보다 가까이에서 찍은 모습을 보냈고, 덕분에 폭풍우가 대기 속으로 300킬로미터까지 뚫고 들어가 있다는 사실이 밝혀졌다.

주노는 또한 목성이 지구보다 20,000배 강하고 비대칭적인 강력한 자기장을 갖고 있다는 사실을 밝혔으며, 이는 행성의 북반구와 남반구 사이에 차이가 있음을 보여준다. 행성 극지에서는 태양계에서 가장 강력한 오로라 현상을 만들어내며 최대 400,000볼트의 에너지를 기록했다. 이것은 지구의 오로라(극지 부근에서 남극광이나 북극광이 만드는 마술 같은 빛의 쇼)가 만드는 에너지의 10배에서 30배에 달한다. 목성의 극지를 관측한 결과, 행성의 번개 치는 폭풍우 대부분이 지구처럼 적도가 아니라 바로 여기서 만들어진다는 사실이 밝혀졌다. 이는 주노의 극 중심 궤도로 얻은 이득이다.

2018년 12월 21일, 주노는 목성으로 16번째 근접 통과를 해서 행성의 전 지역을 아우르고 임무의 절반 지점에 도달했다. 하지만 우주선은 아직도 할 일이 많다. 더 많은 데이터가 목성의 자기장 형성에 관한 정보와 지표면 아래 무엇이 있는지, 시간이 흐르며 행성이 어떻게 진화했는지 밝혀줄 것이다.

주노 탐사 임무는 지금까지 목성이 매혹적이고 복잡한 행성이라는 것을, 행성 과학자들이 예상한 것보다 아마 훨씬 더 흥미로운 행성이라는 것을 보여주었다. 우주선이 이미 수많은 발견을 했지만 그 데이터는 2021년에 임무가 끝난 후에도 한참 동안 연구될 것이다. 그때까지 과학자들은 목성에서의 남은 시간을 열심히 보낼 것이다. 그리고 마지막에는 주노가 통제된 궤도를 이탈해서 행성의 대기 속으로 들어가 거대한 기체 덩어리와 그 위성들에게 애정 어린 작별인사를 하는 걸로 끝날 것이다.

고리 행성 탐사

카시니호가 찍은 토성의 모습(2016년)

◆

2017년 4월 22일, 한 대의 우주선이 지구에서 10억 킬로미터 조금 넘게 떨어진 토성의 가장 큰 달 타이탄 주위를 돌고 있다. 하지만 달은 우주선의 연구 목표가 아니다. 최소한 오늘은 아니다. 목표는 타이탄의 인력을 이용해서 우주선의 궤도를 바꾸어 토성의 구름 꼭대기와 그 유명한 고리 사이의 2,000킬로미터의 간극을 질러가는 것이다. 우주선은 시속 120,000킬로미터로 간극을 지나가는 동안 고리를 살짝 스친다. 이 우주선의 이름은 카시니호로서, 방금 우주시대에서 가장 대담한 프로젝트 중 하나를 마쳤다.

나사의 카시니-하위헌스(Cassini-Huygens) 탐사선은 1997년 10월 15일에 발사되어서 2004년 7월 1일에 토성의 궤도에 들어섰다. 이 임무는 행성과 그 달들을 연구할 궤도선 카시니호와 2004년 12월 25일에 분리되어 타이탄의 표면에 안전하게 착륙한 하위헌스 착륙선으로 이루어져 있었다.

타이탄은 태양계에서 가장 지구와 비슷한 곳으로 대기가 있고 우리 행성에서 물이 그러듯이 강과 호수를 이루는 액체 메탄의 소나기도 있다. 하위헌스 탐사선이 타이탄에 착륙하면서 태양계 외곽의 천체에 안전하게 착륙한 최초의 인공 우주선이 되었다. 2.5시간 동안 하강하고 타이탄의 표면에서 72분 동안 전송하는 동안에 하위헌스는 대기 밀도와 압력, 섭씨 -100도부터 -203도 사이의 온도 변화 측정 데이터를 쏘아 보냈다. 하위헌스는 또한 시속 430킬로미터의 바람을 감지했고, 대기가 주로 질소와 메탄으로 되어 있다는 사실도 확인했다. 또한 지질학적 활동의 증거와 100미터 깊이의 협곡과 험준하고 가파른 골짜기 경사도 찾아냈다.

한편 주된 임무를 맡은 카시니호는 이 고리 행성 주위를 도는 최초의 우주선이었다. 카시니호는 토성을 294바퀴 돌고, 달을 162번 근접 통과했고, 79억 킬로미터를 여행했으며 453,048개의 사진을 찍었다. 또한 행성의 날씨 데이터를 전송하고, 달들의 근접 모습을 우리에게 보여주었으며, 달을 7개 더 발견하고, 토성의 그 유명한 고리들을 연구했다.

카시니호는 얼음과 돌로 된 고리가 1천만 년에서 1억 년 사이쯤 되어서 45억 년 된 토성에 비하면 비교적 새 것임을 알아냈다. 탐사선은 고리의 중력을 측정했고, 카시니호 과학자들은 그 저질량을 계산할 수 있었다. 이것을 고리의 밝기와 합치자 고리의 구조가 우주의 파편들에 비교적 별로 오염이 되지 않았음이 드러났고, 과학자들이 그 연령을 추측할 수 있었다.

카시니호는 또한 그 모양 때문에 '프로펠러'라고 딱 어울리는 이름이 붙은 고리들을 발견하고 사진도 찍었다. 이 구조물 중 일부는 길이가 수천 킬로미터인데, 고리 체계 안에서 조그만 위성 같은 궤도 운동을 통해서 물질을 밀어내면서 형성되었다. 판(Pan, 토성의 위성-

역주) 같은 몇몇 달들은 실제로 공전하면서 고리 안에 틈을 만든다. 판은 토성의 A고리 안에 325킬로미터 너비의 길을 따라 공전하는 것이 사진에 찍혔는데, 이것을 '엥케 간극'이라고 한다.

카시니호는 고리 안에서 토성에 쏟아져 내리는 복잡한 유기 분자들을 찾았다. 이것은 고리들와 대기, 그리고 이전까지 알려지지 않았던 행성 주위의 방사선대를 연결시켜주는 전류다.

아마도 가장 흥미로운 결과 중 하나는 토성의 자기장이 그 자전축과 거의 완벽하게 일직선이라는 점일 것이다. 이것은 지구를 포함해 태양계에서 우리가 아는 그 어느 자기장과도 같지 않으며, 처음에는 카시니호 과학자들이 토성의 하루 길이를 측정하려고 할 때 문제를 일으켰다. 대체로 과학자들은 행성이 자전하는 동안 자기장이 어떻게 돌아가는지를 관측하고 완전히 한 바퀴 도는 데 얼마나 걸리는지를 측정한다. 하지만 토성의 자기장은 일렬로 있기 때문에 이것이 불가능하다. 카시니 팀은 대신에 행성의 고리 물질에서 중력장 안의 진동이 일으키는 파동을 관측할 수 있었다. 이 진동의 주파수는 담당 과학자들이 토성의 하루 길이를 10시간 33분 38초로 좁힐 수 있게 해주었다.

우주선은 또한 토성의 북극에서 신기한 육각형 모양 기체 줄기의 멋진 모습을 찍어 보냈고, 2010년 말에 행성에서 생긴 200일짜리 폭풍우도 관측했다. 이 폭풍우는 북쪽에서 남쪽까지 15,000킬로미터에 이르렀다.

토성의 얼음으로 된 달 엔켈라두스는 그 얼음 지각 아래로 지하 바다가 있는 것으로 추정되는데, 카시니호는 지각 아래에서 솟구치는 기체와 얼음 줄기를 가로질러 날면서 연속으로 근접 다이빙을 몇 번 했다. 분석 결과 기체 줄기 속에는 수소와 이산화탄소, 메탄, 암모니아가 있어서 엔켈라두스의 바다에 일종의 생명체가 살고 있을 수도 있음을 밝혀주었다.

임무의 마지막 단계 중 하나는 카시니호가 행성의 고리들과 구름 꼭대기 사이의 공간을 용맹하게 22번 다이빙하며 데이터를 수집하는 대단원(Grand Finale)이었다. 대단원을 마치자 카시니호의 수명도 거의 다 됐지만 엔켈라두스와 타이탄의 생명체 거주 가능성이 있는 환경을 고려할 때 담당 과학자들은 카시니호가 달에 충돌해서 그곳을 오염시키게 만들 수 없었다. 2017년 9월 17일에 우주선은 토성의 대기 속으로 조심스럽게 하강하며 완전히 사라질 때까지 계속해서 사진을 보냈다. 행성을 13년 동안 관측한 후 카시니호는 그 최종 목적지에 도착했지만, 임무에서 얻은 데이터는 앞으로 수십 년 동안 더 많은 발견을 하게 해줄 것이다.

지구를 웃게 만든 여자

카시니의 사진팀 팀장을 고를 때 캐럴린 포코는 거의 확실한 적임자였을 것이다. 포코는 토성의 고리에 관한 보이저호의 데이터로 논문을 썼다. 그녀의 연구는 고리 안의 살(spoke)들이 그 강도와 개수에서 다양하며, 이런 다양성은 고리의 자기장에서 나오는 전파의 분출과 관계가 있음을 밝혔다.

그 뒤에 그녀는 보이저의 사진팀에 들어오라는 제안을 받았고, 그곳에서 해왕성의 고리를 관측하는 팀을 이끌었으며, 나중에는 카시니호 탐사 임무에서 일하게 되었다. 그녀의 팀은 전세계에 토성과 그 달들의 아름다운 사진을 보여주었다. 엔켈라두스의 얼음 지각을 뚫고 기체가 뿜어져 나오는 그 근사한 장면도 포함해서 말이다.

포코는 칼 세이건과 합작으로 보이저호의 흐린 파란색 점 사진을 만들었고('보이저 2호' 장을 볼 것), 카시니호에서도 비슷한 일을 할 기회를 잡았다. 2013년 7월 19일, 우주선이 지구를 찍기 위해 방향을 돌리자 포코는 전세계의 사람들에게 동시에 다 함께 웃으라고 말했다. 인류를 하나로 연결하고 새카만 진공의 우주 속에서 이 작고 푸른 행성에 살아 있는 우리의 행운을 상기시키기 위한 행동이었다. 그녀는 이 사진을 '지구가 웃던 날'이라고 이름 붙였다. 행성 과학에 대한 그녀의 기여를 기념해서 소행성(7231) 포코는 그녀의 이름을 따서 붙였다.

태양 탐사 임무

파커 태양 탐사선 렌더링

◆

우리의 태양계 중심에서 아주 밝게 타오르는 별은 여전히 수수께끼다. 우리는 이것이 타오르는 뜨거운 기체 덩어리이고, 이것이 없었으면 지구의 생명체도 존재하지 않았을 것이며, 언젠가는 이것이 이 행성을 집어삼킬 것임을 안다. (걱정 마시라. 우리에게는 이런 일이 일어날 때까지 아직 50억 년이나 남아 있다.) 우리가 모르는 것은 왜 태양의 대기인 코로나가 표면보다 훨씬 더 뜨거운지다. 코로나는 엄청나게 뜨거운 섭씨 3,000,000도인 반면에 표면은 겨우 섭씨 6,000도다. 이것은 말이 되지 않는다. 열원에서 멀어질수록 더 뜨거워지는 게 아니라 차가워져야 한다. 이런 일은 있을 수 없다. 하지만 이런 상태다.

수수께끼 2번은 태양 표면의 폭발(flare, 플레어)이 어떻게 일어나는지다. 플라스마라고 하는 대전(帶電)된 기체가 대단히 고온으로 가열되면 플레어 형태로 폭발하며 태양풍이 되어 우주를 가로질러 방출된다. 하지만 이것이 어떻게 태양의 강력한 중력에서 탈출하는지는 가장 영리한 두뇌의 소유자들조차 당황하게 만드는 문제다.

이것을 알아내는 유일한 방법은 그곳에 가는 것이다. 이것이 미친 생각처럼 들릴 수도 있지만, 나사의 파커 태양 탐사선(Parker Solar Probe)은 뜨거운 온도를 견딜 수 있도록 설계되었다. 특수 열보호 시

1999년 프랑스의 개기 일식 모습. 개기 일식 때에는 코로나와 돌출부를 맨눈으로 볼 수 있다. © Luc Viatour

스템은 겨우 11센티미터의 탄소합성 폼으로 분리된 두 개의 판으로 된 열 차폐막이다. 외부 온도가 끔찍한 1,377도에 이르러도 안쪽은 아늑한 섭씨 21도로 유지될 것이다.

2018년에 발사된 파커 태양 탐사선은 근접 통과를 하면서 금성의 중력을 이용해서 태양에서 더욱 가까운 궤도까지 빠르게 날아간다. 전에는 태양에 이렇게 가까이 접근해서 코로나 속을 들어갔다 나왔다 한 우주선이 없었다. 이 임무는 지구의 기술을 보호하기 위해서 태양풍에 관해 더 많은 것을 알아내는 것이 목표다.

지구는 자기장 보호막, 즉 자기권으로 둘러싸여 있다. 이것은 우주를 지나가는 태양풍으로부터 행성의 완충막 역할을 한다. 극 주위로 자기장은 태양풍 때문에 왜곡될 수 있고, 그로 인해 대전입자들이 방어막을 뚫고 들어와서 아름다운 오로라를 만들어낸다. 바로 북극광과 남극광이다.

오로라의 아름다움이 다가오는 위협을 잠시 잊게 만든다. 하지만 종종 큰 태양폭풍이 지구를 덮쳐서 자기권을 강타하고 우주와 지상에 있는 전자장비들을 엉망으로 만든다. 거대한 태양폭풍은 미국에서만 2조 달러의 피해를 입힐 수 있고, 미국 동부 해안지방의 전력을 1년 동안 끊어놓을 수 있다고 추정된다.

현재 우리는 태양폭풍이 닥치기 60분쯤 전에 알 수 있다. 코로나와 태양의 플레어에 대해서 더 많이 알아내면 경고 시간을 하루나 이틀 전까지 늘릴 수 있을 것이다.

파커 태양 탐사선으로부터 얻은 나사의 관측 결과는 유럽우주국과 공유될 것이다. 유럽우주국 역시 2020년에 발사 예정인 태양 탐사선을 계획하고 있다. 솔라오비터호는 파커호만큼 태양에 가까이 가지는 않고 2년 정도 같은 궤도 거리에 머물 것이다. 안에 탑재한 망원경을 이용해서 솔라오비터호는 별을 똑바로 보고 표면의 기체 밀도와 온도, 자기장, 그리고 태양풍을 측정할 것이다. 두 우주선에서 얻은 결과를 공유하는 것은 과학자들에게 복잡한 전체상을 그리

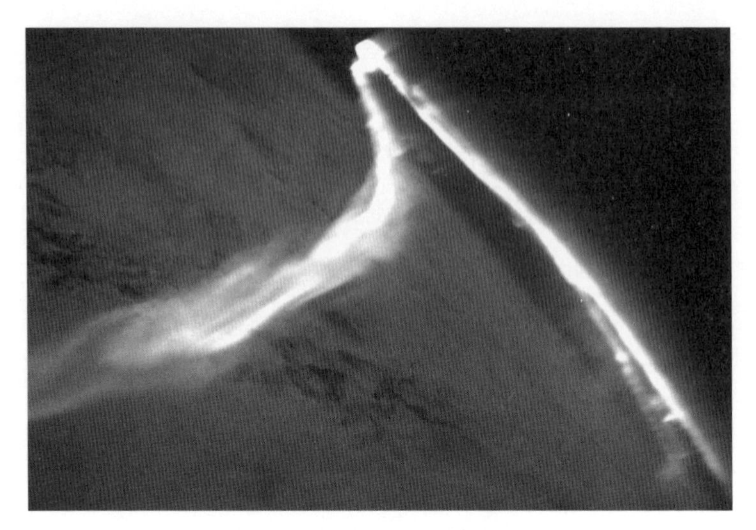

국제우주정거장에서 관측한 남극광

게 만들어줄 것이다.

이 임무들은 어떤 우주선도 가본 적 없는 곳을 탐사하고, 새로운 한계를 탐험하고, 기술을 한계까지 몰아붙인다. 하지만 이것이 성공한다면 우리의 태양에 관해 엄중하게 보호되던 비밀을 밝히고, 앞으로 수년 동안 우리 별 지구를 보호하는 데에 도움이 될 것이다.

캐링턴 사건

1859년 9월에 역사상 최악의 폭풍우가 불었다. 하지만 이것은 메가 허리케인은 아니었다. 우주의 태양폭풍이었다. 영국의 천문학자 리처드 캐링턴(Richard Carrington,

1826~1875)은 맑은 날 늘 하던 일을 하던 중이었다. 그것은 편안한 자신의 개인 관측실에서 망원경을 통해 태양을 바라보며 눈에 보이는 흑점을 솜씨 좋게 그리는 일이었다. 그런데 갑자기 흑점 위로 두 개의 하얀빛이 번쩍이더니 콩팥 모양으로 부풀었다. 그러다가 약 5분의 시간에 걸쳐서 서서히 사라졌다. 다음 날 새벽에 여러 가지 색의 빛이 전세계에서 하늘을 빨간색, 초록색, 보라색으로 물들였다. 심지어는 적도처럼 한참 남쪽 지역까지도 그랬다. 이 반짝이는 오로라가 자신이 태양에서 목격한 태양의 플레어 때문이라는 것을 처음으로 깨달은 사람이 바로 캐링턴이었다.

태양폭풍은 대단히 격렬해서 오로라가 생성시킨 전류가 전보 기계에 전기가 튀게 만들거나 심지어 불이 나게 만들기도 했다.

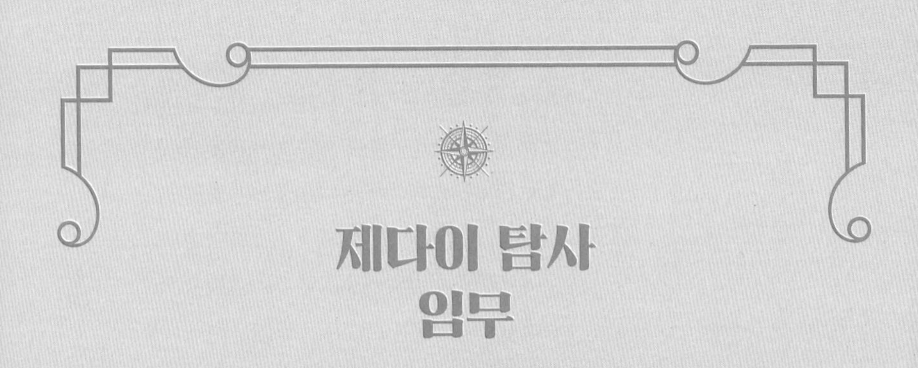

제다이 탐사 임무

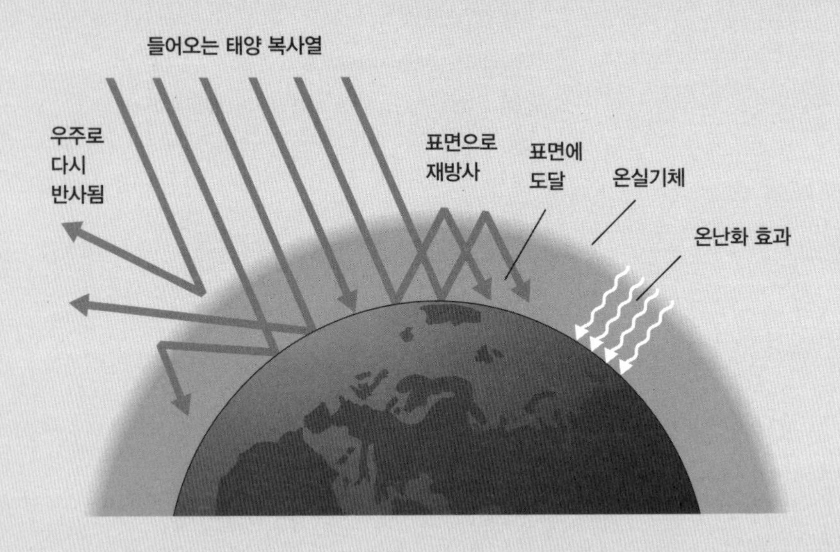

온실효과

◆

2018년 12월, 국제우주정거장의 거대한 로봇 팔이 '팔꿈치' 부분에서 구부러지며 알맞은 위치로 간다. '팔목'은 돌아가며 앞으로 나와서 방문한 우주선 캡슐의 트렁크 안에 있는 화물에 고정된다. 팔이 천천히 장비를 끌어내고 장비는 MBS(mobile base system, 모바일 베이스 시스템)를 따라서 목표물을 향해 움직인다. 바로 JEM-EF(Japanese Experiment Module-Exposed Facility, 일본 실험 모듈-노출시설)이다. 그 다음에 팔은 몇 시간 동안 장비를 우주정거장 바깥쪽에 붙이고 전원과 냉각수, 통신 시스템을 연결한다. 하지만 이것이 데이터를 모을 준비가 되기까지는 몇 주 동안의 점검이 더 필요할 것이다.

이 장비는 GEDI(Global Ecosystem Dynamics Investigation, 지구 생태계 역학조사) 혹은 제다이라고 한다. 2018년 12월 5일에 플로리다주 캐너버럴에서 스페이스X의 팰컨 9 로켓의 드래건 캡슐에 실려서 발사된 이 장비는 지구를 내려다보며 행성의 열대 및 온대림 구조를 고해상도 3D로 측정하기 위해서 설계된 최초의 우주용 레이저다. 이것의 목표는 식물에 얼마나 많은 탄소가 저장되었고, 삼림 벌채와 다시 심기가 이 '온실가스 흡수원(carbon sink)'뿐만 아니라 생물다양성에 어떤 영향을 미쳤는지를 파악하는 것이다.

삼림은 우리 지구에서 육상의 30퍼센트를 덮고 있다. 하지만 삼림은 걱정스러울 만한 속도로 잘려나가는 중이다. 예를 들어 아마존의 17퍼센트가 지난 50년 사이에 사라졌다. 주로 가축을 키우기 위해서 땅을 정리했기 때문이다.

삼림은 행성의 폐와 같아서 대기에서 이산화탄소를 흡수하고 산소를 내뿜는다. 탄소는 나무의 생물량(生物量, 일정 지역에서 생활하는 생물의 현존량-역주)의 50퍼센트를 차지한다. 그러니까 삼림을 벌채하면 탄소를 가둘 나무가 줄어들고, 이것은 대기 중에 탄소가 더 많아져서 결국 온실효과라는 과정을 통해 지구를 뜨겁게 만든다.

과학자들은 수십 년 동안 삼림 벌채와 지구온난화 사이의 관계를 연구해왔다. 하지만 숲에서 정확히 얼마만큼의 탄소가 방출되고 고정되는지는 불분명하다. 우리는 어리고 빠르게 자라는 나무들이 성숙한 삼림보다 더 빠르게 탄소를 흡수한다는 것을 안다. 하지만 대부분의 삼림 벌채에 관한 연구는 비교적 작은 지역에서 수행됐다. GEDI는 지구 전체를 대상으로 대규모로 평가할 기회를 제공한다.

장비는 또한 삼림의 군락 구조도 살펴볼 것인데, 이는 다시 말해서 잎과 가지가 어떻게 배열되는지를 보는 것이다. 지난 30년 동안 열대우림에 사는 생물종은 50퍼센트로 줄었다. 인간의 행동이 군락 구조에 어떻게 영향을 미치는지를 이해하면 서식지를 잃고 멸종 가능성이 있는 다른 종들을 보호할 수 있을 것이다.

GEDI는 레이더의 레이저 버전 같은 것이다. 지구에 레이저 빛의 펄스를 발사한 다음 지상에서 각기 다른 높이에 있는 가지와 잎처럼 식물에서 반사되는 에너지를 망원경으로 분석한다. GPS를 이용해서 지구 표면을 기준으로 궤도상에서 자신의 위치를 파악하고, 별 추적기는 장비의 방향을 알려준다. 이 모든 것이 삼림 군락 구조에 관한 상세한 정보를 제공한다. GEDI의 놀라운 점은 빽빽한 이파리 천장을 뚫고 나무들 전부를 측정하고 가파른 지역의 땅을 정확하게 감지한다는 것이다.

GEDI가 앞으로 2년 동안 모으는 데이터는 과학자들이 삼림 벌채와 서식지 상실의 영향을 이해할 수 있는 핵심 정보를 제공할 것이다. 그리고 스페이스X의 팰컨 9이 2년의 임무 말기에 GEDI를 회수하러 돌아왔을 때 이 장비가 우리에게 심각한 기후변화로부터 지구를 보호할 더 나은 해결책을 알려주기를 바란다.

온실효과

온실효과가 없었으면 지구는 화성과 비슷하게 얼어붙은 황무지였을 것이다. 우리의 행성에는 생명체가 번창할 수 있도록 이 따뜻한 담요가 필요하다. 하지만 좋은 것도 너무 과하면 위험할 수 있고, 인간의 활동이 지구온난화가 심각해지는 원인이다.

태양 에너지의 약 30퍼센트는 지구 표면에서 반사되어 다시 우주로 돌아간다. 하지만 나머지가 지구에 붙잡혀서 이산화탄소 같은 대기 중의 온실기체에 흡수된다. 삼림 벌채와 화석연료 사용 등으로 인해서 대기 중에 이산화탄소가 많아지면 많아질수록 지구는 점점 더 따뜻해진다.

Part 5

미래의 모험

인간이 사방팔방으로 탐사를 해왔지만 여전히 아직 탐험해보지 못한 땅, 심해, 우주의 구석 지역들이 남아 있다. 이런 까다로운 지역과 수수께끼 같은 바다, 낯선 세계를 상대해야만 우리가 어디서 왔고 우리 미래를 어떻게 이끌어가야 할지 더 많이 알아낼 수 있다. 모든 위대한 모험은 미래의 비전과 위험을 감수하는 태도, 우리가 아는 과학에 도전하고 새로운 한계를 탐험하는 용기에서 시작된다.

남극 아래 있는 것

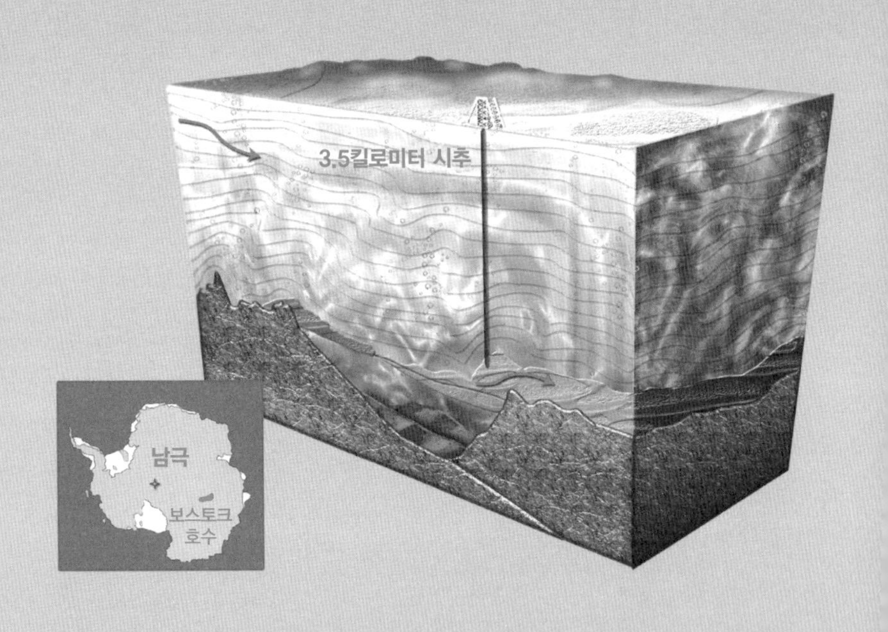

보스토크 호수 시추 단면 그림

◆

보스토크 연구 기지에서의 삶은 혹독하다. 기지는 지구상에서 가장 기온이 낮은 곳이라는 기록을 보유하고 있다. 뼛속까지 얼어붙을 것 같은 영하 89도다. 장갑을 벗으면 손가락을 잃게 될 것이다. 하지만 1년 중 잠깐 동안 이 지역은 강인한 과학자 무리의 집이 된다. 러시아 연구자들이 하는 이 연구는 그들의 발밑에 무엇이 도사리고 있는지를 알아내는 것이 목표다.

3.7킬로미터가 넘는 얼음 아래 갇혀 있는 것은 남극의 약 400개의 빙저호(氷底湖) 중에서 가장 큰 보스토크 호수다. 길이 230킬로미터에 너비 50킬로미터인 이 광대한 수역(水域)은 끝에서 끝까지 걸어가는 데에만 일주일은 걸린다. 지난 1,500만 년 동안 얼어 있던 이 호수의 내용물은 지구의 나머지 지역에서 배제되어 있었다. 바깥 세계와의 유일한 교류는 위에 있는 얼음층에서 스며드는 녹은 물뿐이다.

호수는 1960년대에 예리한 눈의 러시아 조종사가 처음 발견했다. 하지만 그는 얼음에 있는 대단히 넓은 움푹한 부분이 무엇인지 전혀 몰랐다. 1990년대 초반에야 과학자들은 표면 아래 호수가 자리하고 있음을 깨달았다. 레이더와 지진계, 위성사진을 이용해서 그들은 아래 있는 커다란 수역의 지도를 만들었다.

매서운 기온에도 물을 영하 3도까지 데워주는 지열과 두꺼운 얼음 담요의 압력으로 호수가 얼어붙지 않는 것으로 추정된다.

이 싸늘한 물속에도 생명체는 존재할 것으로 여겨진다. 냉기와 지열, 압력, 칠흑 같은 어둠과 극소량의 영양분의 조합으로 여기 사는 생명체는 극도로 강인할 것이다. 하지만 소위 '극한미생물'은 다른 생물이 살아남기 어려운 지구상의 외딴 구석구석에 존재한다.

지금까지 과학자들은 보스토크 호수의 천장을 굴착했다. 천장 위에 붙어 있던 얼음에서 나온 표본은 박테리아와 균류 같은 미생물의 DNA를 갖고 있었다. 다음 단계는 물이 있는 곳으로 곧장 구멍을 뚫는 것이다. 하지만 깨끗한 환경이 위쪽에 있는 생물로 인해 오염되지 않도록 하는 것이 가장 큰 과제다. 외부 생물종의 전래로 토종 생물들이 어떻게 멸절되는지 지구상의 다른 지역에서 이미 보았기 때문이다. 방어막이 한 번 뚫리고 나면 다시는 돌이킬 수가 없다.

보스토크 호수에만 유일무이한 토종 생물을 찾을 수도 있다는 유혹적인 가능성을 제외하고도 연구는 우리에게 생명체가 화성의 빙원 안이나 목성의 달 유로파의 얼음 지표면 아래처럼 다른 행성에서도 살 수 있는지에 관해 약간의 실마리를 줄 수 있을 것이다.

곰벌레

이름이 암시하듯이 '극한미생물'은 극한 환경에서도 살아남을 수 있는 강인한 생물체다. 이 중 가장 유명한 것은 아마 '곰벌레'라고도 하는 완보(緩步)동물일 것이다. 이 미소생물은 통통한 몸과 짤막한 다리를 갖고 있으며 섭씨

−272도부터 +150도까지 버틸 수 있고, 물 없이도 수년을 살 수 있다. 유럽우주국의 검사를 통해서 이들이 강력한 방사선이나 심지어는 우주의 진공 상태 속에서도 살 수 있다는 사실이 드러났다. 이들의 비밀은 바로 모든 핵심 기능을 정지하고 더 나은 시기가 될 때까지 유예 상태로 사는 것이다.

남극의 다른 호수에서 완보동물들의 시체들이 발견되었다. 2018년 12월부터 시작된 SALSA(Subglacial Antarctic Lakes Scientific Access, 남극 빙저호 과학탐사) 프로젝트는 1개월 동안 머서 호수에 1,200미터가 넘는 구멍을 뚫었다. 연구자들은 완보류가 50킬로미터 떨어진 연못과 개울에 살았고, 남극이 더 따뜻하던 시절인 지난 10,000년 전이나 120,000년 전에 존재했을 것이라고 생각했다. 하지만 이 생물들이 어떻게 머서 호수까지 온 것인지는 아무도 모른다. 탄소연대측정과 DNA 분석이 답을 줄지도 모른다.

세월이 잊은 땅

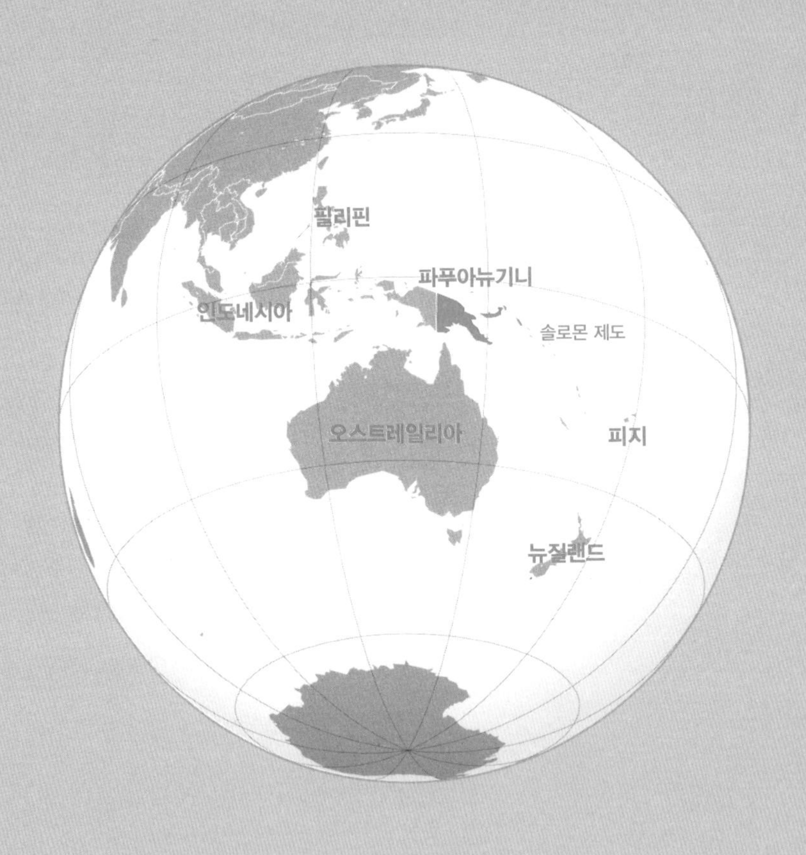

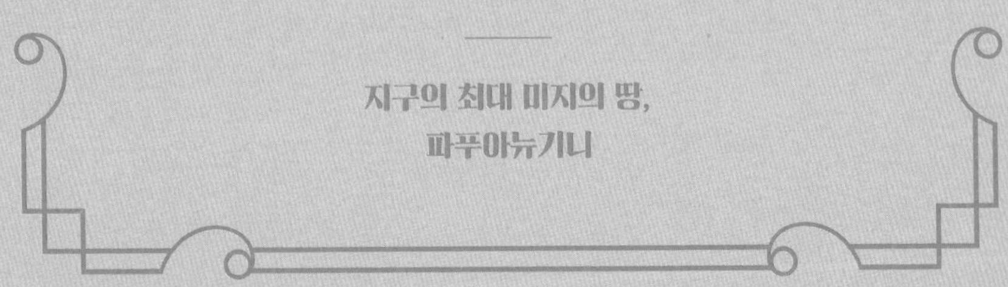

지구의 최대 미지의 땅,
파푸아뉴기니

◆

사람의 발길이 진정으로 닿지 않은 땅이나 와이파이 신호가 잡히지 않는 곳을 찾기 어려운 이 현대 세계에서 지구상의 몇몇 지역은 여전히 미지로 남아 있다. 파푸아뉴기니는 아직 70퍼센트가량이 미지의 땅으로 여겨진다. 빽빽한 우림과 가파르고 험준한 산맥이 천연의 방어막이기 때문이다.

물론 이 말은 서구 세계로부터 탐사되지 않았다는 뜻이다. 이 땅의 상당 부분에서 수천 년 동안 원주민 부족들이 살아왔다. 하지만 그 부족들 일부는 바깥 세계와 한 번도 접촉한 적이 없다. 다른 몇몇은 접촉을 했으며 방문객들은 대가를 치렀다. 한때 파푸아뉴기니의 일부 지역에서는 식인이 흔했기 때문이다. 들리는 바에 따르면 더 이상은 아니라고 한다. 지리적 장벽이 각각의 사회를 서로에게서 고립시켜 놓아서 파푸아뉴기니를 지구상에서 언어적으로 가장 다양한 곳으로 만들었다. 파푸아뉴기니에는 거의 850개의 언어가 있다. 대부분의 인구는 낚시와 교역이 번성하는 해안가 저지대에 산다. 하지만 빽빽한 우림, 험한 산맥, 깊은 골짜기와 격렬한 화산이 있는 외딴 고지대는 활기찬 문화와 각기 다른 극락조 42종을 포함한 풍부한 야생동물의 고향이다. 실제로 세계 육지의 1퍼센트도 안 되는 이 지역은 세계의 척추동물의 약 10퍼센트와 고등식물 7퍼센트를 보유하고 있다.

여러 파푸아뉴기니 생물종들이 세계기록을 갖고 있다. 붉은머리발발이앵무(*Micropsitta bruijnii*, 길이 8센티미터)는 지구상에서 가장 작은 앵무새다. 악어왕도마뱀(*Varanus salvadorii*, 길이 2.4미터)은 가장 긴 도마뱀이다. 그리고 알렉산드라비단제비나비(*Ornithoptera alexandrae*, 날개 너비가 최대 28센티미터)는 세계에서 가장 큰 나비다.

파푸아뉴기니는 또한 기묘한 짐승들의 집이기도 하다. 칠면조 크기의 메가포드(*Megapodiidae*)는 새끼를 기르는 독특하고 드문 전략을 갖고 있다. 자신의 체온으로 알을 부화시키는 대신에 화산재를 깊이 파고 화산의 열기로 알을 부화시킨다.

최근에 과학자들과 TV 촬영진이 고지대 깊은 곳으로 탐사를 갔다. 최근의 과학 탐사에서는 커다란 고양이 크기의 거대한 울리들쥐(*Mallomys*)를 포함해서 이전까지 확인되지 않았던 수십 종의 생물을 찾아냈다. 또 다른 탐사에서는 거의 1세기 전에 멸종했던 것으로 여겨졌던 원디워이나무타기캥거루(*Dendrolagus mayri*)도 추적했다. 육상에 사는 캥거루와 왈라비의 가까운 친척인 이 캥거루는 이름에 어울리게 나뭇가지 사이를 뛰어다니며 근육질 앞발로 나무 위로 올라가서 산다.

하지만 파푸아뉴기니 고지대의 아주 많은 것이 여전히 탐사되지 않은 채로 남아 있다. 이 나라는 지구상에서 아직도 많은 비밀이 밝혀지지 않은 마지막 남은 곳 중 하나다. 미래의 탐사에서는 그 수수께끼를 밝힐 수 있을지도 모른다. 하지만 이 마법의 땅은 가장 강인한 탐험가들에게도 확실하게 도전거리다.

마스타 믹

아주 최근인 20세기까지도 파푸아뉴기니 고지대는 열대 지방 사람들이 살기에 너무 추워서 사람이 살 수 없다고 여겨졌다. 하지만 파란만장한 이력의 탐험가 마이클 제임스 레이히(Michael James Leahy, 1901~1979)가 이것을 바꾸어놓았다. 믹은 오스트레일리아의 퀸즐랜드에서 태어났고, 스물다섯 살에 평범한 직업을 버리고 노다지가 있다는 소문이 난 파푸아뉴기니로 향했다. 말라리아 때문에 거의 죽을 뻔하고 노다지에 대한 꿈도 사라졌지만, 그는 그 나라와 사랑에 빠졌다.

1930년에 그는 파푸아뉴기니 안쪽을 가로지르며 눈앞의 것들에 감탄했다. 아름다운 풍경, 흥미진진한 야생동물들과 호기심 많은 원주민들. 이것이 평생의 탐사와 사진 찍기, 파푸아뉴기니의 풍부한 다양성을 촬영하는 삶의 시작이었다. 여행을 다니는 동안 식인종들은 파푸아뉴기니 친구들이 애정을 담아 부르는 '마스타 믹(Masta Mick)'을 절대 잡지 못했다. 그는 1979년에 일흔여덟의 나이에 파푸아뉴기니 북동쪽의 산꼭대기에서 자연사했다.

함몰지에서 수영하기

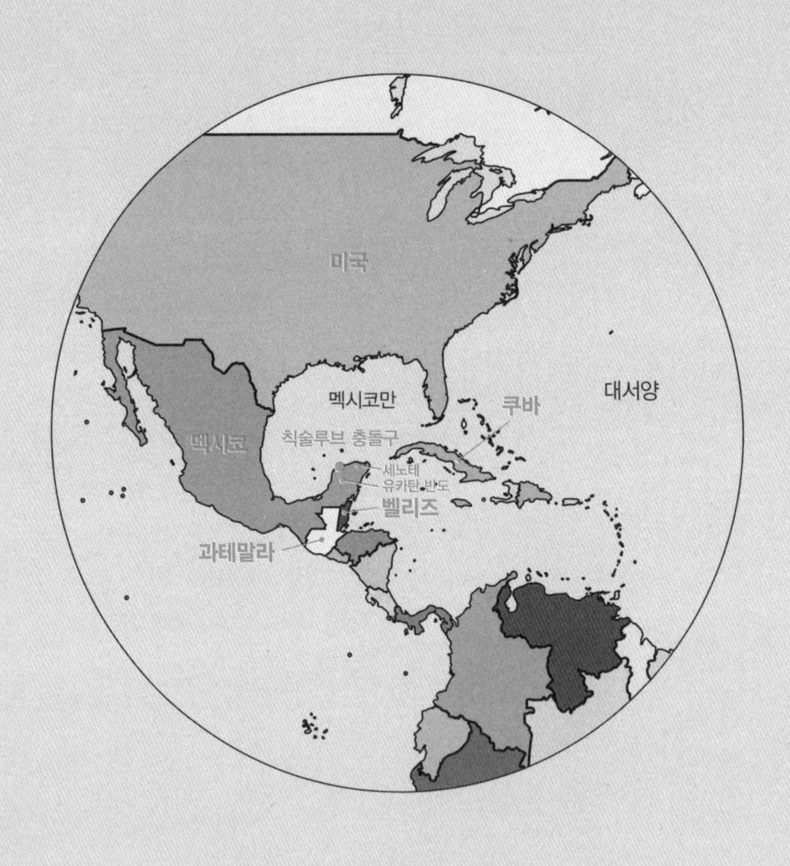

멕시코의 유카탄 반도에 있는 세노테는
물로 가득 찬 세계에서 가장 큰 동굴 망이다.

◆

밀집한 덤불을 헤치고 가는 것은 산소 탱크와 카메라 키트, GPS 장치를 갖고 있는 두 명의 다이빙 친구다. 둘은 숲 바닥에 있는 맨홀 크기의 구멍에 도달한다. 잠수복과 다이빙 키트를 착용하고 그들은 나무둥치에 줄사다리를 매달고 오래된 나무뿌리를 지나 아래로 내려간다. 구멍은 점점 더 좁아지다가 마침내 물이 거의 꽉 차 있는 거대한 동굴로 나오게 된다. 그들은 잠수를 해서 또 다른 동굴로 이어질 만한 다른 터널을 찾는다. 그들의 목표는 넓은 동굴 망을 탐색해서 대양까지 가는 길을 찾는 것이다.

이 두 사람은 멕시코의 유카탄 반도에 있는 물로 가득 찬 넓은 동굴 체계를 탐험하는 새로운 종류의 다이버들이다. 이곳에 가는 방법은 멕시코 만의 해안이나 그 지역에서 세노테(cenote)라고 불리는 함몰지를 통해서 가는 것뿐이다. 세노테는 마야어로 '물웅덩이'를 뜻한다.

세노테는 공룡을 멸종시킨 소행성이 반도에 충돌했을 때 형성된 것으로 여겨진다. 충돌로 지표면에 있는 모든 것이 증발하고, 지하에 거대한 홈이 파이고, 바다로부터 염수가 흘러들어왔다. 시간이 흐르며 땅의 일부가 침하되어 세노테를 형성하고, 바닷물 위로 담수층이 천천히 쌓이게 되었다.

층 사이로는 산소가 없어서 유기물이 썩고 분해되면서 유독한 황화수소 층이 형성되었다. 기체는 썩은 계란 냄새와 비슷하고 들이켜면 치명적이다. 다행히 탐험가들에게는 몸을 보호해주는 다이빙 장비가 있다.

이 어둡고 물에 잠긴 동굴에서는 위에 있는 세계로부터 밝은 햇빛이 내리쬐는 것을 상상하기가 어렵다. 하지만 머리 위 가까운 곳에 활기 넘치는 휴가지가 있다. 열기와 이국적인 고고학이 매년 수백만 명의 관광객을 끌어들인다. 이 관광객 한 명 한 명에게 호텔이나 호스텔의 침대가 필요하고, 몇몇 곳은 하수를 처리하지 않아서 결국 지하수로 흘러들어가 아래 있는 광대한 동굴 체계의 대수층으로 스며든다. 독특한 지하 생태계를 보호하는 것은 어려운 과제다. 많은 다이버가 왜 이 동굴 체계가 생태학적으로, 역사적으로 대단히 중요한지 보여주는 증거를 찾으려 하는 과학자들이다.

2018년에 마야 대수층 프로젝트(Great Maya Aquifer Project)의 다이버들이 두 개의 거대한 지하 동굴 사이에서 연결 통로를 찾았다. 둘을 합치면 350킬로미터 길이의 거대한 동굴 망이 되고, 이것은 세계에서 가장 큰 동굴 망이다. 물속 깊은 곳에 있는 것들은 이전까지 학계에 알려지지 않은 종들과 여러 가지 고대 마야의 유물과 유적, 그리고 미국에서 발견된 가장 오래된 유골인 12,000년 된 인간의 유해다.

이 동굴 체계 탐사는 겨우 1980년대에 시작되었다. 탐험가들은 작

마야어로 '물웅덩이'를 뜻하는 세노테

은 단발 비행기를 빌려서 세노테를 찾아 빽빽한 정글 위를 날아간다. 그러다가 하나를 발견하면 그곳을 표시하기 위해서 화장실 휴지 한 롤을 떨어뜨리고, 나중에 다이빙 장비를 준비해서 걸어서 찾아간다.

그 이래로 많은 놀라운 동굴 체계들이 발견되었다. 다이버들이 물속 동굴을 돌아다니며 세노테들을 점점 연결시키고는 있어도 아직 다수가 탐사되지 못했다. 유카탄의 물속 미궁에서 어떤 보물이 발견되기를 기다리고 있는지는 아무도 모른다.

소행성 충돌 프로젝트

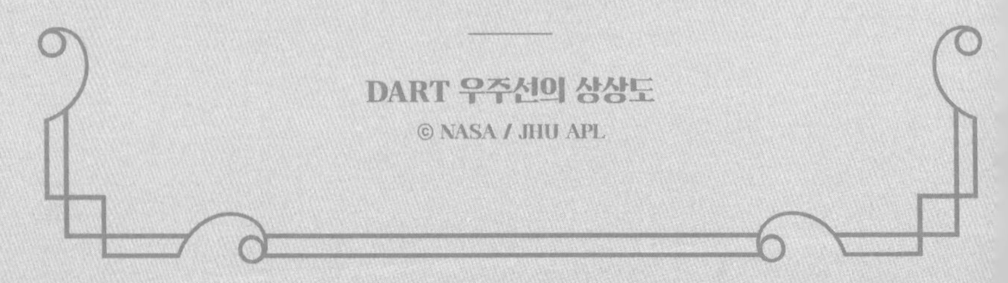

DART 우주선의 상상도

◆

6,600만 년 전에 유카탄 반도에 시속 수천 킬로미터로 충돌한 칙술루브 운석은 공룡들에게는 종말의 전조였다. 날아가는 총알보다 20배 빠르게 날아온 이 소행성은 10에서 15킬로미터 너비에, 충돌로 히로시마 원자폭탄보다 10억 배 더 큰 힘을 발생시켜서 주변 지역을 순식간에 증발시켰다. 두꺼운 먼지가 대기 속으로 솟아올랐다. 이후 몇 주 동안 먼지는 행성을 전부 뒤덮고 태양을 가렸다. 지구상 대부분의 생명체의 종말을 알리는 신호였다.

우리 인간에게는 다행스럽게도 조그만 포유류의 조상들 일부는 이 아마겟돈에서 간신히 살아남았다. 그리고 희소식은 이제 우리가 미래에 소행성의 충돌을 막을 수 있을 정도로 기술적으로 발전했을 거라는 것이다. 나사와 유럽우주국은 파멸적인 소행성 충돌로부터 인류를 구하기 위해서 협력하고 있다. AIDA(Asteroid Intercept and Deflection Assessment, 소행성 차단 및 전환 평가)는 소행성의 진로를 바꾸려는 최초의 시도다. 이 야심 찬 프로그램은 3단계로 진행될 것이다.

첫 번째로 2021년에 나사가 DART(Double Asteroid Redirection Test, 이중 소행성 방향 전환 테스트) 우주선을 발사할 것이다. 이것은 지구에서 천만 킬로미터 이내로 들어오는 소행성 디디모스로 향할 것이다. DART의 실제 목표물은 디디문이다. 디디문은 이 소행성 주위를 도는 170킬로미터 길이의 바윗덩어리에 붙은 별명이다. 100킬로그램의 우주선을 초속 6킬로미터(총알보다 약 9배 빠르다)로 디디문에 충돌시키면 바위의 속도가 초속 몇 밀리미터 정도 바뀌고, 이것은 소행성 주위를 도는 속도에도 영향을 미치기에 충분할 것이다.

두 번째 단계는 셀피샛(Selfiesat)이라는 별명이 붙은 소형 위성이 수행할 것이다. DART가 충돌 직전에 발사하는 이 시리얼 통 크기의 위성은 이탈리아 우주국이 만들었는데, 임무가 얼마나 성공했는지 상황을 기초적으로 이해하기 위해서 진행 과정을 사진으로 찍을 것이다. 그런 다음 2026년, 유럽우주국의 헤라 우주선이 궤도에 도착해서 더 상세한 사진을 찍는 마지막 단계까지 기다려야 한다. 핵심 목표는 달(디디문)의 질량을 파악하는 것이다. 이것이 DART의 충돌 효과를 알려주고 임무가 성공했는지 여부를 가르쳐줄 것이기 때문이다.

현재 우주국들은 위험해 보이는 소행성을 찾아 망원경으로 우주를 살펴보고 있다. 지름 10킬로미터 이상인 것들은 전부 지구상의 생명체를 파괴할 수 있을 정도로 강력한 것으로 여겨진다. 멸종을 야기할 수 있는 것들의 90퍼센트가량은 그 위치가 파악된 상태다. 하나를 발견하면 그 크기, 형태, 밀도, 무엇으로 만들어졌는지, 그리고 이 모든 것이 그것을 상대하는 방법에 어떻게 영향을 미치는지 등 알아낼 수 있는 모든 것을 알아내는 게 핵심이다.

우리가 일찌감치 소행성을 발견한다면 살짝 미는 것만으로도 경로를 바꾸는 데에 충분할 것이다. 하지만 좀 늦게 발견하게 되면 원자폭탄에 의지해야 할 수도 있다. 소행성 근처에서 원자폭탄을 터뜨리면 그 충격파로 경로에서 이탈시키기에 충분할지도 모른다. 하지만 더 나은 선택지는 소행성 지표면 아래에 폭탄을 심어서 조각내는 것이다. 하지만 그 조각들이 지구 대기로 들어오면서 전부 타지 않으면 우리 행성에 우르르 떨어져서 더 큰 피해를 입을 수도 있다.

가장 확실한 방법은 모든 선택지를 연구해서 최악의 시나리오에 대비하는 것이다. AIDA 임무가 끝날 즈음엔 위험한 소행성을 경로에서 밀어내기 위해서 충돌법에 의존해야 할지 여부를 더 잘 알 수 있을 것이다. 실제로 AIDA는 지구를 위한 우리의 가장 좋은 보험이 될 가능성이 높다.

유로파
탐사

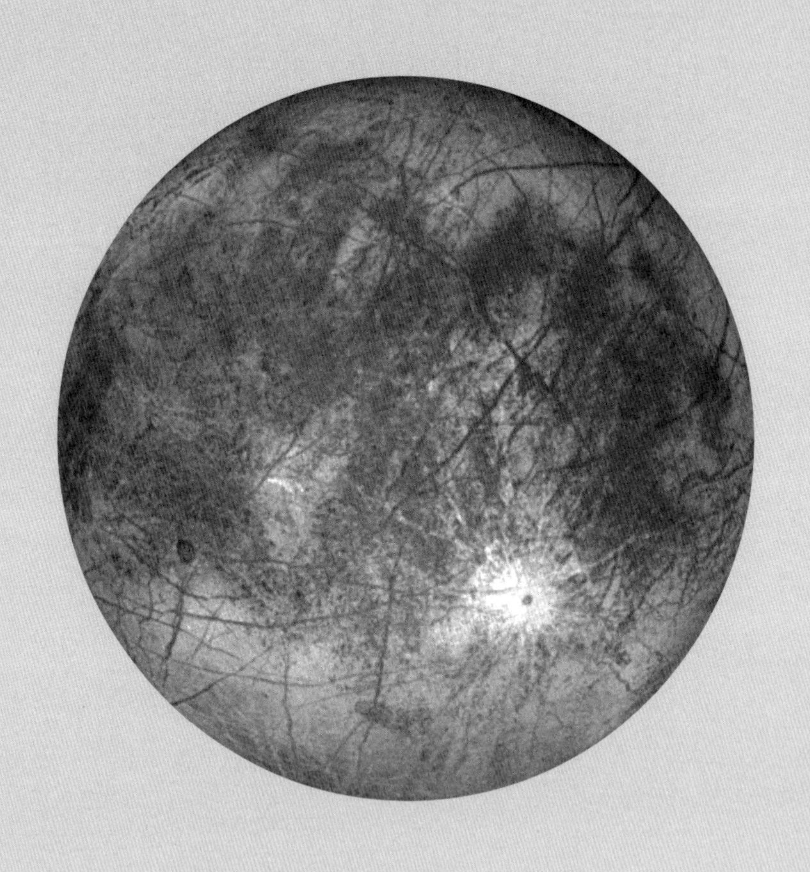

갈릴레오 탐사선이 촬영한 유로파의 사진

◆

유로파는 이미 발견된 목성의 79개의 달 중 하나일 뿐이지만, 상당히 흥미로운 곳이다. 타원형 궤도로 공전하기 때문에 목성과 가장 가까운 지점에서는 중력의 힘을 더 많이 받아서 달을 잡아 늘이는 조수가 발생하고 표면에 커다란 틈새를 만든다. 지표는 얼어붙었고 최대 25킬로미터 두께에 달하는 얼음층으로 덮여 있다. 하지만 과학자들은 표층 아래로 60킬로미터에서 150킬로미터 깊이의 거대하고 짠 바다가 있을 것이라고 생각한다. 이것은 유로파의 지름이 지구의 4분의 1밖에 안 된다 해도 유로파의 바다에는 두 배 많은 물이 있을 수 있다는 뜻이다.

물이 존재할 수 있다는 유혹적인 전망은 유로파가 그 얼음 외피 위로 수증기 줄기를 내뿜는다는 증거에서 나온 것이다. 1990년대에 나사의 갈릴레오 탐사선이 태양계 여행을 떠났다. 목표물 중 하나는 목성과 그 달들이었다. 1997년에 우주선이 모은 데이터가 최근에 재분석되었다. 당시 과학자들을 당황하게 만들었던 일시적인 자기장 이상은 이제 증기 기둥을 암시하는 것으로 해석된다. 실제로 2012년에 허블 우주망원경이 찍은 UV 사진은 표면에서 수증기 기둥이 분출되는 모습처럼 보인다.

또 다른 흥미로운 특징 역시 과학자들을 흥분하게 만들었다. 갈릴레오호가 근접 통과를 하면서 달 위에 흩어진 여러 개의 충돌구를 발견했다. 이것은 표면 연령이 4천만 년에서 9천만 년 정도로 비교적 젊다는 것을 암시한다. 이것은 태양계의 역사에서는 눈 깜짝할 사이일 뿐이다. 만약 그렇다면 무언가가 지표면을 다시 덮은 것이 분명하다. 목성의 가장 큰 달들(이오, 유로파, 가니메데, 칼리스토)은 태양 주위를 둘러싼 초기의 기체 구름과 먼지가 응축되어 목성이 만들어진 후 남은 물질들로 약 45억 년 전에 형성된 것으로 여겨지기 때문이다. 화산활동이 표면이 다시 덮인 이유일 수도 있다. 만약 그렇다면 해저의 열수 활동이 바다에 양분을 공급할 수도 있다. 물과 양분이란 생명체가 존재할 가능성이 있다는 것과 같은 말이다. 유로파는 대단히 유혹적이다.

생명체의 징후를 찾아 달을 조사하는 새로운 임무가 곧 시작될 예정이다. 앞으로 수년 후에 발사될 나사의 유로파 클리퍼 탐사선은 45번 근접 통과를 하고 달 표면에서 거의 25킬로미터 이내까지 다이빙을 할 것이다. 이것은 대기 속으로 160킬로미터 높이까지 솟구치는 것으로 추측되는 수증기 기둥을 뚫고 지나갈 수 있을 만큼 가까운 거리다. 달의 지표 아래를 탐사하기 위해 온갖 최신식 장비들로 무장한 클리퍼호는 생명체가 존재하는지의 여부에 대한 답을 찾기를 바라고 있다. 얼음을 관통하는 레이더는 달의 얼음 외피의 정확한 두께를 파악하고 지하 바다의 존재를 찾고, 자기계는 자기장의 세기와 방향을 계산해서 과학자들이 바다의 정확한 깊이와 염도를 계산할 수 있도록 만들 것이다.

과학자들은 달 표면 아래 깊숙한 곳에 물의 세계가 존재하기를 바란다. 만약 그런 게 있다면 외계 생명체를 찾는 분야에 있어서 짜릿한 새로운 시대가 시작될 수 있을 것이다.

지옥의 모습

목성의 다른 달 중 하나인 이오는 태양계에서 가장 화산 활동이 활발한 지역이다. 수백 개의 활화산이 있어서 표면은 마치 지옥의 모습 같다. 에베레스트보다도 높은 산들이 섞여 있는 산맥에는 중간중간 격렬한 화산이 자리하고, 공중으로 수 킬로미터까지 황과 이산화황의 증기와 용암을 뿜어낸다. 액체 규산염 용암으로 된 호수가 지표에 고여 있어서 땅을 다양한 무지개 색으로 물들인다. 이 격렬한 활동은 소위 '조석 가열(tidal heating)'로 인한 것이다. 이오는 목성의 거대한 중력과 유로파, 가니메데, 칼리스토라는 다른 주요 달들의 중력 사이에 끼어서 이리저리 당겨지는 상태다. 이 모든 밀고 당김이 달의 중심부를 가열해서 이 매혹적인 불덩어리를 만든다.

하늘의 눈

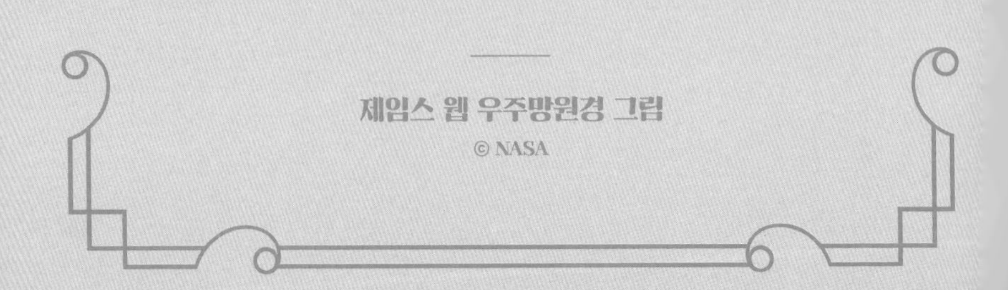

제임스 웹 우주망원경 그림

◆

우주로 30분 동안 날아간 후에 캡슐이 발사선으로부터 분리된다. 원격 조종으로 움직여 2주에 걸쳐 우주망원경이 차츰 그 모양을 잡는다. 안테나를 펴고, 햇빛 차단막과 거울, 마지막으로 날개를 편다. 최소한 이것이 제임스 웹 우주망원경이 2021년 로켓에 실려 우주로 발사될 때의 계획이다. 이 복잡한 임무는 계획과 제작에만 20년이 넘게 걸렸고 지금껏 시도된 엔지니어링 프로젝트 중에서 가장 도전적인 것이다.

나사, 유럽우주국, 캐나다우주국(Canadian Space Agency, CSA)의 과학자와 엔지니어 1,200명이 넘는 인원이 수년 동안 쉬지 않고 일해서 제임스 웹 우주망원경을 만들어냈다. 나사의 두 번째 국장의 이름을 딴 우주망원경을 처음 구상할 때만 해도 대부분의 기술이 아직 개발되지도 않은 상태였다. 아폴로 프로그램에서 그랬던 것처럼 엔지니어들은 전에 우주선에서 본 적 없는 완전히 새로운 기술 여러 개를 개발하고서 철저하게 시험해봐야 했다.

이전의 우주망원경들은 움직이는 거울이나 그것을 제어할 컴퓨터 소프트웨어, 테니스 코트만 한 크기의 거대한 햇빛 차단막 같은 건 전혀 없었다. 이것은 지금껏 만들어진 것 중에서 가장 크고 가장 발전된 궤도 관측선이다.

1990년에 발사된 허블 우주망원경은 최초로 우주에 설치한 망원경이다. 허블은 많은 기록을 깼고, 우주를 찍은 근사한 사진들로 세계를 놀라게 했다. 빛 오염으로부터 떨어진 지구 대기의 한참 위에서 이룬 수많은 업적 중에는 거대 블랙홀을 찾고, 수수께끼의 암흑 물질에 대해 밝히고, 별의 탄생을 탐사하는(그리고 죽음의 순간을 관찰하는) 등의 활동이 있었다. 하지만 약 30년의 세월이 흐르고 64억 킬로미터를 움직인 끝에 이제는 다음 세대에게 자리를 내줄 때가 되었다.

약 100배쯤 더 강력한 제임스 웹 우주망원경은 지름 6.5미터의 거대한 주거울을 갖고 있어서 고작 2.4미터인 허블의 주거울을 훨씬 작아 보이게 만든다. 이 거울의 거대한 크기 덕분에 그 위로 떨어지는 적외선 광자(光子) 하나하나를 전부 찍을 수 있다. 거울은 베릴륨으로 만들어졌다. 베릴륨은 모양을 만들 수 있으면서도 가볍고 강하고 빳빳하며, 종종 초음속 비행기와 우주선을 만드는 데 사용된다. 그다음에 거울을 금으로 아주 얇게 코팅해서 이 망원경이 관측할 주된 빛의 파장인 적외선을 더 잘 반사하게 만든다.

망원경을 받치는 구조물은 경량의 탄소 합성물질로 만들어졌다. 이 탄소 합성물질은 머리카락의 10,000분의 1 크기에도 그 단단한 형태를 유지할 수 있기 때문에 혁신적이다. 망원경이 열로 달아오르면 장비의 시야를 가릴 수 있기 때문에 아주 차갑게 유지하는 것 역시 중요하다. 그래서 거대한 파라솔 같은 역할을 해서 망원경의 거울들을 태양열로부터 막아주는 커다란 햇빛 차단막이 달렸다.

이 모든 놀라운 공학 기술 덕분에 제임스 웹 우주망원경은 우주의 첫 번째 빛까지 과거를 돌아볼 수 있고, 은하가 충돌하는 것을 관측하고, 별과 외계 행성들이 탄생하는 것을 보고, 우주의 많은 수수께끼를 살필 수 있다.

미래에 제임스 웹 우주망원경이 지구에서 150만 킬로미터 떨어진 태양 주위의 궤도에서 심우주(深宇宙)를 들여다보면서 우리가 어디에서 왔고, 우리가 살고 있는 이 행성이 어떻게 형성되었으며, 우주의 또 어느 곳에서 생명체들이 돌아다니고 있을지에 관한 실마리를 찾기 바란다.

화성으로의 유인 탐사 임무

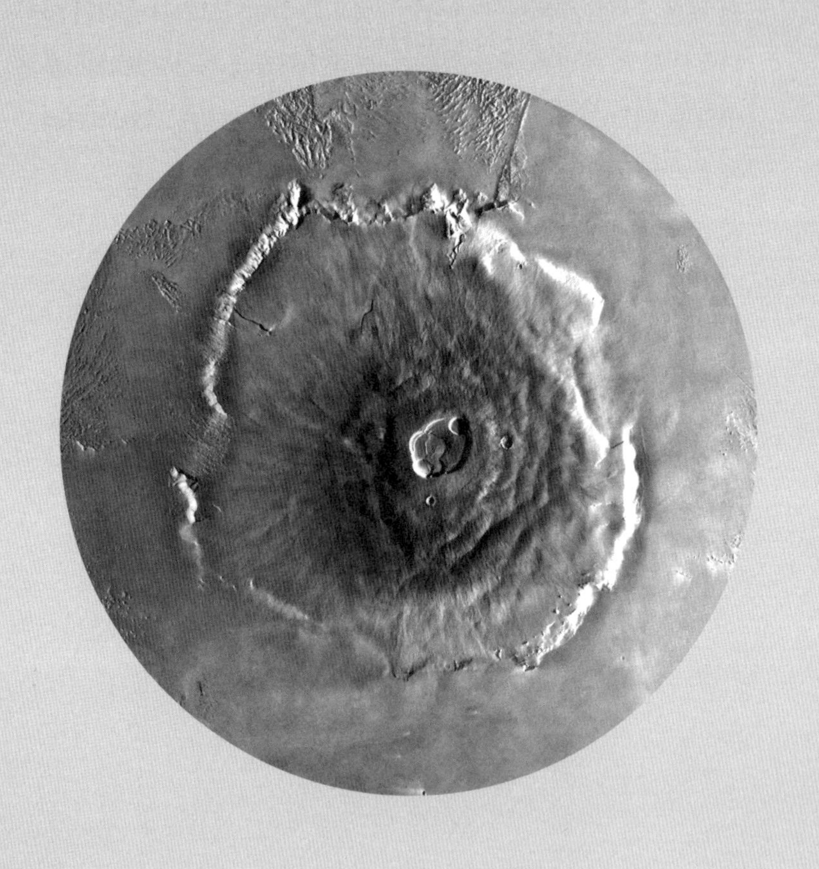

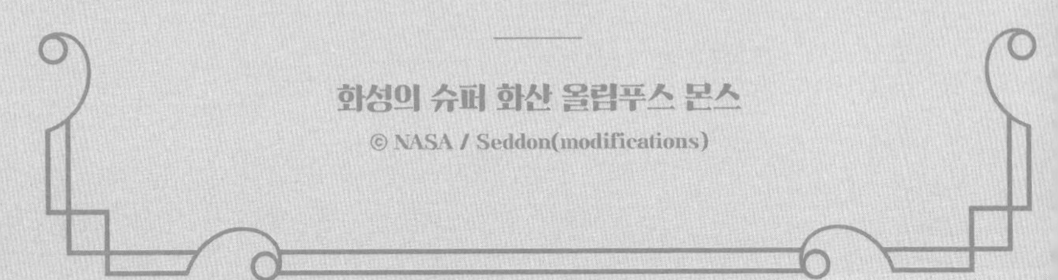

화성의 슈퍼 화산 올림푸스 몬스

◆

화성은 지구 중력의 대략 3분의 1이고, 대부분 이산화탄소로 된 얇은 대기를 갖고 있으며, 치명적인 방사선이 쏟아져 내린다. 그러니 화성에서 산다는 생각은 그리 매력적으로 느껴지지는 않는다. 하지만 전세계의 우주국들은 앞으로 몇십 년 안에 붉은 행성에 인간이 발을 딛도록 만들려고 애를 쓰고 있다.

현재 이 새로운 우주 경쟁에서 세 개의 주요 프로젝트가 경합을 벌이고 있다. 나사는 언젠가 화성으로 우주비행사를 보내는 것을 최종 목표로 하는 오리온 우주선을 시험 중이고, 전직 나사와 유럽우주국의 직원 여러 명이 힘을 합쳐서 사적으로 프로젝트 마스 원(Mars One)을 진행 중이다. 그리고 페이팔과 테슬라의 창업자인 일론 머스크가 앞으로 10년 안에 화성으로 유인탐사 임무를 하겠다는 일념으로 스페이스X의 재사용 우주선의 차세대인 BFR(Big Fucking Rocket)을 개발하고 있다. 경주는 시작되었다.

화성으로의 여행은 그 시기에 따라서 6개월에서 8개월쯤 걸릴 것이다. 대략 2년마다 화성은 지구로부터 5500만 킬로미터 떨어진 가장 가까운 위치에 온다. 그래도 이것은 런던과 뉴욕 사이 거리의 9,800배다. 이런 거리는 당연하게도 수많은 과제를 만들어낸다. 무엇보다도 화성 표면에 승무원을 착륙시키는 것부터가 문제다. 나사는 6명 임무에 40,000킬로그램의 우주선이 필요할 것이라고 추정한다. 이것은 붉은 행성에 착륙하기에는 꽤나 만만찮은 무게다. 특히 이것을 지금까지 착륙시킨 중에서 가장 무거운 무게인 큐리오시티 로버('화성 탐사' 장을 볼 것)의 1,000킬로그램과 비교해보면 더더욱 그러하다. 일론 머스크가 지적한 것처럼 화성 임무의 첫 번째 비행사들은 목숨을 걸어야 할 것이다. "이건 남극 원정에 대한 섀클턴의 광고와 비슷할 겁니다. 어렵고 위험하고 죽을 가능성도 많습니다. 살아남는 사람들은 엄청나게 흥분되겠죠."

실제로 화성은 거대한 협곡 발레스 마리네리스와 슈퍼 화산 올림푸스 몬스처럼 태양계에서 가장 놀라운 광경을 몇 가지 갖고 있다. 길이 4,000킬로미터에 깊이 7킬로미터의 발레스 마리네리스는 그랜드캐니언(길이 446킬로미터에 깊이 1.6킬로미터)을 통째로 삼킬 수 있을 것이고, 올림푸스 몬스는 태양계에서 발견된 것 중 가장 큰 화산이다. 높이가 25킬로미터에 지름은 624킬로미터로 하와이의 마우나로아 순상화산(너비 120킬로미터)을 왜소해 보이게 만든다. 언젠가 화성 이주민들은 걸어서 발레스 마리네리스를 건너가는 탐사 여행이나 올림푸스 몬스 정상 정복하기 같은 것을 하게 될지도 모른다.

하지만 우선 초기 이주민들은 들어가 살고, 식량을 기르고, 에너지를 생산하고, 산소를 만들 기지부터 지어야 한다. 화성에서의 삶은 쉽지 않을 것이다. 당면 과제와 위험이 대단히 많다. 하지만 물론 그곳에서 발견하게 될 것들은 미래의 세대에게 큰 영향을 미칠 것이다.

우리가 화성에서 살아갈 수 있다는 것을 입증하면, 인간은 언젠가 더 나아가 우리 태양계의 한계를 넘어서는 곳에서도 살 수 있게 될지 모른다.

화성에서의 인체

국제우주정거장에서 살았던 우주비행사들을 통해서 우리는 저중력 환경에서 뼈와 근육이 약해지고, 심장이 손상되고, 면역체계가 억제되고, 적혈구가 손실되어서 우주비행사들을 빈혈 상태로 만들 수 있다는 것을 알게 되었다. 인간을 최상의 상태로 유지하기 위해서 과학자들은 저중력과 싸울 수 있는 독창적인 해결책을 제안하고 있다. 비행사들은 소위 짧은 회전축 원심분리기(Short-arm centrifuge)에 서서 원심분리기를 작동시킴으로써 매일 몸에 인공중력을 가해줄 수 있다. 아니면 몸을 살짝 압박해서 1g(지구의 중력)에 항상 노출되는 것과 똑같은 효과를 주는 '스킨슈트(skinsuit)'를 입을 수도 있다.

치명적인 방사선도 싸워야 하는 또 다른 커다란 과제다. 지구는 해로운 방사선을 굴절시키는 자기장과 두꺼운 대기로 보호받고 있는데, 이런 것들이 없다면 DNA가 손상되고 돌연변이가 일어나서 종양을 만들 가능성도 있다. 하지만 붉은 행성 주위에는 그런 것들이 존재하지 않는다. 화성 기지에는 방사선 차단막이 함께 설계되어야 할 것이다. 아니면 몸에서 방사선 노출 결과 발생하는 '자유라디칼(free radical)'이라는 이름의 해로운 원자를 없애는 약을 개발할 수도 있다.

수성 채굴

수성, 금성, 지구, 화성의 크기 비례(왼쪽부터)

◆

미래에 우리가 우주 깊숙한 곳으로 항해하려고 한다면, 수성이 여행을 시작하기에 아주 좋은 출발지일 것이다. 수성 표면에 서 있다면 태양이 지구에서보다 두 배로 더 크게 보일 것이다. 어쨌든 수성은 우리의 태양에서 가장 가까운 행성이기 때문이다. 태양에서 152,100,000킬로미터 떨어진 지구에 비하면 수성은 태양에서 가장 먼 위치에 있어도 평균 5천 8백만 킬로미터 떨어져 있을 뿐이다.

우리의 항성에서 이렇게 가까이 있다 보니 암석형 행성에 많은 양의 햇빛이 쏟아져서 행성이 태양 에너지를 저장할 가능성이 매우 높다. 수성에서는 1제곱미터의 태양광 패널만 있어도 지구에서 6제곱미터의 태양광 패널과 같은 양의 에너지를 생산할 수 있다.

솔라세일(solar sail)은 현재 도쿄부터 휴스턴까지 각국의 우주국들이 연구하고 있는 추진 방식이다. 태양빛이 반사되는 표면에 비치면 표면에서 빛의 입자들이 반사되며 압력이 생겨서 물체를 반대 방향으로 밀어낸다. 지구에서는 800미터 너비의 돛이 5뉴턴의 광압을 받지만, 수성에서는 같은 압력을 만드는 데에 겨우 절반 크기의 돛만 있으면 된다. 그리고 태양계에서 멀리 있는 곳으로 여행할 때면 우주선이 초기 추진력을 받기 위해서 우선 수성으로 가는 편이 더 좋다.

태양계의 행성과 왜행성(거리는 왜곡되었다) © Farry / Asfreeas

왜행성

Dwarf Planets

명왕성 Pluto

하우메아 Haumea

마케마케 Makemake

에리스 Eris

하지만 수성까지의 여행도 문제가 없는 것은 아니다.

지구에서 가장 안에 있는 내행성을 연구하는 것은 대단히 까다로운 일이다. 언제나 태양에서 너무 가깝기 때문이다. 하지만 2004년에 발사된 나사의 메신저 탐사선은 2011년부터 2015년까지 수성 주위를 돌며 우리에게 이 흥미로운 행성에 관한 완전히 새로운 안목을 제시하는 수많은 데이터를 갖고 돌아왔다.

우리는 이제 수성이 철-니켈 핵과 암석질 맨틀로 된 더 큰 행성으로 시작되었다는 것을 안다. 다른 천체와 끔찍한 충돌을 일으켜서 맨틀이 벗겨지고 그 자리에는 더 작지만 여전히 아주 뜨거운 행성만이 남았다. 행성이 식으면서 절정기를 지난 사과처럼 작게 쪼그라들었고, 그래서 행성 표면에 '벼랑(rupe)'이라고 하는 주름이 생겼다.

낮에 수성 표면은 납을 녹일 정도로 뜨겁다. 하지만 밤이면 수성의 얇은 대기가 온기를 잡아두지 못하기 때문에 온도가 얼어붙을 듯한 영하 200도까지 내려간다. 이런 극단적인 온도가 용감한 탐험가 다수를 물러나도록 만드는 것도 그럴 만하다. 하지만 이 적대적인 행성에 부(富)가 묻혀 있을 가능성이 있다는 것은 흥미로운 일이다.

남아 있는 맨틀은 알루미늄과 티타늄 같은 중금속과 산소, 칼슘, 마그네슘, 포타슘 같은 자원이 풍부하다. 채굴 작업에 동력을 공급할 태양 에너지는 넘쳐나니까 수성은 태양계에서 미래의 '금광'이 될 수도 있다.

2018년, 유럽우주국과 일본우주항공연구개발기구는 합동으로 베피콜롬보 탐사선을 발사했다. 목표는 수성을 가까이서 관측하는 것이다. 우주선은 2025년 말에 행성에 도착할 예정이다. 그 임무는 수성의 대기의 조성, 큰 핵, 극지의 얼음, 알 수 없는 자기장, 그리고 그것이 태양풍과 어떻게 상호작용을 하는지 더 알아내는 것이다.

베피콜롬보호가 밝혀낼 비밀이 무엇인지는 그저 두고 보아야만 한다. 하지만 언젠가 강인한 탐험가들이 보물을 찾기 위해서, 그리고 태양계 밖으로 나갈 티켓을 찾기 위해서 이 불친절한 행성으로 여행을 갈지도 모른다.

우주법

우주 채굴이 점점 현실화되면서 법률을 더 엄격하게 만들어야 할 필요성도 커지고 있다. OST(Outer Space Treaty, 우주 조약)은 50년이 넘었다. 1967년에 만든 이 조약은 우주를 '전 인류의 땅'이라고 묘사하고 우주에 있는 어떤 물체도 어느 한 국가가 식민지화하거나 군사적 목적으로 사용해서는 안 된다고 명시한다. 그러니까 어느 나라도 거기 깃발을 꽂든 안 꽂든 행성이나 소행성, 다른 천체를 소유할 수는 없다. 하지만 OST에는 채굴에 대한 명확한 언급을 포함해서 세세한 부분이 빠져 있다. 몇몇 전문가는 우주가 모두에게 속하게 되면 자원도 모두에게 속하기 때문에 미래에 논란이 될 것이라고 예측한다.

달 기지

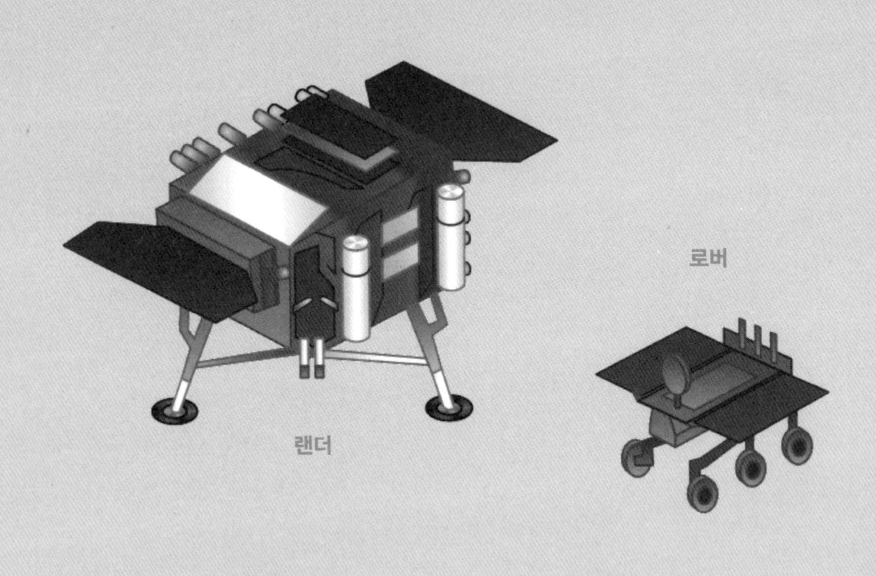

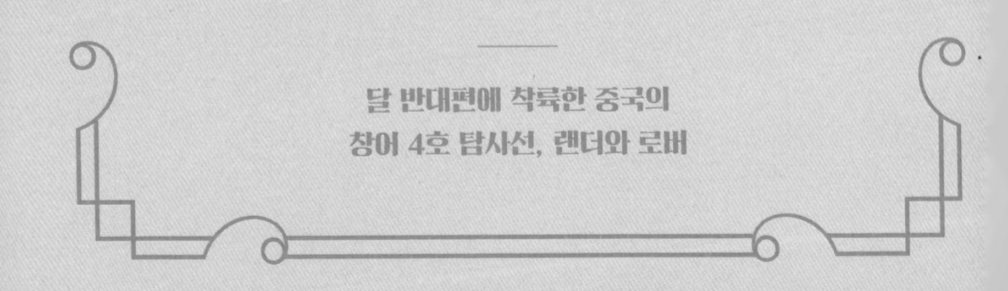

달 반대편에 착륙한 중국의
창어 4호 탐사선, 랜더와 로버

◆

"자, 이제 떠나자고. 카메라는 잊어." 이게 달에서 했던 마지막 말이라고 여겨진다. 날짜는 1972년 12월 14일이었다. 한 시대가 끝이 났다. 아폴로 17호 승무원들이 엔진을 켜고 달 표면에서 날아올랐을 때, 우주 경쟁을 촉발하고 닐 암스트롱과 버즈 올드린을 모두가 아는 이름으로 만들었던 프로그램은 끝을 맞았다. 그 이래로는 오로지 로봇들만 우리의 가장 가까운 이웃인 달 표면을 돌아다니고 있다. 하지만 약 50년이 지난 지금, 변화가 생길지도 모른다.

유럽우주국의 국장 요한 디트리히 뵈르너(Johann-Dietrich Woerner, 1954~)는 전세계의 우주국에서 전문가들을 끌어모아 달에 영구적인 국제우주정거장을 만들고자 한다. 이것은 야심 찬 프로젝트이다. 물질 1킬로그램을 우주로 보내는 경비만 10,000달러니까 기지 전체를 만드는 데에 필요한 모든 것을 보내는 경비는 어마어마하게 비쌀 것이다. 하지만 그러는 대신에 가능한 한 많은 현지 자원을 사용한다는 것이 현재의 계획이다.

포스터&파트너스 건축회사가 유럽우주국과 가능한 디자인에 대해서 의논하고 있다. 한 가지 아이디어는 로봇으로 임시 비계(飛階)를 팽창시킨 다음에 표토라고 하는 달의 토양을 이용해서 그 위에 영구적인 돔형 구조물을 3D 프린트해서 만드는 것이다. 한편 나사는 비글로 에어로스페이스와 함께 독립적인 팽창식 포드(pod)를 사용하는 방법을 의논 중이다.

어떤 디자인이든 치명적인 방사선으로부터 거주자들을 보호해야 한다. 지구는 두꺼운 대기와 자기장으로 덮여 있어서 DNA를 손상시키는 해로운 광선을 굴절시킨다. 달에는 그런 방어막이 없기 때문에 달 기지에는 아주 두꺼운 벽이 필요할 것이다. 방사선을 흡수하려면 최소한 두께가 2미터는 되어야 할 것이다.

현지의 자원 역시 기지를 짓는 장소를 좌우하게 될 것이다. 달의 양쪽 극지 모두에 얼음이 존재하는데, 이는 거주자들의 음용수가 될 수 있으며 H_2O를 분리해서 산소를 얻는 방법이 될 수도 있다. 남극이 최적의 장소일 것 같다. 기온이 아주 극심하지도 않고, 햇빛도 충분하기 때문이다. 태양광 패널로 동력을 얻는 데에 유용할 것이다.

하지만 커다란 의문은 왜 달에 다시 갈 만한 가치가 있는가 하는 것이다. 여기에는 여러 가지 이유가 있다. 첫째로 자원이 풍부하다. 둘째로 달의 반대편은 망원경을 설치하기에 아주 훌륭한 장소다. 광학망원경은 우리 은하의 비길 데 없는 훌륭한 모습을 보여줄 것이고, 전파망원경은 계속 나오는 인공적인 신호로부터 보호되면서 우주의 깊은 곳을 관측할 수 있다. 하지만 결정적인 것은 달이 화성으로의 유인탐사 임무라는 목표를 위한 중요한 디딤돌이자 시험대가 될 수 있다는 점이다.

겨우 12명의 인간만이 달에 발을 들여보았다. 이 적은 숫자는 달

이 우리의 가장 가까운 이웃이라는 점을 고려하면 놀라운 일이다. 하지만 앞으로 10년 안에 인간은 다시금 달 표면에서 인류에게 커다란 한 걸음을 내디딜 수 있을지 모른다.

달의 반대편 탐사

2019년 1월, 중국의 창어 4호 탐사선이 어떤 인공 장치도 가본 적이 없는 달 반대편에 착륙했다. 장비로 가득한 이 탐사선은 온갖 종류의 데이터를 기록하러 갔다. 우주에서의 전파 신호를 듣고, 방사선의 강도를 관찰하고, 태양풍을 조사하는 것이 임무였다.

탐사선에 실린 것은 헬륨3(유용한 연료원이 될 가능성이 있는 물질) 같은 귀중한 광물이 있는지 달 표면을 분석하는 위투 2호 로버였다. 또한 초파리 알과 다양한 씨앗 같은 유기물질이 우주의 극한 환경에 어떻게 반응하는지 보기 위한 생물학 실험재도 실려 있었다. 오래가지는 않았으나 면화, 유채, 감자 씨가 다른 행성에서 발아한 최초의 식물이 되었다. 언젠가 달 거주지에서 식량과 옷을 만들기 위한 면화를 키울 수 있게 되기를 바란다.

지옥으로의 탐사 임무

마젤란 우주 탐사선

© NASA

◆

두꺼운 구름 담요 아래의 풍경은 충격적이었다. 암석으로 된 지표면은 사실상 평평한 평원을 파놓은 거대한 충돌구 하나를 제외하면 흠 하나 없었다. 1990년, 이것은 금성 표면을 최초로 본 것이었다. 이후 몇 달, 몇 년 동안 마젤란 우주 탐사선은 레이더 지도를 이용해서 계속해서 사진을 찍었고, 지옥의 모습이 점차 나타나기 시작했다. 그리고 과학자들은 금성이 태양계의 다른 행성들과는 완전히 다르다는 사실을 깨닫게 되었다.

대부분의 암석형 행성들은 소행성 충돌로 인한 충돌구로 얼룩져 있다. 하지만 금성은 높은 화산들과 넓고 울퉁불퉁한 고원이 있긴 해도 충돌구는 별로 없다. 최근의 화산활동으로 인해서 표면이 다시 덮였을 것으로 추정된다. 그리고 후속 탐사 임무에서는 용암이 오늘날까지 여전히 분출되고 있을 것이라는 징후를 찾았다. 2006년부터 2014년까지 금성 주위를 돌았던 유럽우주국의 비너스 익스프레스 탐사선의 열화상 사진은 뜨거운 지역이 시간이 흐르며 식고 차가워지는 것을 보여주어 표면 아래에서 솟아오르는 용암호일 수도 있음을 암시했다.

화산은 대기 중으로 이산화탄소를 방출한다. 하지만 탄소의 일부가 퇴적층에 갇혔다가 섭입대('지구를 움직인 남자' 장을 볼 것)에서 지하 깊은 곳으로 끌려들어가는 지구와는 달리 금성에는 지각판이 없는 것으로 보인다. 이산화탄소는 갈 곳이 없어서 대기 중에 축적되고, 태양의 열을 가둔다. 이것이 소위 '온실효과'가 작용하는 방식이다.

지구온난화가 몹시 악화되어 지구에 무슨 일이 생길지 대충 알고 싶다면 금성을 보는 게 딱 좋을 것이다. 과학자들은 행성이 30억 년에서 40억 년 전에 '온실효과 폭주(runaway greenhouse effect)'라고 하는 것을 겪었을 것이라고 생각한다. 행성이 태양으로부터 우주로 다시 방출할 수 있는 것 이상의 에너지를 흡수하면 점점 더 뜨거워지

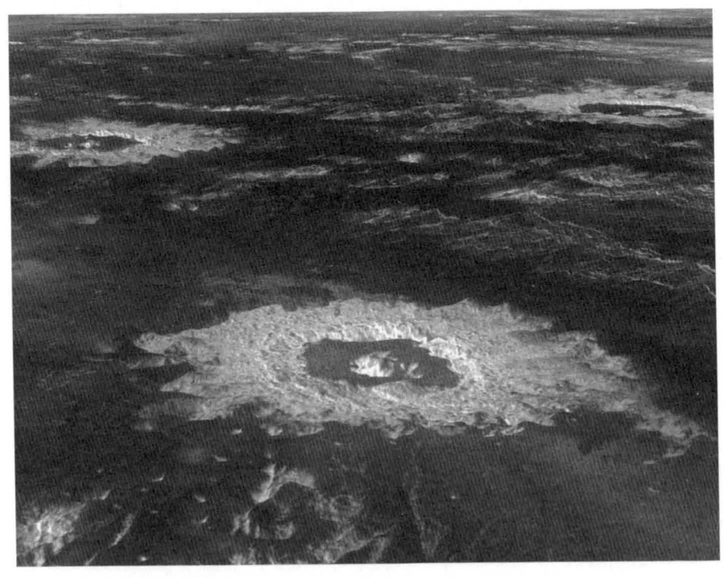

세 개의 충돌 분화구가 표시된 금성 표면의 3차원 투시도 © NASA / JPL

다가 결국 행성의 바다가 끓어오른다.

46억 년 전쯤 태양계가 형성된 직후에는 암석형 행성인 금성, 지구, 화성에 모두 아마 물이 있었을 것이다. 하지만 시간이 흐르며 지구는 생명체들의 낙원이 된 반면에 금성은 지옥으로 변화했다.

지구와 크기도 대략 비슷하고 구조도 닮았음에도 불구하고 금성은 많은 면에서 전혀 다른 세상이다. 대기압이 지구의 해수면 기압의 90배로, 상륙하려던 첫 번째 탐사선을 으스러뜨렸다. 지표면 온도는 부엌 오븐에서 볼 수 있는 온도의 두 배다. 납을 녹일 정도로 뜨겁다.

과학자들은 금성을 연구하는 것이 우리의 변화하는 기후를 이해하고 온실효과 폭주로 우리의 행성을 미래에 생명체가 살 수 없는 곳으로 만들지 않는 방법을 찾는 데에 대단히 중요하다고 믿는다.

현재 궤도선, 기구(氣球), 공중 장비를 사용한 온갖 종류의 계획을 고려한 금성으로의 탐사 임무가 준비 중에 있다. 이 중 최소한 일부가 이륙에 성공하고, 우리의 유독한 쌍둥이를 더 탐사해서 우리 행성을 구할 수 있기만을 바랄 뿐이다.

새로운 황금광 시대

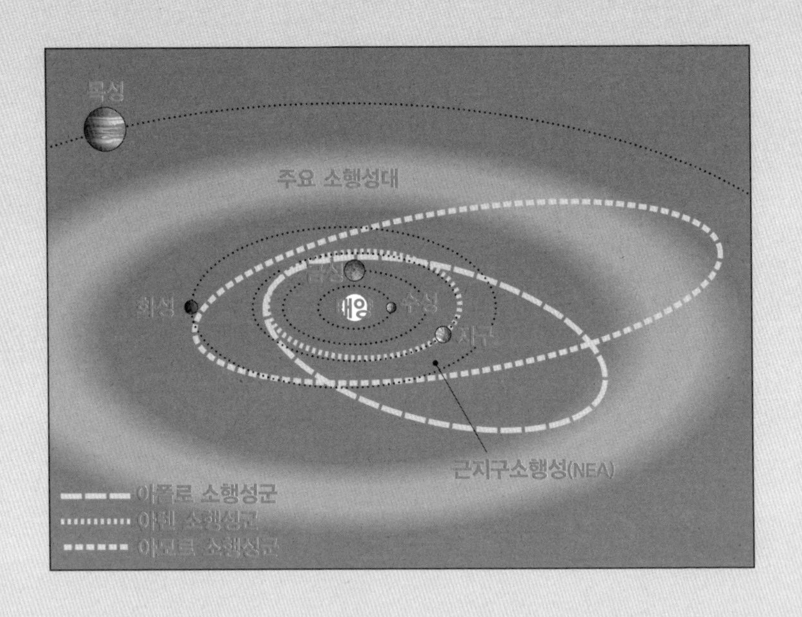

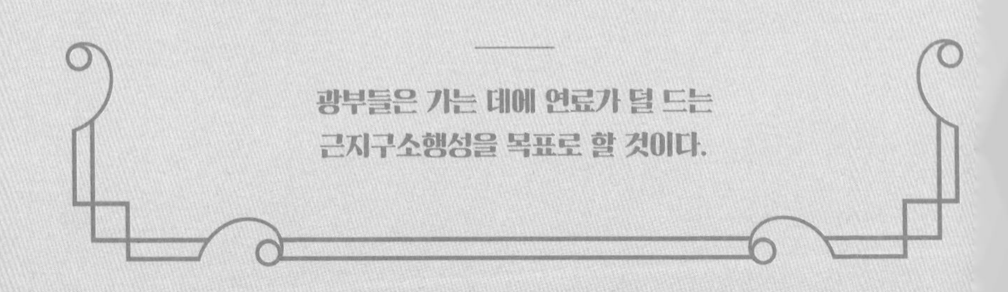

광부들은 가는 데에 연료가 덜 드는
근지구소행성을 목표로 할 것이다.

◆

용맹한 탐험가들, 악천후와의 싸움, 극한의 상황에 맞서기, 막대한 부를 가져다줄 보물 사냥. 이것은 북아메리카 대륙을 가로질러 금이 가득한 땅을 향해 가는 길고 혹독한 여행에서 운 좋은 몇 명만이 살아남는 서부극의 한 장면일 수도 있다. 하지만 이것은 캘리포니아 금광 열풍이 아니다. 이것은 미래에 물이나 광물, 귀금속 같은 천연자원을 찾아 태양계를 지나서 다른 세계로 채굴하러 가는 강인한 우주비행사들의 여정이다.

물은 그 어떤 미래의 유인우주 임무에도 필수적이고 우주선 시스템을 식히는 데에도 좋은 방편이다. 수소와 산소로 분리하면 연료로 사용할 수도 있다. 하지만 450그램의 물병을 궤도로 쏘아 올리는 데에 현재 2,000파운드가량이 들기 때문에 우주에서 지구 밖 거주지를 위해 물을 채굴하려면 기반시설이 다 만들어진 다음에 하는 게 훨씬 쌀 것이다.

귀금속을 얻기 위해서 우주에서 채굴하는 것은 또한 미래에 중요해질 것이다. 귀금속은 우리의 전자제품부터 태양광 패널이나 풍력발전 터빈, 전기차 배터리 같은 재생가능 기술에 이르기까지 모든 것에 들어간다. 하지만 지구상의 자원은 점점 더 구하기 어려워지고 있다. 광부는 점점 더 깊이 파고 있고, 심지어는 바다 밑에서 찾기도 한다. 지구의 중력이 귀금속을 핵 쪽으로 계속 끌어당겨서 지각에는 귀금속이 대단히 희귀하기 때문이다. 하지만 소행성은 비교적 질량이 작아서 더 작은 중력을 갖고 있으므로 귀금속이 전체적으로 더 고르게 분포되어 있고, 표면 근처에 더 많이 존재한다.

소행성의 크기는 너비가 수 미터에서 수백 킬로미터에 이르지만, 겨우 지름 1킬로미터의 소행성에도 수십억 달러의 자원이 있을 수 있다. 실제로 혜성은 지구보다 5배 많은 금을 갖고 있고, 오스뮴 같은 대단히 드문 금속은 10배쯤 많이 갖고 있다.

이런 새로운 황금 사냥꾼 무리에게 희소식이라면 이륙해서 소행성에 착륙할 때는 중력이 약해서 그리 많은 에너지가 들지 않는다는 점이다. 어려운 부분은 인간과 굴착 장비 모두 그곳에 가야 한다는 부분이다.

대부분의 소행성은 화성과 목성 사이의 소위 '소행성대'에 있지만, 몇몇은 우리의 고향 별에 더 가깝다. 이 근지구소행성(Near-Earth Asteroid, NEA)은 가기에 더 쉬운 목표물이고, 가는 데에 연료도 덜 들지만, 자원이 그렇게 풍부하지 않을 수 있다. 과학자들은 태양 주위를 도는 스피처 우주망원경 같은 적외선 망원경을 사용해서 소행성이 방출하는 열량을 측정해 소행성의 크기를 알아낼 수 있을 뿐만 아니라 표면에서 반사되는 햇빛의 양(알베도albedo라고 한다-역주)을 측정해서 별의 조성도 알아낼 수 있다. 그러니까 소행성이 금속이나 탄소가 풍부한지를 알아내는 것도 가능하다.

소행성이 정확히 무엇으로 이루어져 있는지 알아내는 가장 좋은 방법은 물론 그곳으로 가서 표본을 채집해오는 것이다. 2010년에 일본 우주항공 연구개발기구의 하야부사 탐사 임무에서는 소행성 이토카와로부터 작은 표본을 갖고 돌아왔다. 이것이 소행성의 조성에 귀중한 통찰력을 제공해주기는 했지만, 표본은 우주선에서 나온 오염 물질과 섞여 있었다.

두 개의 새로운 표본 채취 및 귀환 임무가 진행 중이다. 일본 우주항공 연구개발기구의 후속 우주선인 하야부사 2호가 2014년에 발사되었고, 나사의 오시리스-렉스는 2016년에 이륙했다. 둘 다 각각의 소행성인 류구와 베누와 성공적으로 만났고, 각 소행성을 관측하는 중이며, 부디 말끔한 암석 표본을 갖고 집으로 돌아오게 되기를 바라고 있다('프로젝트 모홀' 장을 볼 것).

소행성 베누는 여러 가지 이유에서 나사에 좋은 목표물로 여겨졌다. 지구에 비교적 가깝고, 그렇게 작지 않아서 우주에서 너무 많이 회전하지 않는다. 소행성이 너무 많이 회전하면 표본을 채취하는 것이 어려워진다. 그리고 탄소질 소행성이라서 물과 유기분자가 풍부할 것이다.

이 소행성 둘 다 귀금속이 풍부하지는 않지만, 이 탐사 임무는 보물을 찾아 다른 소행성들을 채굴하는 더 대담한 작전을 위한 포석이 될 수 있을 것이다.

소행성은 어떻게 형성되는가?

약 46억 년 전에 태양계는 위험한 곳이었다. 먼지와 기체의 성긴 구름이 안쪽으로 붕괴되며 가운데의 원시별을 중심으로 선회하는 원반형을 이루었다. 시간이 흐르며 빙빙 도는 질량이 서로 뭉치면서 점점 더 큰 조각들이 서로 충돌해서 거대한 행성으로 합병되고 더 작은 조각들은 우주로 내던져졌다. 남은 것은 태양 주위를 도는 여러 개의 행성과 달과 소행성 같은 다른 암석형 천체뿐이었다. 지구 같은 행성을 만드는 힘에 노출되지 않아서 소행성들은 수십억 년 동안 거의 변화 없이 존재했다. 이들은 타임캡슐 같다. 이들을 열어보면 행성과 달, 다른 천체들이 어떻게 형성되었는지를 포함해서 초기 태양계의 비밀을 드러낼 것이다.

◆

감사의 말

이 책을 쓰는 데에 도움을 준 이언 토드에게 크나큰 감사를 전한다. 또한 조사를 도와주었던 조시 클라크슨에게도 감사하고 싶다. 그리고 과학 탐사의 대표적 예에 관해 자신들의 자료와 아이디어를 나누어준 나의 친구들과 가족에게도 감사한다.

도판 및 사진 저작권

32쪽 Illustration from *Mémoire sur l'os hyoïde et le larynx des oiseaux, des singes et du crocodile* by Alexander von Humboldt, F. Schoell, Paris 1811

70쪽 Illustration from *Travels in West Africa* by Mary H. Kingsley, Macmillan and Co., Limited, London 1897

75쪽 Photograph from the archive of the Alfred Wegener Institute

104쪽 Photograph courtesy of Colonel John Blashford–Snell CBE and the Scientific Exploration Society / www.ses–explore.org

128쪽 Gypsum crystals of the Naica cave; Alexander Van Driessche, Wikimedia CC 3.0

144쪽 Illustration from *A Voyage to New Holland in the Year 1699* by Captain William Dampier, Third Edition, London 1729

206쪽 Photograph by Ullstein Bild via Getty Images

322쪽 Photograph of Philae lander on Comet 67P; ESA, Rosetta, MPS, OSIRIS; UPD / LAM / IAA / SSO / INTA / UPM / DASP / IDA / Navcam

398쪽 Photograph by Vadim Petrakov / Shutterstock

한국어판

34쪽 https://commons.wikimedia.org/wiki/File:Map_of_Lewis_and_Clark%27s_Track,_Across_the_Western_Portion_of_North_America,_published_1814.jpg

36쪽 https://commons.wikimedia.org/wiki/File:Meriwether_Lewis-Charles_Willson_Peale.jpg

36쪽 https://commons.wikimedia.org/wiki/File:William_Clark-Charles_Willson_Peale.jpg

37쪽 https://commons.wikimedia.org/wiki/File:Lewis_and_Clark_1954_Issue-3c.jpg

41쪽 https://commons.wikimedia.org/wiki/File:HenryWalterBates.JPG

44쪽 ttps://commons.wikimedia.org/wiki/File:Naturalist_on_the_River_Amazons_figure_32.png

54쪽 https://commons.wikimedia.org/wiki/File:Mer_de_Glace_4.JPG

61쪽 https://commons.wikimedia.org/wiki/File:Marianne_North_in_Mrs_Cameron%27s_house_in_Ceylon,_by_Julia_Margaret_Cameron.jpg

65쪽 https://commons.wikimedia.org/wiki/File:Portrett_av_Fridtjof_Nansen,_1888.jpg

69쪽 https://commons.wikimedia.org/wiki/File:Amundsen–Fram.jpg

71쪽 https://en.wikipedia.org/wiki/File:Mary_H_Kingsley_Wellcome_L0046617.jpg

80쪽 https://commons.wikimedia.org/wiki/File:Hessballon.jpg

87쪽 https://commons.wikimedia.org/wiki/File:Scott1.jpg

89쪽 https://commons.wikimedia.org/wiki/File:Emperor_Penguin_eggs.jpg

91쪽 https://commons.wikimedia.org/wiki/File:Arthur_Stanley_Eddington.jpg

93쪽 https://commons.wikimedia.org/wiki/File:1919_eclipse_positive.jpg

98쪽 https://commons.wikimedia.org/wiki/File:Margaret_Fountaine00.jpg

100쪽 https://commons.m.wikimedia.org/wiki/File:Plate_X_South_African_Lepidopterous_Larvae.jpg

112쪽 https://commons.wikimedia.org/wiki/File:Son_Doong_Cave_DB_(3).jpg

119쪽 https://commons.wikimedia.org/wiki/File:Aquarius_external.jpg

134쪽 https://commons.wikimedia.org/wiki/File:Waldseemuller_map_ closeup_with_America.jpg

142쪽 https://commons.wikimedia.org/wiki/File:Karte_Expedition_William_Dampier_1699.png

148쪽 https://commons.wikimedia.org/wiki/File:1811_Freycinet_Map.jpg

150쪽 https://commons.wikimedia.org/wiki/File:Baudin–ships01.jpg

152쪽 https://commons.wikimedia.org/wiki/File:Chronometer_01.JPG

160쪽 https://commons.wikimedia.org/wiki/File:Captainjamescookportrait.jpg

174쪽 https://commons.wikimedia.org/wiki/File:The_Bell_System_technical_journal_(1922)_(14753547484).jpg

177쪽 https://commons.wikimedia.org/wiki/File:Great_Eastern_1866-crop.jpg

178쪽 https://commons.wikimedia.org/wiki/File:Thomson_mirror_galvanometer.jpg

190쪽 https://commons.wikimedia.org/wiki/File:202006_Plesiosaurus_dolichodeirus.svg

193쪽 https://commons.wikimedia.org/wiki/File:A-DNA,_B-DNA_and_Z-DNA.png

222쪽 https://commons.wikimedia.org/wiki/File:Bathyscaphe_Trieste_Piccard-Walsh.jpg

224쪽 https://commons.wikimedia.org/wiki/File:Bathyscaphe_Trieste.jpg

229쪽 https://commons.wikimedia.org/wiki/File:Ben_franklin_today.jpg

234쪽 https://commons.wikimedia.org/wiki/File:ALVIN_submersible.jpg

274쪽 https://commons.wikimedia.org/wiki/File:Dawn_of_the_Space_Age.jpg

279쪽 https://commons.wikimedia.org/wiki/File:SKorolow.jpg

280쪽 https://commons.wikimedia.org/wiki/File:Yuri_Gagarin_(1961)_-_Restoration.jpg

282쪽 https://commons.wikimedia.org/wiki/File:Gagarin_Capsule.jpg

285쪽 https://commons.wikimedia.org/wiki/File:Soyuz_expedition_19_launch_pad.jpg

286쪽 https://commons.wikimedia.org/wiki/File:Leonov_suit.jpg

288쪽 https://commons.wikimedia.org/wiki/File:Voskhod_spacecraft_diagram.png

289쪽 https://commons.wikimedia.org/wiki/File:Soviet_Union-1965-Stamp-0.10._Voskhod-2._First_Spacewalk.jpg?uselang=ko

292쪽 https://commons.wikimedia.org/wiki/File:Aldrin_Apollo_11_original.jpg

294쪽 https://commons.wikimedia.org/wiki/File:Apollo_11_Crew.jpg

298쪽 https://commons.wikimedia.org/wiki/File:Voyager_probe.jpg

300쪽 https://commons.wikimedia.org/wiki/File:Saturn_%28planet%29_large.jpg

304쪽 https://commons.wikimedia.org/wiki/File:Titan_3E_Centaur_launches_

Voyager_2.jpg

309쪽 https://commons.wikimedia.org/wiki/File:Space_Shuttle_Discovery_lands_for_the_first_time,_completing_STS-41-D.jpg

312쪽 https://commons.wikimedia.org/wiki/File:1990_s31_IMAX_view_of_HST_release.jpg

317쪽 https://commons.wikimedia.org/wiki/File:Studio_portrait_photograph_of_Edwin_Powell_Hubble_(cropped).JPG

328쪽 https://commons.wikimedia.org/wiki/File:Global_LORRI_mosaic_of_Pluto_in_true_colour.jpg

334쪽 https://commons.wikimedia.org/wiki/File:Dawn_spacecraft_model.png

337쪽 https://commons.wikimedia.org/wiki/File:Vesta_from_Dawn,_July_17.jpg

340쪽 https://commons.wikimedia.org/wiki/File:Planck_model.jpg

343쪽 https://commons.wikimedia.org/wiki/File:Cosmic_Background_Explorer_spacecraft_model.png

344쪽 https://commons.wikimedia.org/wiki/File:WMAP_spacecraft.jpg

346쪽 https://commons.wikimedia.org/wiki/File:Curiosity_Self-Portrait_at_%27Big_Sky%27_Drilling_Site.jpg

352쪽 https://commons.wikimedia.org/wiki/File:STS-134_International_Space_Station_after_undocking.jpg

354쪽 https://commons.wikimedia.org/wiki/File:Scott_Kelly_and_Mikhail_Kornienko.jpg

358쪽 https://commons.wikimedia.org/wiki/File:OSIRIS-REx_spacecraft_model.png

360쪽 https://commons.wikimedia.org/wiki/File:%E3%81%AF%E3%82%84%E3%81%B6%E3%81%952.jpg

364쪽 https://commons.wikimedia.org/wiki/File:Juno_spacecraft_model_1.png

366쪽 https://commons.wikimedia.org/wiki/File:PIA22946-Jupiter-RedSpot-JunoSpacecraft-20190212.jpg

370쪽 https://commons.wikimedia.org/wiki/File:8423_20181_1saturn2016.jpg

376쪽 https://commons.wikimedia.org/wiki/File:Parker_Solar_Probe.jpg

378쪽 https://commons.wikimedia.org/wiki/File:Solar_eclipse_1999_4_NR.jpg

380쪽 https://commons.wikimedia.org/wiki/File:Aurora_Australis_From_ISS.JPG

388쪽 https://commons.wikimedia.org/wiki/File:Lake_Vostok_drill_2011.jpg

400쪽 https://commons.wikimedia.org/wiki/File:DART_image.jpg

404쪽 https://commons.wikimedia.org/wiki/File:Europa-moon.jpg

408쪽 https://commons.wikimedia.org/wiki/File:JWST_spacecraft_model_2.png

412쪽 https://commons.wikimedia.org/wiki/File:Olympus_Mons_alt.jpg

416쪽 https://commons.wikimedia.org/wiki/File:Terrestrial_planet_size_comparisons.jpg

418쪽 https://ko.wikipedia.org/wiki/%ED%8C%8C%EC%9D%BC:Planets2008K.jpg

422쪽 https://commons.wikimedia.org/wiki/File:Chang%27e_4.png

426쪽 https://commons.wikimedia.org/wiki/File:Magellan_deploy.jpg

428쪽 https://commons.wikimedia.org/wiki/File:PIA00103_Venus_-_3-D_Perspective_View_of_Lavinia_Planitia.jpg

찾아보기

ㄱ

ㄴ

ㄷ

ㄹ

ㅁ

ㅂ

ㅅ

ㅇ

ㅈ

ㅊ

ㅋ

ㅌ

ㅍ

ㅎ

숫자

A-Z

과학에 더 가까이, 탐험

초판 1쇄 2020년 12월 22일

지은이 제니 오스먼 **옮긴이** 김지원
펴낸이 정미화 **기획편집** 정미화 이수경 **디자인** [★]규
펴낸곳 이케이북 **출판등록** 제2013-000020호 **주소** 서울시 관악구 신원로 35, 913호
전화 02-2038-3419 **팩스** 0505-320-1010
홈페이지 ekbook.co.kr **전자우편** ekbooks@naver.com

ISBN 979-11-86222-32-4 03400

- 이 도서의 국립중앙도서관 출판예정도서목록(CIP)은 서지정보유통지원시스템 홈페이지(http://seoji.nl.go.kr)와 국가자료종합목록 구축시스템(http://kolis-net.nl.go.kr)에서 이용하실 수 있습니다. (CIP제어번호 : CIP2020051135)